Reinhard Voßbein

Management der Bürokommunikation

Reinhard Voßbein

Management der Bürokommunikation

Strategische und konzeptionelle Gestaltung von Bürokommunikationssystemen

Friedr. Vieweg & Sohn Braunschweig/Wiesbaden

CIP-Titelaufnahme der Deutschen Bibliothek

Vossbein, Reinhard:
Management der Bürokommunikation: strategische
und konzeptionelle Gestaltung von Bürokommunikations-
systemen / Reinhard Vossbein. – Braunschweig; Wiesbaden:
Vieweg, 1990
ISBN 978-3-663-05226-5 ISBN 978-3-663-05225-8 (eBook)
DOI 10.1007/978-3-663-05225-8

Das in diesem Buch enthaltene Programm-Material ist mit keiner Verpflichtung oder Garantie irgendeiner Art verbunden. Der Autor und der Verlag übernehmen infolgedessen keine Verantwortung und werden keine daraus folgende oder sonstige Haftung übernehmen, die auf irgendeine Art aus der Benutzung dieses Programm-Materials oder Teilen davon entsteht.

Der Verlag ist ein Unternehmen der Verlagsgruppe Bertelsmann International.

Softcover reprint of the hardcover 1st edition 1990

ISBN 978-3-663-05226-5

VORWORT

Bürokommunikation ist als Gebiet moderner Technologieentwicklung relativ jung. Wie bei ähnlichen Entwicklungen ist auch hier keine einheitliche Meinung vorhanden, was darunter zu verstehen ist und welche Teilgebiete hierzu gehören. Das vorliegende Buch versucht, das Gesamtgebiet zu umreißen und charakterisiert Bürokommunikation als die betriebswirtschaftlich-technische Lösung, Büroarbeit technikunterstützt abzuwickeln. Eine so verstandene Bürokommunikation schließt wesentliche Teile der herkömmlichen Datenverarbeitung ein und basiert auf der Erkenntnis, daß beide Gebiete - das der Datenverarbeitung und das der Bürokommunikation - nicht sinnvoll zu trennen sind: Sie müssen als Bestandteile eines gemeinsamen Konzeptes gesehen werden. Auf dieser Erkenntnis baut das Buch folgerichtig auf. Grundlage aller technischen Lösungen muß die Organisation der Bürokommunikation sein. Hierzu nimmt das Hauptkapitel I Stellung. Da es sich bei Bürokommunikations-Systemen um hochkomplexe technische Lösungen handelt, kann eine wirtschaftlich und technisch sinnvolle Lösung nur auf der Basis einer das gesamte Unternehmen umfassenden Konzeption erfolgen. Die hierauf bestehende Forderung, Bürokommunikations-Systeme als Ergebnisse einer strategischen Konzeption zu sehen, wird mit ihren Lösungsansätzen im Hauptkapitel II behandelt. Auf diesem strategischen Konzept kann dann ein operatives aufbauen (Hauptkapitel III). Diese operative Konzeption hat einen technologischen, betriebswirtschaftlichen und organisatorischen Teil, der durch Datensicherheitsüberlegungen ergänzt werden muß. Hierbei ist von der Zielsetzung einer integrierten konzeptionellen Lösung auszugehen. So können technische Lösungen nicht unabhängig von ihren organisatorischen Auswirkungen und betriebswirtschaftlich-wirtschaftlichen Konsequenzen gesehen werden. Verfahren der Wirtschaftlichkeitsrechnung und -kontrolle sind damit ebenso Bestandteile der Konzeption wie sowohl die gewollten als auch fast zwangsläufigen Folgen des Technikeinsatzes einschließlich seiner Grenzen.

In diesem Zusammenhang sind jedoch nicht nur konzeptionelle Probleme zu lösen. Diese sind an eine Kenntnis und Anwendung von Organisations-, Planungs- und Kontrollmethoden gebunden. Hierbei gilt es, bewährte Methoden dieser Gebiete mit neueren, im Unternehmen möglicherweise noch nicht praktizierten Methoden, wie Projektorganisations- oder Budgetierungsmethoden, zu verbinden. Dieses wichtige Gebiet wird im Hauptkapitel IV behandelt. Den Abschluß bildet ein pragmatisch orientierter Teil, in welchem eine detaillierte Hilfe für die Vorgehensweise bei der Erstellung einer Bürokommunikations-Systemkonzeption gegeben wird (Hauptkapitel V). Hier findet der Praktiker eine Vielzahl von Strukturdiagrammen, Problem- und Checklisten, die er zur Leitlinie seines Vorgehens nehmen kann.

Das Buch wendet sich an zwei Leserkreise - Studenten der Betriebswirtschaft und Wirtschaftsinformatik sowie Praktiker im Unternehmen in den Bereichen Geschäftsführung, Organisation und Datenverarbeitung/Bürokommunikation. Praktiker auf der Leitungsebene werden vor allem die Teilkapitel mit den strategischen Problemstellungen und -lösungen nutzen, die in den genannten Fachbereichen werden darüber hinaus je nach Interessenlage den konzeptionellen und/oder methodischen Teil als Arbeitshilfe empfinden, zusätzlich zu dem generell interessierenden der Vorgehensweise. Studenten werden die methodische Aufbereitung des Gesamtproblems als Unterstützung bei der Erarbeitung der Gebiete der Bürokommunikation nutzen und die kritische Betrachtung bewährter, einzusetzender Methoden aus Organisation und Planung sowie die Vorschläge für eine Methodeninnovation aufgrund der neuen Technologie als interessant empfinden. Beide Leserkreise erhalten wesentliche Hilfen bei der Arbeit mit diesem Buch durch die Vielzahl von Übersichten in Form von Schaubildern und tabellarischen Übersichten, die den gesamten Stoff übersichtlich gliedern oder zusammenfassen. Vertiefende Literatur und ein das Gebiet selektiv abdeckendes Literaturverzeichnis runden das Angebot an den Leser ab.

Der Verfasser dankt den vielen Diskussionspartnern im Hochschulbereich und in den Unternehmen, die häufig zu der spezifischen Problemsicht beigetragen haben. Auch dem Verlag sei für die Unterstützung gedankt. Da das Gebiet noch recht neu ist, ist der Verfasser für Anregungen und Stellungnahmen aus dem (hoffentlich kritisch-interessierten) Leserkreis dankbar.

INHALTSVERZEICHNIS

Vorwort

I. Die Organisation der Büroarbeit als Grundlage technischer Lösungen 1
1. Zur Charakteristik der Büroarbeit 1
2. Aufgaben- und Arbeitskräftetypologie 4
3. Prinzipien für den Einsatz technischer Lösungen im Büro 11

II. Die strategische Konzeption von Bürokommunikationssystemen 15
1. Das BK-Konzept als Basis organisatorischer Überlegungen 15
1.1. Zur Notwendigkeit einer konzeptionellen Struktur 15
1.1.1. Begriff der Bürokommunikation 15
1.1.2. Das Grundmodell der Kommunikation 18
1.1.3. Das Basisproblem der Strukturierung von BK-Netzen 26
1.1.4. Begründung der Notwendigkeit konzeptioneller Strukturen 28
1.2. Umfang und Struktur eines BK-Konzeptes 29
1.2.1. Umfang des BK-Konzeptes 29
1.2.2. Struktur des BK-Konzeptes 30
2. Die Entwicklung einer Bereichsstrategie BK 34
2.1. Die Eingliederung der BK-Strategie in die Unternehmensstrategie 34
2.2. Komponente der BK-Strategie 35
2.3. Probleme der Reichweite der BK-Strategie 38
2.4. Der Vorgang der Entwicklung einer BK-Konzeption 40
2.4.1. Der Gesamtprozeß und die Relevanz der Faktoren 40
2.4.2. Die Phasen der Entwicklung eines BK-Konzeptes 42

III. Die operative Konzeption von BK-Systemen 47
1. Die technologische Konzeption 47
1.1. Die Hardwarekonzeption 47
1.1.1. Die Hardwarekonzeption des "gewachsenen Büros" 47
1.1.2. Die Projektion als Basis einer Hardwarekonzeption 51

1.1.3. Die Struktur eines Hardwaresystems und der hierzu gehörigen Anschlußgeräte 54
1.1.4. Der Hardwarekatalog 54
1.1.5. Standardisierung und Kompatibilität 58
1.2. Die Softwarekonzeption 62
1.2.1. Softwarearten 62
1.2.2. Bestimmungsgründe der Softwarekonzeption 66
1.2.3. Das Verhältnis von Groß-DV-Software zu Bürokommunikations-System-Software im Anwendungsprogrammbereich 69
1.3. Die Kommunikationswarekonzeption 73
1.3.1. Begriff und Umfang 73
1.3.2. Die Kommunikation als Grundlage der Kommunikationswarekonzeption 78
1.4. Die Datenbanksystemkonzeption 81
1.4.1. Grundsätzliches zur Datenbanksystem (DBS)-Konzeption 81
1.4.2. Datenbanksystem-Strukturen 84
1.4.3. Lokale Datenbestände als typische BK-Lösungen 87
2. Die betriebswirtschaftliche Konzeption 90
2.1. Betriebswirtschaftlich-wirtschaftliche Zielsetzungen 90
2.2. Planung des Investitionsbedarfs 93
2.3. Budgetierung und Budgetkontrolle 97
2.4. Verfahren der Wirtschaftlichkeitsrechnung und -kontrolle 100
2.4.1. Grundsätzliches zu den Verfahren 100
2.4.2. Kostenvergleichsrechnungen 100
2.4.3. Kosten-Nutzen-Rechnungen 103
2.5. Nutzenanalysen und ihre Bedeutung 107
2.5.1. Ziele der Nutzenanalyse 107
2.5.2. Nutzenkataloge von BK-Systemen 107
2.5.3. Verfahren der Nutzwertanalyse 109
2.6. Grenzen der Wirtschaftlichkeitsbeurteilung 113
3. Die organisatorische Konzeption 116
3.1. Betriebsorganisatorische Probleme 116
3.1.1. Organisationskonzeption 116
3.1.2. Aufgaben und Funktionen als Bestimmungsparameter der Bürokommunikation 118

3.1.2.1. Führungsaufgaben und BK 118
3.1.2.2. Fach-/Sachaufgaben und BK 124
3.1.3. Ablaufprozesse 127
3.1.3.1. Die Analyse von Abläufen als organisatorische Problemstellung 127
3.1.3.2. Stellenspezifische Abläufe 128
3.1.3.3. Prozeßspezifische Abläufe 133
3.2. Sozialorganisatorische Problemstellungen 146
3.2.1. Führungs- und Motivationsprobleme 146
3.2.2. Akzeptanzprobleme 149
3.2.3. Kommunikationsprobleme 154
3.2.4. Wissens- und Ausbildungsprobleme 157
4. Die BK-Sicherheitskonzeption 160
4.1. Die Struktur des Sicherheitsproblems 160
4.2. Sicherheitskonzeptionen im Bereich traditioneller EDV 165
4.3. Lösungen im Bereich IDV/BK durch das Prinzip des MbE 167

IV. Die methodische Konzeption von BK-Systemen 173
1. Organisationsmethoden 173
1.1. Analysemethoden 173
1.1.1. Befragung 175
1.1.2. Selbstaufschreibung 178
1.1.3. Beobachtungen 179
1.1.4. Dokumentenanalyse 182
1.1.5. Messen, Zählen, quantitatives Schätzen 183
1.1.6. Automatische Datenerfassung 184
1.1.7. Darstellungsmethoden 184
1.1.8. Ergebnisinterpretation und -wertung 187
1.2. Synthese/Soll-Konzeption 189
1.2.1. Begriff und Arten der Synthese 189
1.2.2. Gebiete der Soll-Konzeption 190
1.2.3. Phasen der Soll-Konzeption 192
1.3. Projektorganisationsmethoden 196
1.3.1. Projekte als Organisationsobjekt 196
1.3.2. Projektplanung 198
1.3.3. Projektorganisation 201

1.3.4. Projektkontrolle und -berichtswesen ... 204
2. Planungsmethoden des Einsatzes von BK-Systemen ... 207
2.1. Methoden der strategischen Planung von BK-Systemen ... 210
2.2. Methoden der operativen Planung von BK-Systemen ... 211
2.3. Investitionsrechnung und Budgetierung ... 215
2.4. Planung des organisatorischen Wandels ... 222
3. Kontrollmethoden ... 226

V. Vorgehensweise der Erstellung einer BK-System-Konzeption ... 229
1. Zielsetzung und Problematik ... 229
2. Konkrete Probleme der Konzeptionserstellung ... 231
2.1. Phasen der Konzeptionserstellung ... 231
2.2. Probleme der vorkonzeptionellen Phase ... 232
2.3. Probleme der konzeptionellen Phase ... 233
2.4. Probleme der nachkonzeptionellen Phase ... 235
3. Vorgehensweise (Prozessverlauf) ... 237

Abbildungsverzeichnis ... 251

Literaturverzeichnis ... 255

Index ... 262

I. DIE ORGANISATION DER BÜROARBEIT ALS GRUNDLAGE TECHNISCHER LÖSUNGEN

1. ZUR CHARAKTERISTIK DER BÜROARBEIT

Die Bedeutung der Büroarbeit hat in den letzten Jahren ständig zugenommen. Informationen werden zunehmend mehr als der wesentlichste Faktor für den Unternehmenserfolg angesehen, so daß die mit ihrer Be- und Verarbeitung verbundenen Funktionen - die Bürofunktionen - zum Zentralpunkt unternehmerischer Planungen geworden sind. Informationen über den Markt und die Konkurrenz werden für strategische Überlegungen genutzt, um Produkte, Vertriebswege und andere zum Marketing-Mix gehörige Komponenten zu gestalten. Informationen über das eigene Unternehmen dienen als Grundlage für Preisgestaltung, Rationalisierung und die Ermittlung der Potentiale. Alle relevanten Informationen schlagen sich in irgendeiner Form in Bürofunktionen nieder.

Entsprechend der wachsenden Bedeutung der Büroarbeit sind ihre Kosten in den letzten Jahren ständig gestiegen. Dieser Kostenanstieg wurde durch zwei Faktoren hervorgerufen:

1. Die Anzahl der Bürobeschäftigten stieg kontinuierlich.

2. Die Durchschnittsgehälter - u.a. auch durch zunehmenden Einsatz von Spezialisten - wuchsen überproportional.

Trotz der strategisch großen Bedeutung der Bürofunktionen gelten sie in weiten Bereichen als "non productiv". Dies bedeutet, daß sie keinen unmittelbaren und direkten Bezug zur Leistungserstellung im Sinne der Marktleistung des Unternehmens haben. Bei anderen Bürofunktionen kann dieser Leistungsbezug hergestellt werden. Diejenigen, bei denen der Leistungsbezug nicht besteht, stellen in ihrem Kostencharakter Gemeinkosten dar. Ihre Senkung ist ein bedeutendes Ziel zur Erhaltung der Wettbewerbsfähigkeit eines Unternehmens, vor allem in härter werdenden Märkten. Dies führt zu folgenden Feststellungen:

1. Bürofunktionen tragen in wesentlichem Umfang zum Erfolg der Unternehmen bei.

2. Die durch sie entstehenden Kosten sind überwiegend Gemeinkosten und damit nicht direkt zurechenbar.

3. Sie unterliegen einem verstärkten Rationalisierungsdruck.

4. Mit der steigenden Bedeutung der Information für die Unternehmensführung wird die Bedeutung der Bürofunktionen weiter steigen.

Aufgrund der unterschiedlichen Art der Funktionen, die insgesamt in dem Begriff Büroarbeit zusammenzufassen sind, erstrecken sich Bürofunktionen sowohl auf Routine als auch auf Problemlösungsaufgaben. Routineaufgaben sind häufig mit gleichförmigen Masseninformationen verbunden, bei denen der Be- und Verarbeitungsprozeß nach einem festgelegten invarianten Schema abläuft. Andere Routinearbeiten sind zwar nicht Massenarbeiten, wohl aber durch die Verarbeitung größerer Mengen von Informationen gekennzeichnet und von ihrem Ablauf her strukturierbar oder bereits strukturiert. Auf Massen- und Mengenbearbeitungsvorgänge hat sich die Datenverarbeitung der Vergangenheit bezogen, was zu deutlichen Rationalisierungserfolgen auf diesem Sektor geführt hat. Spezialisierte Mengenaufgaben, insbesondere solche, die stark arbeitsteilig abgewickelt wurden, wurden in den letzten Jahren ebenfalls Gegenstand von EDV-bearbeiteten Prozessen.

10 Feststellungen zur Charakteristik der Büroarbeit

1. Büroarbeit hat ihrer Bedeutung nach ständig zugenommen
2. Der Kostenanteil der Büroarbeit an den Gesamtkosten steigt
3. Büroarbeit ist "productiv" und "non productiv"
4. Büroarbeit ist z.T. routinisierte Massenarbeit, z.T. problembehaftete Spezialarbeit
5. Arbeitsteilung wird sowohl horizontal als auch vertikal vorgenommen
6. Horizontale Arbeitsteilung bei Büroarbeit hat zu Prozeßketten analog zur Produktion geführt
7. Vertikale Arbeitsteilung führt zu hierarchischer Wertigkeit der Büroarbeit
8. Terminarbeit wird bei
   - Prozeßketten und
   - hochkomplexen problembehafteten Aufgaben praktiziert
9. Kommunikation wird durch die horizontale und vertikale Arbeitsteilung erforderlich
10. Informationen sind das Ausgangsmaterial, das Arbeitsobjekt sowie der Output der Büroarbeit

Abb. 1: Charakteristik der Büroarbeit

Problemlösungsaufgaben, die meist nicht formalisierbar und strukturierbar sind, wurden erst in Teilbereichen EDV-orientiert Prozeßlösungen unterworfen. Speziell der letzte Typ von Arbeiten ist jedoch sehr häufig mit intensiven Kommunikationsprozessen verbunden. Gleichfalls ergeben sich Kommunikationsprozesse dann, wenn arbeitsteilige Vorgänge zu Prozeßketten führen, bei denen Informationen zu Bearbeitungsstationen innerhalb einer Prozeßkette weitergereicht werden. Speziell diejenigen Bürofunktionen, die prozeßkettenorientiert sind oder als Teamarbeit umfangreiche Kommunikationsprozesse beinhalten, werden mit dem Vordringen der Bürokommunikation zum Gegenstand technologieorientierter Betrachtung.

Da nur sehr wenige Aufgaben weder auf Prozeßketten noch auf Teamarbeit basieren, kann die Feststellung getroffen werden, daß das Gros der Büroarbeiten Betrachtungsobjekt technologischer Lösungen der Bürokommunikation ist. Diese Betrachtungsweise muß noch durch die Analyse der durch vertikale Arbeitsteilung bedingten Prozeßketten und Teamprozesse ergänzt werden: Die Strukturierung einer Organisation in Ebenen sowie die Gliederung nach Führungs- und Ausführungsaufgaben im weitesten Sinne begründet durch die hiermit verbundene Delegation von Aufgabe, Verantwortung und Vollmacht Berichts- und Kontrollprozesse, die wiederum Kommunikationsvorgänge darstellen. Auch hier stellt sich die Frage, in welchem Umfang die so strukturierten Informations- und Kommunikationsprozesse Gegenstand technologischer Lösungen sind oder sein können. Grundsätzlich läßt sich die Feststellung anschließen, daß die vertikale Arbeitsteilung im Regelfall zu einer hierarchischen Wertigkeit der Büroarbeit führt: Diejenigen, die in der Organisationshierarchie höher angesiedelt sind, nehmen meist - zumindest nach ihrem Selbstverständnis - höherwertige und nur in geringerem Maße strukturierbare Aufgaben wahr.

Diese Charakteristik der Büroarbeit, die durch die Begriffe

- Bedeutung,
- Kosten,
- Leistungscharakter,
- Routine- und Problemlösungscharakter,
- Arbeitsteilung und Prozeßketten,
- hierarchische Wertigkeit,
- Kommunikationsnotwendigkeit sowie
- Information als Hauptbetrachtungsobjekt

gekennzeichnet ist, führt zu den Einsatzmöglichkeiten neuer Technologien im Büro.

2. AUFGABEN- UND ARBEITSKRÄFTETYPOLOGIE

In den Veröffentlichungen über Büroarbeit und -technologie der letzten Jahre ist nahezu immer eine Arbeitskräftetypologie vorzufinden, die auf der Unterteilung nach

- Führungskräften,
- Fachkräften/Spezialisten,
- Sachbearbeitern und
- Unterstützungskräften

beruht. Diese Unterteilung ist allgemein verbreitet. Sie hat sich zumindest ihrer Basisstruktur nach bewährt und soll auch an dieser Stelle übernommen werden. Wie noch im folgenden zu zeigen sein wird, ist bei dieser Unterteilung im Hinblick auf die der jeweiligen Arbeitskräftegruppe zugrundeliegenden Aufgabenzuordnung eine Homogenität innerhalb dieser Gruppe nicht unbedingt gegeben.

Eine ähnlich einheitliche Aufgabentypologie ist aufgrund der Vielfalt der wahrzunehmenden Funktionen nicht vorzufinden. So wird häufig eine Tätigkeitsstruktur von Bürobeschäftigten nach kommunikativen und nichtkommunikativen Arbeiten vorgenommen, was zu folgender Struktur führt:

Kommunikationsbezogene Tätigkeiten

- offizielle Besprechungen,
- spontane Besprechungen,
- Telefonate,
- Schriftgutbearbeitung,
  - Konzipieren,
  - Schreiben,
  - Lesen.

Tätigkeiten ohne Kommunikationen

- Verwaltungstätigkeiten,
- sach- und problembezogene Tätigkeiten in Alleinarbeit.

Obwohl es aus Gründen der Praktikabilität notwendig ist, zu Strukturgruppen zu kommen, sollte nicht verkannt werden, daß die so vorgenommene Strukturierung folgende Schwächen in bezug auf die Zuordnung von Aufgaben aufweist:

1. Die Schriftgutbearbeitung an sich ist nicht im engeren, sondern im weiteren Sinne eine Kommunikationsaufgabe: So wird Schriftgut - falls es sich nicht lediglich hierbei um eine Gedankenstütze zur Festhaltung eines bestimmten Tatbestandes für den Ersteller selbst handelt - wohl durchweg der Kommunikation dienen. Hingegen ist das Konzipieren sehr häufig eine so langwierige und mühsame Tätigkeit, daß hierbei der Kommunikationscharakter im eigentlichen Sinne nahezu verlorengeht, obwohl natürlich die Art der inhaltlichen Konzeption in der Absicht geschieht, eine optimale Kommunikation zu erreichen.

2. Es gibt mit Sicherheit eine Anzahl von sach- und problembezogenen Tätigkeiten, die nicht in Alleinarbeit durchgezogen werden, aber kaum sinnvoll unter sog. "offiziellen Besprechungen" einzuordnen sind. Hierzu gehören typische Arbeitssitzungen, die u.U. mehrere Tage dauern können und durch ihre strikte Sach- und Problembezogenheit nicht den Charakter von dem haben, was man normalerweise unter Besprechung verstehen würde.

Eine andere Untergliederung von Büroarbeiten (Booz, Allen & Hamilton, s. Abb. 53) führt zu den Tätigkeitsblöcken

- Dokumenterstellung,
- Dokumentverwaltung,
- Informationssuche,
- Kommunikation,
- individuelle Tätigkeit sowie
- Verwaltung.

Die Tätigkeitsgruppe "Kommunikation" ist untergliedert in die Tätigkeiten

- Telefonieren,
- Besprechungen,
- Konferenzen,
- Reisen.

Hier läßt sich durch eine definitorische Abgrenzung zwischen "Besprechung" und "Konferenz" eine bessere Untergliederung und Zuordnung vornehmen. Zweifellos gilt, daß eine zu breite Auffächerung der Tätigkeiten die Aussagefähigkeit empirischer Untersuchungen fragwürdig macht. Es sollte jedoch auf jeden Fall eine Tätigkeitsliste - gleichgültig ob in bezug auf Tätigkeitsgruppen oder Einzeltätigkeiten - gegeben sein, die die Arbeitsrealität gut abbildet und insbesondere gewichtige Tätigkeitsblöcke klar herausstellt. Hierzu wird später noch (s. Teilkap. III, 4.2.) ein Vorschlag gemacht.

Eine weitere Problematik besteht in der Zuordnung der Büroarbeitskräfte auf die einzelnen Gruppen. Um dieses Problem deutlich zu machen, soll im folgenden auf die Aufgabentypologie

- Führungsaufgaben,
- Denk- und Kreativitätsaufgaben,
- Objekt- und Sachaufgaben,
- nicht zuzuordnende Aufgaben (Leer-/Rüstzeiten, Wartezeiten) sowie
- Kommunikationsaufgaben

zurückgegriffen werden.

Die Abbildung 2 stellt in einem Überblick modellhaft die Zuordnung der einzelnen Aufgabenblöcke auf die Büroarbeitskräfte dar, wobei

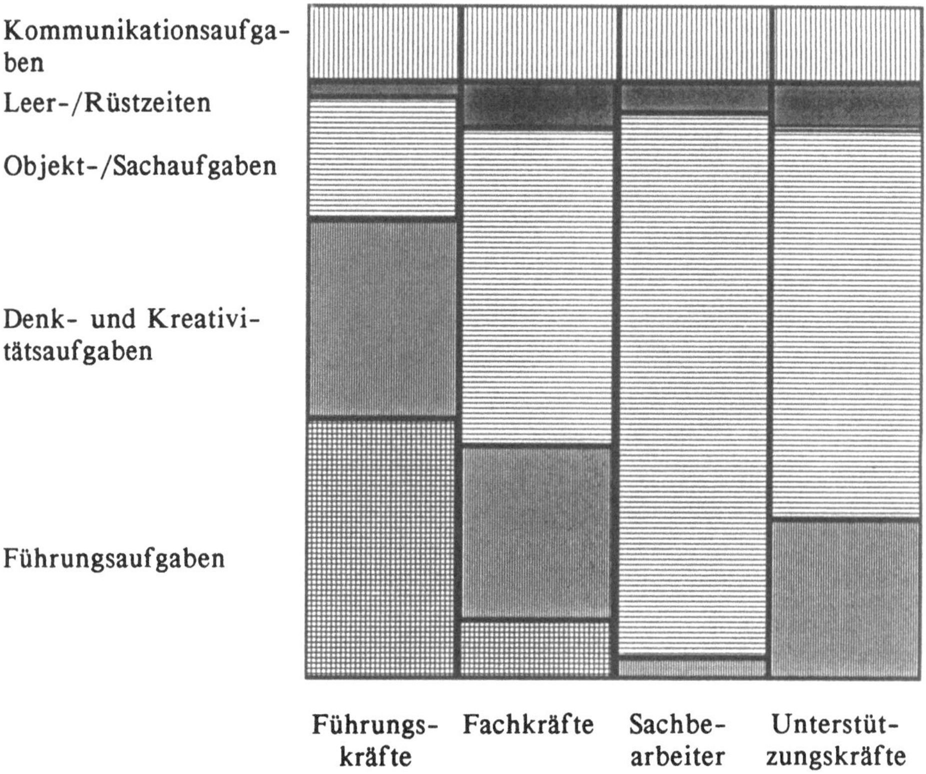

Abb. 2: Aufgaben- und Arbeitskräftetypologie in der Büroarbeit

folgendes noch anzumerken ist:

1. Über die Arbeitskräftegruppen hinweg läßt sich - bei Betonung der Tatsache, daß es sich bei dieser modellhaften Darstellung nicht um eine empirisch gesicherte, auf Zeitbasis aufgebaute Strukturanalyse handelt - eine hohe Bedeutung der Kommunikationsaufgaben feststellen.

2. Auch für die nicht zuzuordnenden Aufgaben, die sich vor allem als Leer-, Rüst- und Wartezeiten darstellen, ist eine unterschiedliche Verteilung innerhalb der einzelnen Gruppen zu vermuten, wobei in dem Modell angenommen wurde, daß starke Abhängigkeiten von Vorgesetzten oder Kooperationspartnern zu relativ hohen, nicht zuzuordnenden Aufgaben führen.

3. Die Verteilung der Denk- und Kreativitätsaufgaben wurde idealtypisch dargestellt, da von Führungskräften gemäß der vom Topmanagement auszuübenden, nicht delegierbaren Aufgaben ein hoher Anteil von Denk- und Kreativitätsarbeit zu leisten sein müßte. Ähnliches gilt für die Unterstützungskräfte, sofern sie von den Unterstützten richtig eingesetzt werden.

4. Führungsaufgaben sind logischerweise zu einem großen Teil bei den Führungskräften selbst zu finden. Andererseits muß aber angenommen

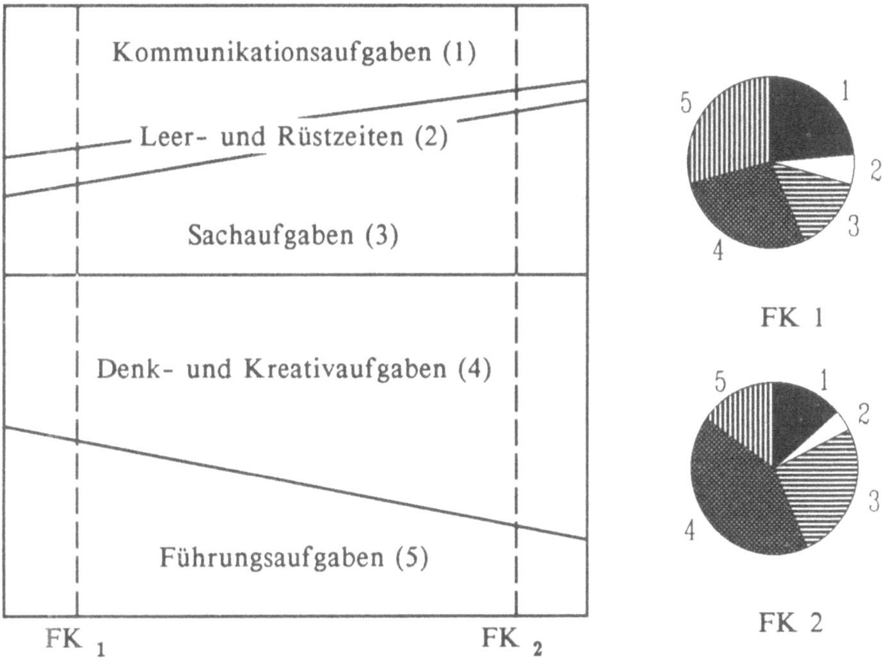

Abb. 3.1: Variable Aufgabentypologien für Führungskräfte

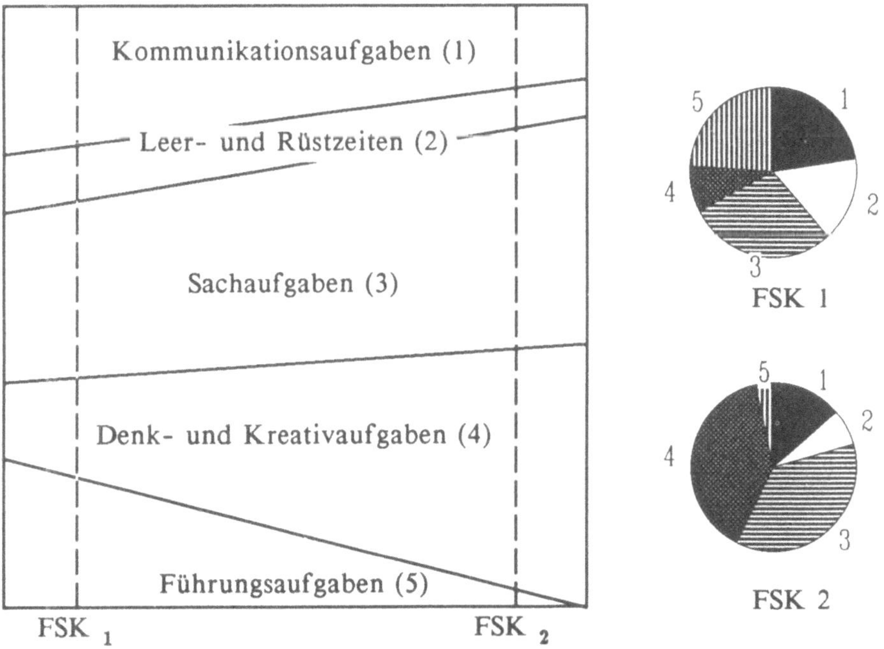

Abb. 3.2: Variable Aufgabentypologien für Fachkräfte/Spezialisten

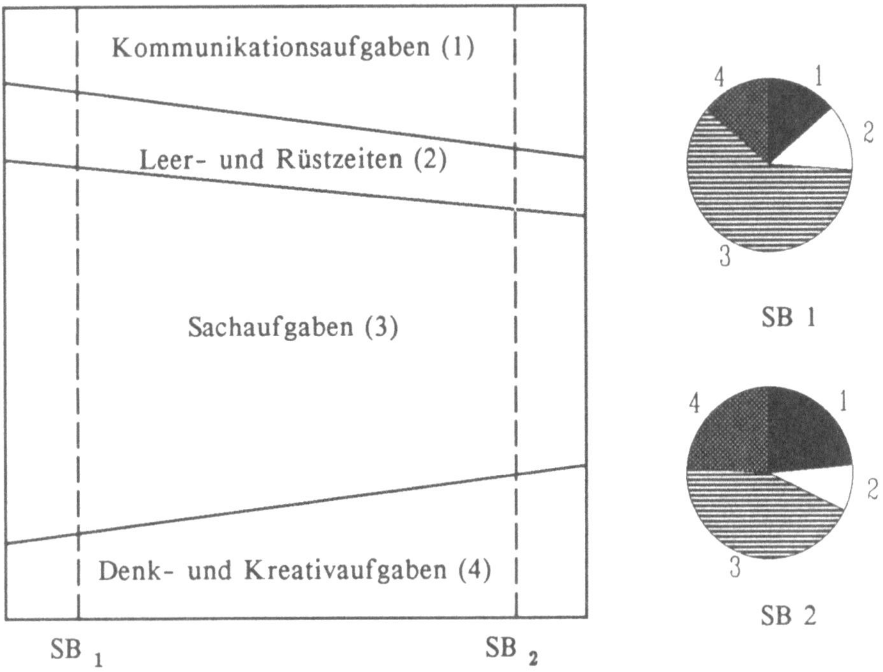

Abb. 3.3: Variable Aufgabentypologien für Sachbearbeiter

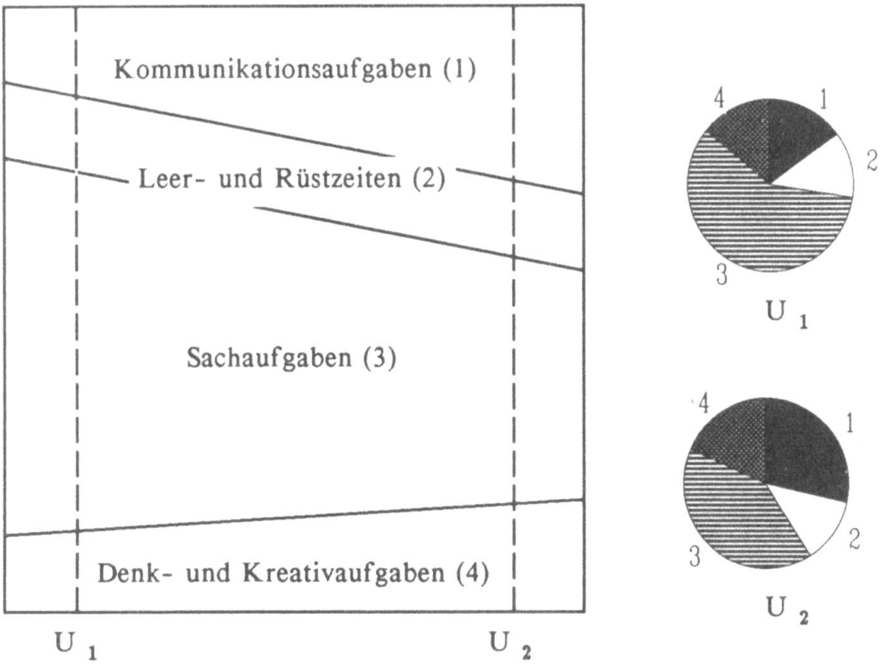

Abb. 3.4: Variable Aufgabentypologien für Unterstützungskräfte

werden, daß auch Fachkräfte und Spezialisten zu einem beachtlichen Anteil Führungsaufgaben wahrnehmen, obwohl bei ihnen ggf. Denk- und Kreativitäts- bzw. Objekt- und Sachaufgaben das größte Gewicht haben.

Diese Aufgliederung soll insbesondere zu erkennen geben, daß "mitarbeiterlose" Fachkräfte relativ selten sind, wenn sie nicht eine Spezialisten- oder Unterstützungskraft-Funktion wahrnehmen.

Bezüglich der Homogenität der Aufgabenzusammensetzung in den einzelnen Gruppen sind noch folgende Überlegungen angebracht:

1. Die Heterogenität der Gruppe der Führungskräfte führt zu der Wahrscheinlichkeit, daß es innerhalb dieser Gruppe je nach Stellung in der Hierarchie Funktionsgebietszugehörigkeiten und nach persönlicher Veranlagung differierende Möglichkeiten der Aufgabenzuordnung gibt. Die Abbildung 3.1 gibt dieser Überlegung Ausdruck und macht klar, daß sowohl der Anteil der Führungsaufgaben als auch davon abhängig der Anteil an Sach- und Kommunikationsaufgaben sowie personen- und funktionsbereichs-spezifisch der Anteil der Denk- und Kreativitätsaufgaben stark variieren dürfte. So ließe sich z.B. denken, daß die Führungskraft FK1 eine Aufgabenstruktur zeigt, die - wie z.B. die eines Vertriebsmanagers - bei einem hohen Anteil von Führungsaufgaben (Leitung der Niederlassungen) einen hohen Anteil von Kommunikationsaufgaben (Mitarbeiter- und Kundengespräche) sowie beachtliche Leerzeiten (Reisezeiten) aufweisen könnte. Die Führungskraft FK2 hingegen könnte durch den Leiter eines Forschungs- und Entwicklungsbereichs gekennzeichnet werden, bei dem Denk- und Kreativitätsaufgaben sowie Sachaufgaben das höchste Gewicht haben, während Führungsaufgaben und Kommunikationsaufgaben vergleichsweise in den Hintergrund treten.

2. Die Abbildung 3.2 erläutert die Problematik bei Fach-/Spezialistenkräften. Die FSK1 hat aufgrund des von ihr zu leitenden Bereichs einen relativ hohen Anteil an Führungs- und Kommunikationsaufgaben, vergleichsweise aber weniger Sachaufgaben. Hier könnte als Beispiel ein Projektleiter aus dem Bereich Organisation und Datenverarbeitung genommen werden, bei dem die Führung des Projektteams den hohen Anteil der Führungsaufgaben ausmacht und die notwendigen Gespräche mit Anwenderbereichen zum großen Kommunikationsaufwand führen. Die Kraft FSK2 könnte z.B. der Leiter einer Entwicklungsabteilung im technischen Bereich sein, bei dem die Führungsaufgaben relativ unbedeutend, hingegen die Denk- und Kreativitätsaufgaben sowie die Sachaufgaben (Entwurfs- und hieraus hervorgehende Umsetzungsarbeiten) typisch für die Aufgabenzusammensetzung sind.

3. Bei den Sachbearbeitern (Abb. 3.3) kennzeichnet SB1 z.B. eine Funktion im Rechnungswesen, bei der vor allem das große Gebiet der Lösung von sachbezogenen Aufgaben typisch für die betreffende Funktion ist. SB2 hingegen könnte durch den Mitarbeiter einer Werbeabteilung repräsentiert werden, der Entwürfe auszuführen hat und sie dann innerhalb eines Teams "verkaufen" muß.

4. Die Unterstützungskraft U1 (Abb. 3.4) ist dadurch gekennzeichnet, daß sie ihre Aufgaben relativ stark vorstrukturiert zur Erledigung von ihrem Vorgesetzten erhält, der wesentlichen Wert auf eine sachgerechte,

präzise Durchführung legt. Dies könnte z.B. bei einem Assistenten gegeben sein, der als Assistenzstab seinem Vorgesetzten zuarbeitet. U2 hingegen wäre durch die Funktion einer Chefsekretärin charakterisiert, bei der ein gewisser Grad an Selbständigkeit sich in den Denk- und Kreativitätsaufgaben äußert und insbesondere ein hoher Anteil von Kommunikationsaufgaben sich aus Koordinations-, Terminplanungs-, Kontroll- und anderen typischen Sekretariatsaufgaben ergibt.

Die modellhafte Betrachtung macht deutlich, daß sich eine so große Zahl von Tätigkeitsstrukturen in einzelnen Aufgabenbereichen ergibt, daß dies eine in einer empirischen Untersuchung erforderliche Systematisierung stark erschwert, bzw. daß eine vorgenommene Systematisierung die Realität nur unvollkommen abzubilden in der Lage ist. Es wird jedoch in den folgenden Kapiteln noch zu zeigen sein, daß dann, wenn genaue Analysen auf dem Sektor der Bürokommunikation durchgeführt werden, die zu einer spezifischen Technologieausstattung und -unterstützung führen sollen, so differenzierte Strukturen analytisch zumindest für eine Arbeitsplatztypologie durchgeführt werden müssen.

3. PRINZIPIEN FÜR DEN EINSATZ TECHNISCHER LÖSUNGEN IM BÜRO

12 Einsatzprinzipien
1. Reduzierung arbeitsteiliger Prozesse durch Integration 2. Schaffung von Freiräumen durch Computerisierung 3. Reduzierung von Durchlaufzeiten (Optimierung) 4. Vermeidung unnötiger Informationsumsetzungen und -transporte 5. Reduzierung der Informationsmengen, Aktualisierung und transparentere Gestaltung von Information 6. Priorisierung von Leistungen 7. Verringerung von Fehlern, Beseitigung von Fehlerquellen 8. Rationellere Gestaltung von Bearbeitungszeiten 9. Vermeidung technischer Insellösungen 10. Humanisierung der Arbeit 11. Reduzierung von Personal- und Sachkosten 12. Verbesserung der informationellen Entscheidungsbasis

Abb. 4: Einsatzprinzipien

Organisationsprinzipien können als Gestaltungsempfehlungen angesehen werden. Es soll an dieser Stelle nicht über Sinn, Zweck und wissenschaftstheoretische Beurteilung von Organisationsprinzipien diskutiert werden. Sie können in ihrer Funktion als Gestaltungsziele dazu beitragen, daß unter bestimmten situativen Bedingungen aus ihnen Handlungsweisungen für konkret zu lösende Problemstellungen abgeleitet werden. Der bisherige Technologieeinsatz im Büro sowie die aus der Charakteristik der Büroarbeit abzuleitenden Forderungen für diesen Einsatz lassen es sinnvoll erscheinen, Einsatzprinzipien zu entwickeln: Der pragmatische Aspekt, der z.Zt. noch bei allen Fragen der Umgestaltung der Büroarbeit durch Technologieeinsatz vorliegt, macht die Übernahme solcher Prinzipien zweckmäßig.

1. Reduzierung arbeitsteiliger Prozesse

Getreu dem tayloristischen Prinzip der Arbeitsteilung wurden in der Vergangenheit Rationalisierungseffekte bei der Büroarbeit vor allem durch Arbeitsteilung erreicht. Die neue Technik gestattet eine Rücknahme dieser Arbeitsteilung und eine Integration der bisher arbeitsteilig durchgeführten Prozesse an einem Arbeitsplatz.

2. Schaffung von Freiräumen

Die mit dem Technologieeinsatz verbundene Rationalisierung ist um so größer, je mehr Massen- und Mengenaufgaben technologieunterstützt abgewickelt werden. In nahezu allen Fällen aber ist eine Rationalisierung dadurch zu erreichen, daß bestehende Aufgaben durch den Computer besser, schneller und fehlerfreier und damit also rationeller gelöst werden. Das hierdurch entstehende Rationalisierungspotential führt zu Freiräumen, die anderweitig genutzt werden können.

3. Reduzierung von Durchlaufzeiten

Manuell abgewickelte Büroprozesse sowie alle nicht oder nur gering technikunterstützte Kommunikationsvorgänge führen zu langen Durchlaufzeiten. Eine Verkürzung von Durchlaufzeiten ist zwar kein Ziel an sich, kann wohl aber zur Erhöhung einer Gesamteffizienz beitragen. Insbesondere die technologieunterstützte Kommunikation, aber auch die durch Computerisierung erreichten Freiräume, tragen zu einer Reduzierung von Durchlaufzeiten bei.

4. Vermeidung unnötiger Informationsumsetzungen und -transporte

Informationsumsetzungen und -transporte kosten Zeit und können zu Verfälschungen, Veränderungen oder Verlusten von Informationen führen. Wenn diese Faktoren durch Technologieeinsatz beeinflußt werden können, muß das Informationssystem als solches sicherer, genauer und besser werden.

5. Transparentere Gestaltung der Informationen

Informationen werden dadurch transparenter gestaltet, daß Redundanzen möglichst weitgehend beseitigt werden, die Informationsmengen als solche reduziert und gestrafft werden und stets der aktuell mögliche Stand bei Informationen vorliegt. Hierzu trägt ein Technikeinsatz, wie die Erfahrungen mit der EDV gezeigt haben, deutlich bei.

6. Verringerung von Fehlern

Vielen positiven Seiten der Aufgabenbehandlung durch den Menschen steht die negative Seite entgegen, daß menschliche Arbeit fehlerbehaftet, ungenau und unzuverlässig im Qualitätsniveau im Vergleich zu maschinell erledigter Arbeit ist, sofern die betreffenden Arbeiten strukturierbar und normierbar sind. Der Technikeinsatz soll daher dazu führen, die möglichen Fehler zu verringern sowie Fehlerquellen zu beseitigen.

7. Priorisierung von Leistung

Der Technikeinsatz gestattet es, Programme zu entwerfen, nach denen bestimmte Vorgänge ablaufen sollen. Diese können nicht durch subjektive Vorlieben oder Abneigungen in bezug auf Prioritätsveränderungen abgewandelt werden. Hiermit wird zwar dem Mitarbeiter ein Sachzwang vorgegeben, andererseits aber wird die Gesamtleistung durch die programmierten Prioritätensetzungen verbessert.

8. Gestaltung von Bearbeitungszeiten

Die Technisierung von Arbeitsprozessen führt, wie bereits festgestellt, in den meisten Fällen zu rationelleren Arbeitsabläufen, spart Zeit und ersetzt den ständig teurer werdenden Faktor Arbeitskraft durch Mitteleinsatz. Bearbeitungszeitenverkürzung wird daher unter Kostenaspekten in erster Linie durch Technologieeinsatz anzustreben und zu erreichen sein.

9. Vermeidung technischer Insellösungen

Die heutige Technologielandschaft im Unternehmen ist durch Kommunikationsinseln (Telefon, Telex etc.), Bearbeitungsinseln (Terminals, Rechenmaschinen, PCs) und andere "Inselchen", wie z.B. Archivierung und Dokumentation, gekennzeichnet. Neue technologische Lösungen machen es möglich, zumindest einen Teil, langfristig sogar die meisten dieser genannten Inseln in einem gemeinsamen Konzept zu vereinigen.

10. Humanisierung der Arbeit

Arbeitsteilige, nach Routinen und ohne eigene Gestaltungsmöglichkeiten und Kreativität ablaufende Arbeitsprozesse werden allgemein als negativ empfunden. Die Erfahrungen zeigen, daß die durch den Technikeinsatz erreichbare Schaffung von Freiräumen, Reduzierung von Bearbeitungszeiten und mögliche Zurücknahme arbeitsteiliger Prozesse von den Mitarbeitern durchweg als positiv im Sinne einer Humanisierung der Büroarbeit empfunden wird. Humanisierung ist zwar kein Hauptziel, wohl aber ein erreichbares Nebenziel.

11. Kostenreduktion

Der Technikeinsatz gestattet es in den meisten Fällen, sowohl Personal- als auch Sachkosten zu reduzieren. Rücknahme der Arbeitsteilung, Verringerung von Informationsumsetzungen sowie Reduzierung bei Sachkosten auf dem Sektor Papier, Kopieren und anderem sind in der Lage, zusammen mit dem Faktor Ersatz von Personal durch Sachkosten zu einer Gesamtkostenreduktion beizutragen, wenn bestimmte Bedingungen des betriebswirtschaftlich sinnvollen Technikeinsatzes gegeben sind. Hierzu ist allerdings ein organisatorisch-betriebswirtschaftliches Konzept notwendig.

12. Verbesserung der Entscheidungsbasis

Die gesamten Einflüsse auf das Informationssystem, wie verringerte Informationsumsetzung, Beschleunigung der Informationstransporte, Reduzierung und Verbesserung der Struktur der Informationsmengen, Aktualisierung und transparentere Gestaltung von Informationen, tragen zu einer Verbesserung der informationellen Entscheidungsbasis bei. Vorbedingung hierzu ist eine Technikkonzeption, die die Erreichung auch dieses Zieles systematisch angeht.

Wenn diese Gestaltungsprinzipien als Gestaltungsziele aufgefaßt werden, entsteht aus ihnen die Forderung nach einer konzeptionell unterstützten Gestaltung von BK-Systemen. Anders ausgedrückt: Ohne eine solche Konzeption erscheint es nicht möglich, diese Ziele zu erreichen.

Literaturhinweise:

DARAZS, G. (1987): S. 8-29 (Arbeitsplatz Büro - heutige Situation und Komponenten neuer BK-Systeme)

NIPPA, M. (1988): S. 27-40 (Funktionen und Mittel des Büros); S. 81-102 (Gestaltungsrelevanz unterschiedlicher Büroaufgaben)

PETERS, G. (1988): S. 77-112 (Typisierung der Bürotätigkeiten)

PICOT, A., REICHWALD, R. (1987): S. 30-33 (Büroarbeit)

SZYPERSKI, N., u.a. (1982): S. 6-39 (Typologie der Büroarbeitsplätze)

VOSSBEIN, R. (1989/III): S. 40-44 (Die Struktur des Führungssystems); S. 191-195 (Organisationsprinzipien)

WISSKIRCHEN, P. (1983): S. 12-19 (Charakteristik der Büroarbeit)

ZANGL, H. (1987): S. 16-48 (Analyse der Büroarbeit)

II. DIE STRATEGISCHE KONZEPTION VON BÜROKOMMUNIKATIONSSYSTEMEN

1. DAS BK-KONZEPT ALS BASIS ORGANISATORISCHER ÜBERLEGUNGEN

1.1. Zur Notwendigkeit einer konzeptionellen Struktur

1.1.1. Begriff der Bürokommunikation

Der Begriff der Bürokommunikation läßt sich rein sprachlich aus den beiden Begriffen "Büro" und "Kommunikation" ableiten. Damit würde Bürokommunikation die Gesamtheit aller kommunikativen Vorgänge in Büros darstellen. Hierbei wäre es noch notwendig, die beiden Begriffe separat zu definieren, wobei die sprachliche Deutung von "Büro" als "Dienstzimmer, Geschäftsstelle, kleine Firma, Gesamtheit der in einem Büro tätigen Angestellten" sowie "Kommunikation" als "Verständigung (zwischen den Menschen)" (Wahrig, 1980/85) nur bedingt diejenige Bedeutung widerspiegeln würde, die heute dem Begriff Bürokommunikation beigelegt wird. Auch der Definition "Bürokommunikation bezeichnet die gesamte Menge der Informationsverarbeitungs-, -beschaffungs- und -übertragungsaufgaben, die zur Erbringung der organisatorischen Marktleistungen direkt oder indirekt abgewickelt werden" (Philips, Sophomation) ist nur bedingt zu folgen, weil hier der Kommunikationsbegriff in etwas eigenwilliger Form interpretiert wird. Ebenso ist die aus der Funktionsbeschreibung abgeleitete Definition "die Bürokommunikation befaßt sich mit der Übertragung der Informationsform Sprache, Text und Bild (Fest- oder Bewegtbild), während bei der EDV die Verarbeitung von Daten im Vordergrund steht" (Töpfer, 1987, S. 19), wenig hilfreich, da sie den Umfang dessen, was unter Bürokommunikation vielfach verstanden wird, nicht voll abzudecken in der Lage ist. So ist schon der Begriff der Bürofunktion als derjenigen Tätigkeiten, die in einem Büro abgewickelt werden, durch die Vielfalt der Einzeltätigkeiten schwer zu definieren. Der Kommunikationsbegriff hat darüber hinaus noch den Nachteil, sich in vielen Fällen vom Informationsbegriff nur unzureichend abgrenzen zu lassen. Insbesondere sollte die Zweckdefinition der Bürokommunikation dem Tatbestand Rechnung tragen, daß sie als eigenständiger Begriff erst aufgetaucht ist, nachdem die Technikkomponente bei der Unterstützung von Bürofunktionen eine gewisse Bedeutung erlangt hat. So bietet sich als Zweckdefinition an:

> Bürokommunikation ist die Gesamtheit aller technikunterstützten oder -unterstützbaren Informations- und Kommunikationsprozesse in Büro- und Verwaltungsfunktionen.

Büro-/Verwaltungsfunktionen lassen sich aufgrund des Umfanges und der Vielfalt kaum positiv definieren. Es sei denn, man geht davon aus, daß es diejenigen Vorgänge in einer Institution sind, die sich mit "Informationen" als Gegenstand der Be- und Verarbeitung im weitesten Sinne beschäftigen. Hieraus ließe sich ableiten, daß Bürofunktionen informationsverarbeitende Funktionen sind und daß Bürokommunikation sich demnach auf die mit diesen informationsverarbeitenden Vorgängen zusammenhängenden Übermittlungsprozesse bezieht. Vor allem die neueren Entwicklungen auf dem PC-Sektor lassen es nicht sinnvoll erscheinen, Datenverarbeitungsprozesse - die bisher auch über die Groß-EDV abgewickelt wurden - aus der Bürokommunikation auszugliedern: Der Computer (auch der PC) muß als das Kernstück aller weiteren Entwicklungen auf dem Bürokommunikationssektor bezeichnet werden. Andere Mittel werden sich hardware- und softwaremäßig um den Computer in verschiedenen Erscheinungsformen herumgruppieren.

Hieraus ergibt sich dann die Abgrenzung zur Datenverarbeitung. Die Datenverarbeitung, speziell in Form der EDV, ist Bestandteil der Bürokommunikation und ihr - zumindest im Hinblick auf diejenigen Informationsbereiche, die nicht ausschließlich produktionsorientiert sind - unterzuordnen. Dies führt zu einer nicht nur gerätemäßigen, sondern auch logischen Verschmelzung von Datenverarbeitung und Bürokommunikation. Wie noch zu zeigen sein wird, lassen sich Großnetze nicht ohne Datenverarbeitungsanlagen aufbauen, so daß diese Trennung kaum noch aufrecht zu halten ist.

Auch der gelegentlich gebrauchte Begriff des Bürosystems, der mehr die gerätetechnische Komponente betont, kann untergeordnet werden: Bürokommunikation in dem hier verstandenen Sinne kann ohne Geräteunterstützung nicht sinnvoll entwickelt werden.

Auch der Begriff CIO ist gelegentlich verwendet worden, insbesondere, um das computerintegrierte Büro (Computer Integrated Office) vom CIM (Computer Integrated Manufacturing) abzugrenzen. Das Begriffspaar CIO und CIM hat den Vorteil, daß mit ihm die technische Sphäre deutlich von der Büro- (Verwaltungs-)Sphäre getrennt wird. Da jedoch zwischen beiden Sphären ständig Informationsströme fließen, würde dies auf eine Vielzahl von Schnittstellen zwischen beiden Bereichen hinauslaufen, an denen Informationen übergeben werden müßten. Die Zusammenführung beider könnte nur in einem Unternehmensgesamtinformations- und -kommunikationssystem erfolgen, dessen Teilsysteme schnittstellenmäßig miteinander verknüpft sind. Da aber der derzeitige Entwicklungsstand sowohl im BK- als auch im CIM-System noch aus einer Vielzahl von mehr oder weniger integrationsfähigen Insellösungen besteht, scheint auch diese begriffliche Verschmelzung zumindest unzweckmäßig zu sein. Ein Versuch, das gesamte Gebiet auch unter Einbeziehung der zunehmend bedeutungsvolleren Komponente "Wissenssysteme" integrationsmäßig darzustellen, wird in Abbildung 5 gemacht. Wesentlich - dies sei

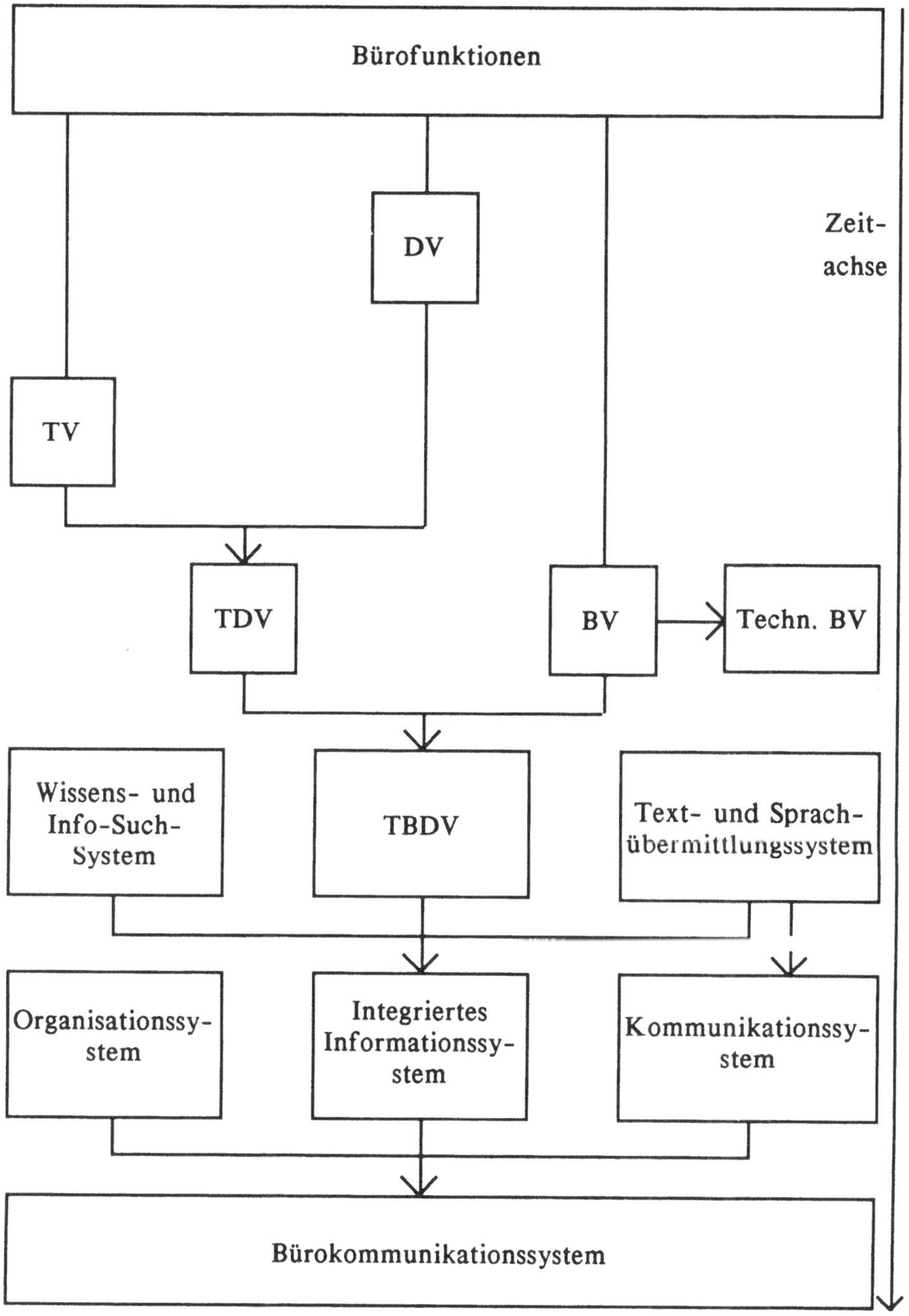

Abb. 5: Entwicklung von Bürokommunikationssysten

noch einmal betont - ist vor allem die Technikkomponente, die zum Teil versteckt, zum Teil offen in all den aufgeführten Subsystemen auftaucht. Auch wird das Schaubild der Bedeutung der Software nicht gerecht, die ebenfalls "Hintergrund" der meisten aufgeführten Systembestandteile ist. In vielen der aufgeführten Komponenten werden noch weitere Vertiefungen vorgenommen.

1.1.2. Das Grundmodell der Kommunikation

Das Grundmodell der Kommunikation besteht aus den drei Einheiten

- Sender,
- Kanal,
- Empfänger.

Um Kommunikation zustande kommen zu lassen, müssen einige wesentliche Bedingungen im Verhältnis dieser drei Einheiten zueinander erfüllt sein. Die Hauptbedingung in der Beziehung zwischen Sender und Empfänger besteht in dem gemeinsamen Zeichenvorrat. Ohne diesen ist eine Übermittlung von Nachrichten nicht möglich, da die übermittelten Zeichen nicht verstanden werden, wenn sie nicht aus einem gemeinsamen Vorrat stammen. Bei bestimmten Arten der Übermittlung ist Redundanz geeignet, Lücken im gemeinsamen Zeichenvorrat zu überbrücken. So ist z.B. denkbar, daß eine Nachricht, die aus verschiedenen Worten besteht, ein unbekanntes Wort enthält (nicht Bestandteil des gemeinsamen Zeichenvorrats), das aber aufgrund des umgebenden Textes und seiner Redundanz entschlüsselt werden kann. Gleiches trifft sinngemäß auch für kleinere Zeichen, wie Buchstaben oder Bilder (Piktogramme), zu.

Beim Kanal sind insbesondere die Merkmale

- Kapazität,
- Geschwindigkeit und
- Sicherheit/Störungsfreiheit

von Bedeutung. Die Kapazität des Kanals wird wesentlich durch den Querschnitt beeinflußt (bei Kabeln z.B. durch die Anzahl der Adern) bzw. durch andere technische Eigenschaften, die die Kapazität bestimmen.

Geschwindigkeit als weiteres Kennzeichen gibt an, wieviel Zeichen pro Zeiteinheit (Bits pro Sekunde) durch den Kanal geschickt werden können. Hier sind z.B. bedeutende Geschwindigkeitsunterschiede zwischen traditionellen Kupferkoaxialkabeln und Lichtwellenleitern festzustellen. Das dritte Merkmal, die Sicherheit bzw. Störungsfreiheit, macht Aussagen über die Zuverlässigkeit des Kanals in der Übermittlung. So können unterwegs Zeichen "verlorengehen", durch Überlagerung mit anderen Schwingungen verfälscht bzw. durch Störungen (Rauschen) unverständlich werden. Auch hier zeigt sich, daß die verschiedenen Kanäle unterschiedliche Sicherheiten geben. Das Problem der Sicherheit spielt nicht nur beim Kanal als solchem eine Rolle (schlechte Isolierung von Telefonkabeln erhöht die Störungen und verringert die Sicherheit), sondern ist auch darüber hinaus von Bedeutung in bezug auf die Möglichkeit,

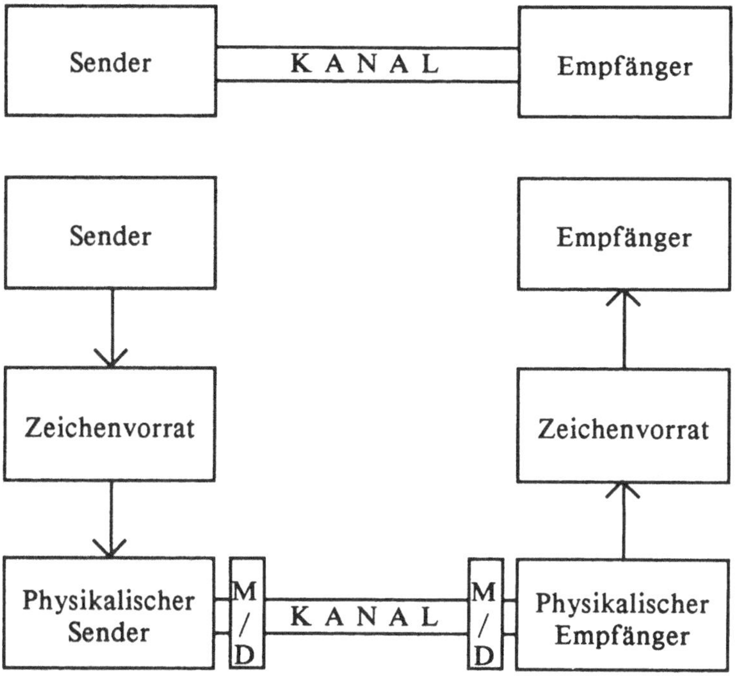

Elemente:

Sender/Empfänger: Mensch oder Maschine

Zeichenvorrat: bit-Kombination, Wort, Bild

Physikalischer Sender/Empfänger: PC, Kommunikationsrechner

M/D: Modulator/Demodulator

Kanal: physikalisch, logisch

Abb. 6: Kommunikationsschema (einfaches und komplexes)

den Kanal "abzuhören". Dieses Problem gilt als ein spezifisches, das im Rahmen von Datensicherungskonzepten zu lösen ist.

Analytisch gesehen sind Kommunikationsprozesse als

- Mensch-Mensch-Kommunikation,
- Mensch-Maschine-Kommunikation sowie
- Maschine-Maschine-Kommunikation

zu nennen. Im Rahmen der Bürokommunikation finden sich alle drei Arten der Kommunikation, wobei auch die Mensch-Mensch-Kommunikation sehr häufig geräteunterstützt abläuft (telefonieren), was zu dem allgemeinen Prinzip der Bürokommunikation führt, daß die direkte Kommunikation zwischen Sender und Empfänger häufig außer über den Kanal noch über eine Anzahl von zusätzlichen Hilfs- oder Unterstützungsgeräten läuft. Hieraus ergibt sich ein weiteres nachrichtentechnisches Ablaufmodell, bei dem die Gerätekomponente eine beachtliche Bedeutung hat (Abb. 6).

Bezüglich der Charakteristik von Kanälen ist nach ihrer Übermittlungsfähigkeit zwischen den Begriffen Simplex und Duplex zu unterscheiden. Simplexkanäle sind lediglich in der Lage, Zeichen zu einem Zeitpunkt in eine Richtung zu übermitteln, während bei Duplexkanälen beide Richtungen gleichzeitig bedient werden können. Von der technischen Komponente her wird bei Maschinenkommunikation noch zwischen

- Selektor-Kanal sowie
- Multiplex-Kanal

unterschieden. Der Selektorkanal bedient mehrere Peripheriegeräte, von denen aber jeweils nur eines angesprochen werden kann. Der Multiplexkanal gestattet eine gleichzeitige Datenübertragung zwischen einer DV-Zentraleinheit und mehreren angeschlossenen peripheren Geräten. Jeder Kanal benötigt eine autonome Kanalsteuerung, die zur Entlastung der Zentraleinheit dient.

Das einfache Kommunikationsmodell mit einem Sender und Empfänger bzw. dazwischengeschalteten Geräten gilt jedoch für die Bürokommunikation nicht. Basis ist hier normalerweise das Netz, das verschiedene Strukturformen aufweisen kann. Folgende Netzstrukturen können für die Bürokommunikation als relevant angesehen werden:

- Ringnetzstrukturen,
- Baum-/Busstrukturen,
- Sternstrukturen,
- vermaschte Strukturen und
- Kombinationen dieser Strukturen.

Diese Strukturen (Abb. 7) sind als Einzelnetze oder verbundene Netze denkbar. Hierbei können mehrere Netzformen in verbundenen Netzen miteinander kommunizieren. Die Abbildung 7 gibt eine Übersicht über die genannten Hauptstrukturen.

Ringnetze finden sich in der Bürokommunikation meist als sog. Token-Ringnetze.

Der Bus stellt eine vereinfachte Baumstruktur dar. Hier wird das CSMA/CD-Verfahren als typisch angesehen: Ein Sender schickt eine Nachricht auf den Bus, die sich von der Anschlußstelle in beide Richtungen hin ausbreitet und damit ebenfalls durch das "Abhörverfahren" vom Empfänger aufgrund seiner Adresse entdeckt wird. Eine schematische Darstellung der Schaltprinzipien der drei häufigsten Teilnetzformen der Bürokommunikation - Ring, Bus und Stern - zeigt die Abbildung 8. Hierauf bauen komplexere Netze auf. Sternstrukturen sind die typischen

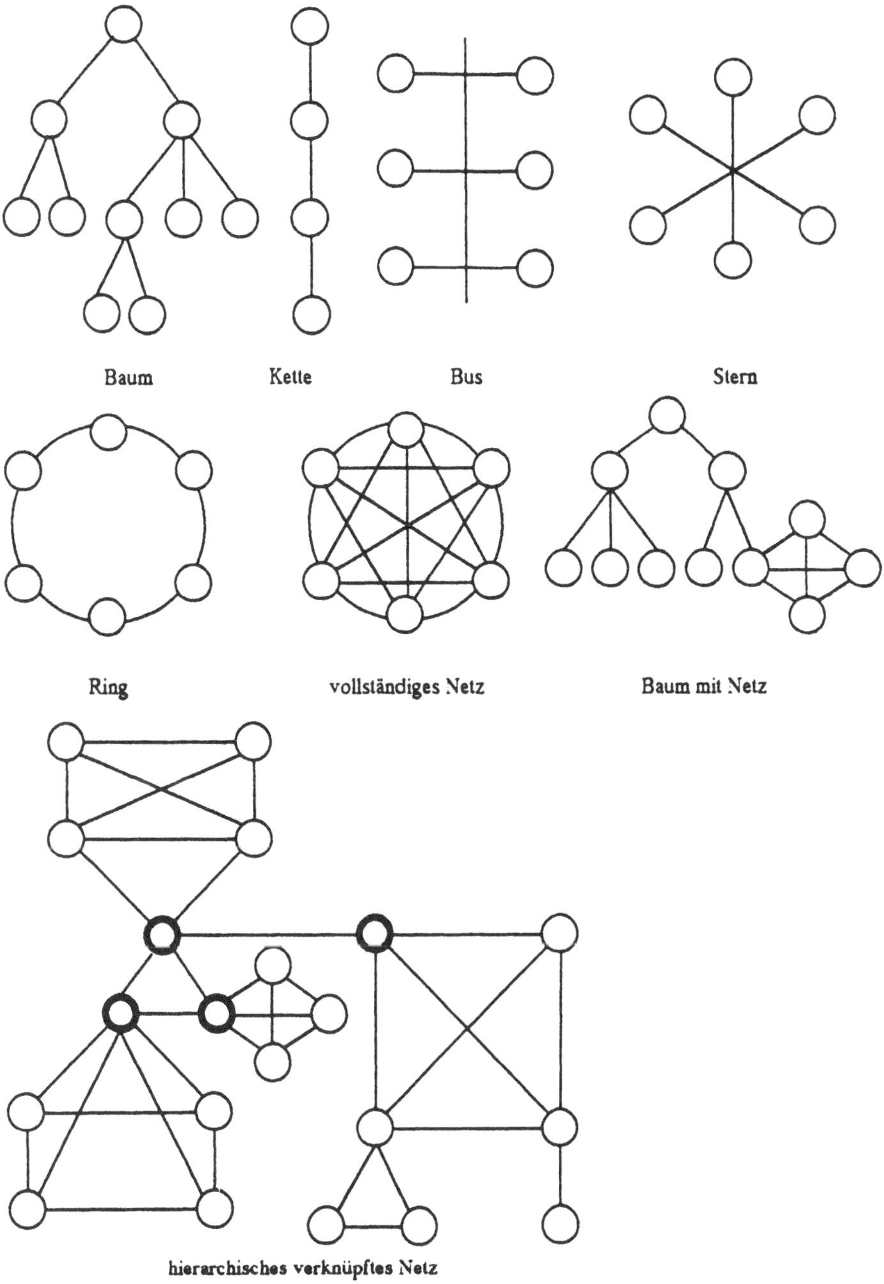

Abb. 7: Netzstrukturen

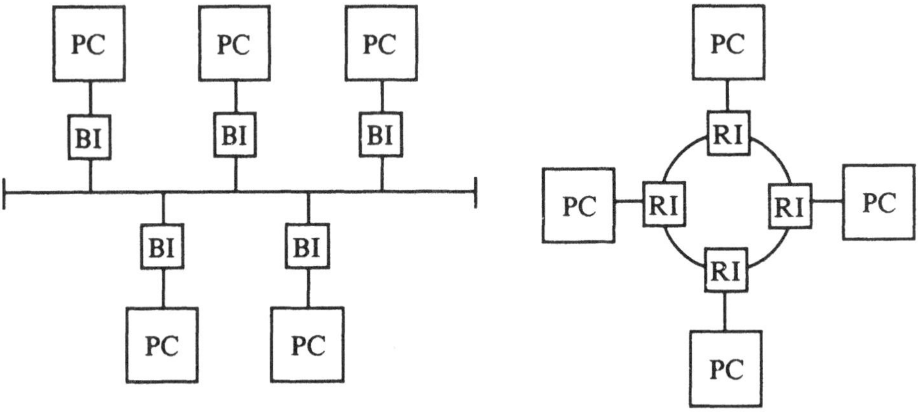

Bestandteile eines Bus-Systems (BI = Bus Interface)

Bestandteile eines Ring-Systems (RI = Ring Interface)

Abb. 8: Bestandteile einfacher Netze

Strukturmuster von zentralen DV-Anlagen mit angeschlossenen peripheren Geräten. Hier bildet der Zentralrechner den mittleren Knoten des Sterns, die Peripheriegeräte die Endknoten. (Vgl. zu den Verfahren auch das Teilkap. III.1.3.)

Vermaschte Netze sind nach dem derzeitigen Stand der Netzwerktechnologie als noch nicht typisch anzusehen, wenn man von einer Vermaschung von Kommunikationsrechnern absieht.

Die Abbildung 9 gibt einen Überblick über die wichtigsten Netzformen und ihre Realisation in der Bürokommunikation.

Netze sind nahezu immer hierarchisch aufgebaut. Dies bedeutet, daß die Knoten in Netzen unterschiedliche Funktionen haben. Knoten können grundsätzlich durch drei Eigenschaften gekennzeichnet sein:

- Sendereigenschaft,
- Empfängereigenschaft,
- Transmitter-/Vermittlereigenschaft.

In Sternnetzen hat in den meisten Fällen nur der Zentralknoten Transmittereigenschaft, alle anderen sind je nach der ihnen zugewiesenen Funktion (technische Eigenschaft) ausschließlich Sender bzw. Empfänger (Eingabeterminal, Drucker) oder als Sender-Empfänger konzipiert (Bildschirm). Auch die als typisch geschilderten BK-Netze Token-Ring und Bus setzen beim Endgerät normalerweise lediglich Sender-Empfänger-Qualität voraus. Sofern ein Netz jedoch einen Übergang in ein anderes Netz wahrnehmen will, muß ein Kommunikationsrechner gegeben sein. Diese Kommunikationsrechner tragen in der Bürokommunikation unterschiedliche Bezeichnungen, und zwar:

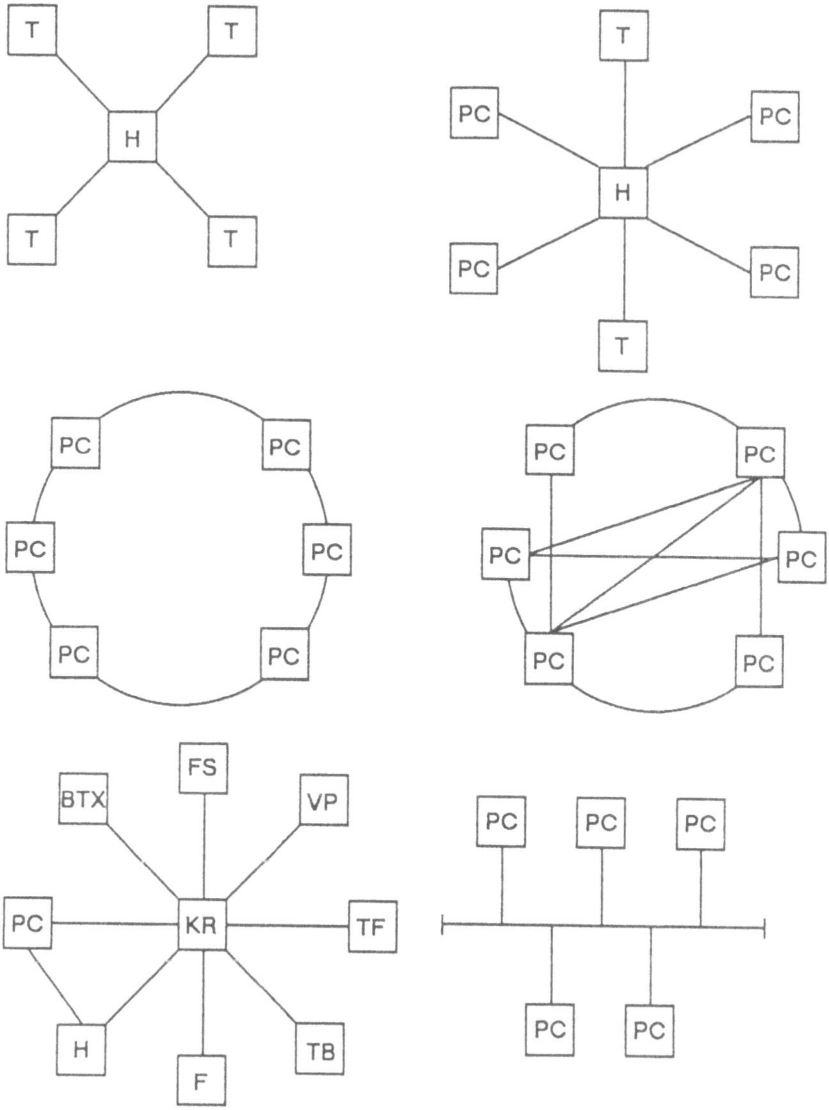

H	HOST (Großrechner)	FS	Fernschreiber, Teletex
PC	Personal Computer	F	Telefon (Fernsprecher)
KR	Kommunikations - Rechner	TF	Telefax (Fernkopierer)
T	Terminal	VP	Videophon
BTX	Bildschirmtext	TB	Telebox

Abb. 9: Systemstruktur-Varianten in der BK

- Gateways,
- Bridges und
- Server.

Unter Gateways werden meist solche Kommunikationsrechner verstanden, die zwei regionale Großnetze miteinander verbinden, wobei die Verbindung über das öffentliche Netz gehen muß. Das Gateway ist damit der Kommunikationsrechner beim Eintritt in das öffentliche Netz. Gateways existieren auch zur Verbindung von Großrechnernetzen und nehmen hierfür die notwendigen Transformationen bei Standards und Codes vor.

Bridges sind Kommunikationsrechner, die vor allem zur Verbindung von PC-Netzen eingesetzt werden und die in bezug auf unterschiedliche Netze ähnliche Funktionen wahrnehmen wie die Gateways bei Großrechnernetzen.

Auch Server können als Kommunikationsrechner zu anderen Netzen eingesetzt werden, so z.B. zwischen Telefax und Teletex. Sie dienen allerdings auch dazu, Leistungen allen Teilnehmern eines bestimmten Netzes zur Verfügung zu stellen (Datei-Server z.B. für die Dateiverwaltung).

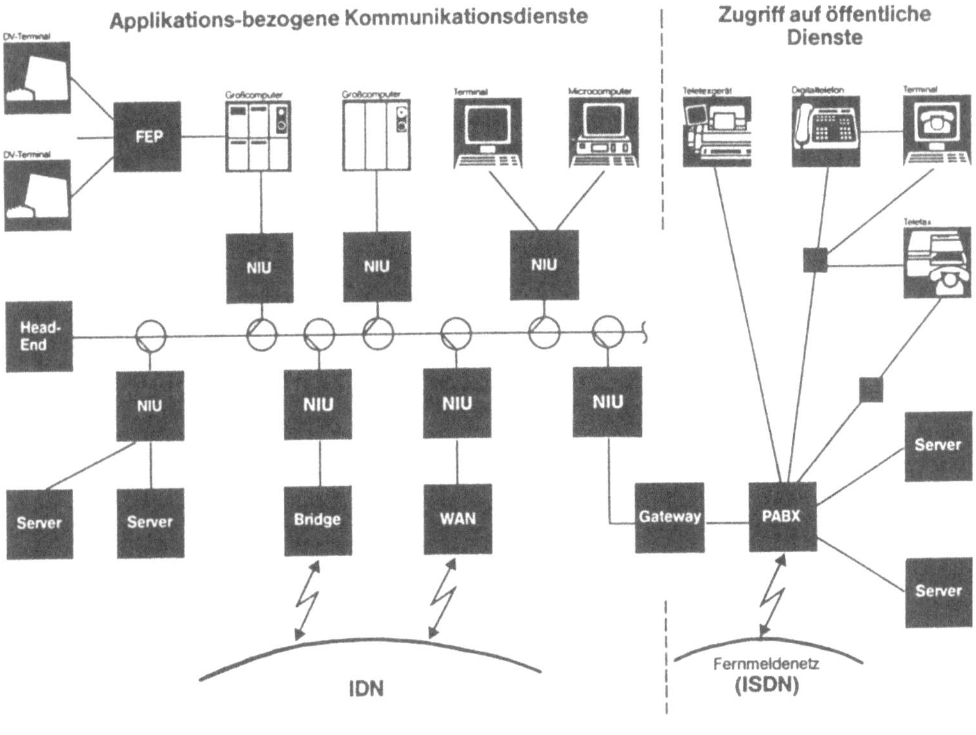

Abb. 10: Kommunikations-Infrastruktur (Quelle: Dieterle, 1985, S. 74)

Die derzeitigen Netzkonzeptionen lassen es sinnvoll erscheinen, zwischen lokalen Netzen (LAN = Local Area Network), regionalen Netzen (WAN = Wide Area Network) und gemischten Netzen zu unterscheiden. Die lokalen Netze sind lediglich auf ein Gebäude bzw. auf einen Grundstückskomplex beschränkt und sind in ihrer Struktur, ihren Leitungen und Einrichtungen - soweit es sich um postgenehmigte Geräte handelt - in

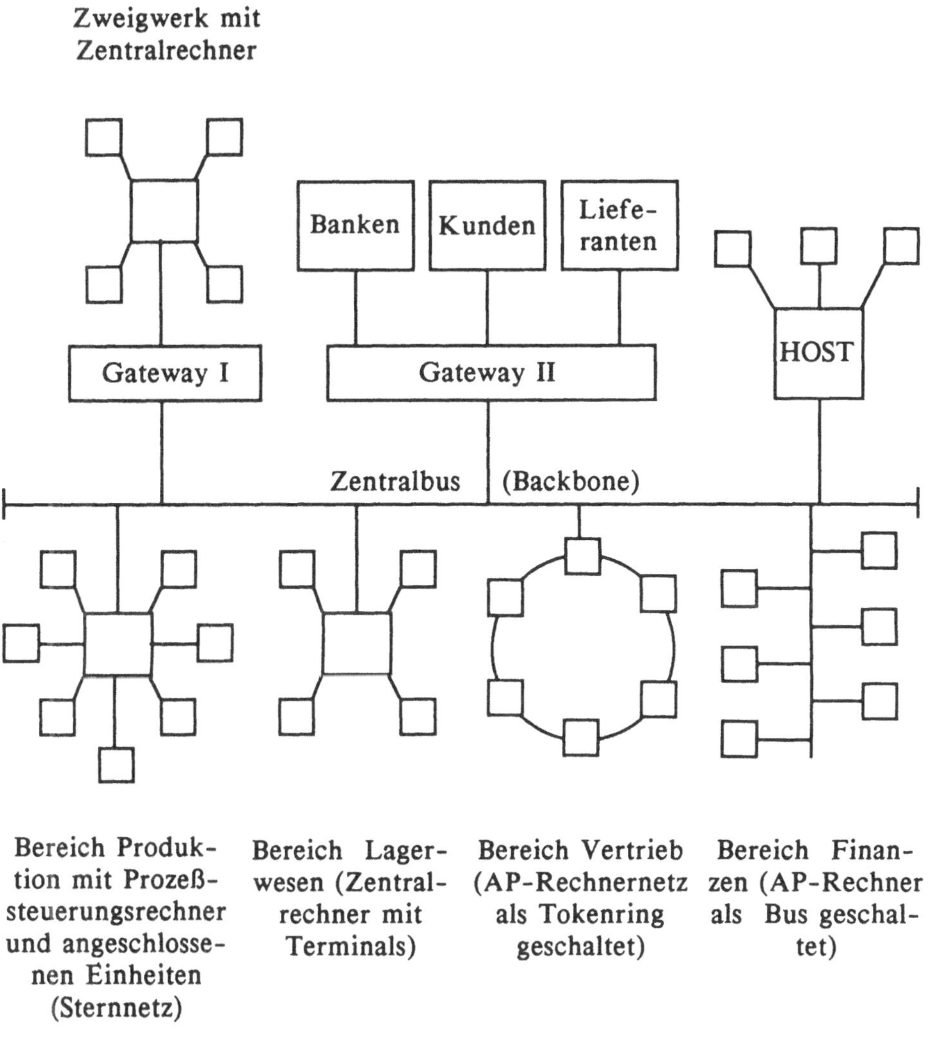

Abb. 11: Strukturbeispiel einer Netzkonzeption

das Belieben des Betreibers gestellt. Regionale Netze sind nahezu immer an einen Übergang in das Postnetz gebunden und bedürfen daher der Erfüllung bestimmter Standards und spezifischer Zulassungsnormen. Hier stellt die Bundespost mit ihren Normen einerseits und den postspezifischen Genehmigungsverfahren andererseits häufig einen Hemmschuh für den technischen Fortschritt dar. Hausinterne Netze unterschiedlicher Struktur werden meist durch ein bus-ähnliches (Backbone-) Netz miteinander verbunden.

Wenn es sich um verknüpfte Netze handelt, wird die Struktur fast immer hierarchisch sein, was u.a. mit der Funktion der Kommunikationsrechner zusammenhängt. So wird ein Netz, bestehend aus einem überregionalen Großrechnernetz und einem hausinternen lokalen Netz, hierarchisch strukturiert sein und in dieser Gliederung unterschiedliche Netztypen repräsentieren. Beispiele hierfür ergeben sich aus der Abbildung 10.

Eine vom Konzept her reale Strukturdarstellung gibt die Abbildung 11 wieder. Sie zeigt, wie verschiedene Netzformen miteinander kombiniert und zu einem Großnetz zusammengesetzt werden können. So ist der Bereich Produktion aufgrund der spezifischen Eigenschaften der angeschlossenen Peripheriegeräte als Sternnetz konzipiert, der Bereich Lagerwesen ebenfalls, wobei die Endgeräte Sende- und Empfängerqualifikation haben können. Der Vertrieb besteht aus einer Anzahl von PCs, die als Token-Ring geschaltet sind, der Bereich Finanzen zeigt eine Busschaltung. Gleichzeitig gibt es zwei Kommunikationsrechner, von denen einer die Kommunikation mit dem Zentralrechner eines Zweigwerkes bedient und einen zweiten, der die externe Kommunikation mit Banken, Kunden und Lieferanten netzwerkmäßig betreut. Ebenso ist ein eigener Großrechner (Host) mit angeschlossenen Terminals realisiert.

1.1.3. Das Basisproblem der Strukturierung von BK-Netzen

Bürokommunikationsnetze - soweit sie bereits existieren oder aber im Entstehen begriffen sind - haben im allgemeinen drei Grundlagen:

1. Strategisches Planen

Ein BK-Netz, das das gesamte Unternehmen in seinen wesentlichen Informations- und Kommunikationsfunktionen abbilden soll, weist eine Mächtigkeit auf, deren Komplexität nur durch strategisches Planen sinnvoll bewältigt werden kann. Es gibt jedoch verschiedene Faktoren, die zumindest in der Vergangenheit dem strategischen Planen entgegenstanden und die verhindert haben, daß in einer Vielzahl von Unternehmen solch ein Plan existiert.

2. Geplantes Strukturieren

Dem Vorgang des geplanten Strukturierens würde zwar kein strategischer Plan unterliegen, wohl aber eine einigermaßen präzise, durch Planung abgesicherte Vorstellung darüber, wie solch ein Netz realisiert werden kann. Hierzu gehört - unabhängig davon, daß die strategische Komponente fehlen kann - eine immerhin klare Absicht über das angestrebte Ziel und eine Kenntnis der Notwendigkeiten in Verbindung mit den technischen Gegebenheiten.

3. Organisatorisches Wachsen

Das organisatorische Wachsen ist ein der Realität angepaßter Prozeß des "Learning by Doing". Hier lernt die Organisation als Ganzes, mit der neuen Technik umzugehen, um sie in Teilbereichen mehr oder weniger erfolgreich zu verwirklichen. Der Prozeß des organisatorischen Wachsens war der in der Vergangenheit häufigste bei der Entstehung von BK-Systemen, wobei hier der Systembegriff nicht als organisatorisch-konzeptionelle Einheit verstanden werden darf. Das organisatorische Wachsen führt zu der sog. "realen Ausgangssituation".

Sofern sich Institutionen in der Vergangenheit um die Realisierung eines Bürokommunikationssystems bemüht haben, kann die derzeit vorzufindende reale Ausgangssituation in nahezu allen Unternehmen durch folgende charakteristische Merkmale geschildert werden:

- Vielfalt der Technologien,
- arbeitsteilige Organisationsprozesse,
- technische Inseln,
- konzeptionslose Hard- und Software-Entscheidungen,
- unausgeglichene Ausstattungen,
- keine organisatorische Konzeption.

Die Vielfalt der Technologien zeigt sich auf dem Sektor Kommunikation bei Telefonnetzen, Telexnetzen und Telefaxgeräten, die aufgrund der traditionell gewachsenen Technologien nicht oder nur bedingt miteinander kommunikationsfähig sind. Bei der Verarbeitung werden die unterschiedlichen Technologien durch Groß-DV-Systeme gebildet, wobei vor allem in Großunternehmen häufig eine "technische" und eine "kaufmännische" Datenverarbeitung vorhanden sind, die nur bedingt miteinander kommunikationsfähig sind. Sofern dann noch Arbeitsplatzrechner eingesetzt wurden, liegen auch hier möglicherweise wieder andere technologische Konzepte vor, die eine Integration erschweren. Auch das dritte Merkmal, bei dem sich unterschiedliche Technologien negativ auswirken, resultiert aus dem Bereich der Datenverarbeitung. So sind häufig Datenbanken auf der Basis unterschiedlicher Speicherkonzeptionen bei technischer, kaufmännischer und arbeitsplatzspezifischer Datenverarbeitung nicht miteinander zu vereinigen, da unterschiedliche Datenbank-Designs sowie andere Datenformate und Speichermedien verwendet wurden.

Die arbeitsteiligen Organisationsprozesse wurden bereits als typisch für die Struktur der heutigen Büroarbeit dargestellt. Hier finden sich einerseits vertikal organisierte Arbeitsteilungsprozesse in Form der Delegation, andererseits horizontale auf der Basis tayloristisch automatisierter Prozesse. Es wird insbesondere im Teilkap. III.4. noch zu zeigen sein, welche Auswirkungen die traditionell-arbeitsteiligen Organisationsprozesse auf neue Strukturen im Rahmen der Bürokommunikation haben.

Aus der Vielfalt der Technologien ergibt sich eine Anzahl von technischen Inseln. Dies führt dazu, daß auch der Mitarbeiter an seinem Arbeitsplatz keine einheitliche, integrierte Unterstützung erfährt und seinerseits Informationsbeschaffungs-, Bearbeitungs- und Speicherungsprozesse mit Hilfe verschiedener Medien, wie Papier, Terminals und PCs, bewältigen muß. Dies erhöht nicht unbedingt seine Akzeptanzbereitschaft.

Die konzeptionslosen Entscheidungen haben dazu geführt, daß in manchen Institutionen Geräte aus dezentralen Mitteln arbeitsplatz- oder abteilungsintern beschafft werden konnten, in anderen zentrale Genehmigungsverfahren durchlaufen werden mußten, sehr häufig aber vor allem eine Entscheidung nicht nach betriebswirtschaftlich-wirtschaflichen Gründen, sondern nach dem Me-too-Prinzip gefällt wurde. Das Problem ist somit das des Einflusses von Bereichs-/Abteilungsleitern und deren Mitarbeitern auf das real vorzufindende System.

Die unausgeglichene Ausstattung einzelner Bereiche ergibt sich im wesentlichen aus der Konzeptionslosigkeit. Hier gibt es in jedem Unternehmen Bereiche, die fortschrittlich sind oder als fortschrittlich gelten wollen. Andere wiederum verfügen über ein relativ hohes Maß an Autonomie in bezug auf Entscheidungsfreiheit und finanzielle Mittel. Dies führt dazu, daß in fast jedem Unternehmen einzelne Bereiche nicht wegen ihres klar erkannten organisatorischen Bedarfs, sondern aus anderen Gründen über erheblich bessere Ausstattungen verfügen als Bereiche, die aufgrund ihrer organisatorischen Gegebenheit solch eine Ausstattung nötig hätten. Gelegentlich wurden auch sog. Pilotbereiche stark bevorzugt, die Experimentiercharakter hatten und in denen eine hohe Akzeptanz gesichert schien.

In nahezu allen Unternehmen ist eine klare organisatorische Konzeption auf dem Sektor der Bürokommunikation nicht gegeben. Dies hängt einerseits damit zusammen, daß die technische Entwicklung konzeptionelles Denken kaum gestattete, andererseits aber auch damit, daß die organisatorischen Bedingungen und Möglichkeiten nicht klar erkannt und konzeptionell umgesetzt wurden.

1.1.4. Begründung der Notwendigkeit konzeptioneller Strukturen

Die Notwendigkeit konzeptioneller Strukturierung ergibt sich aus

- der Ausgangssituation,
- betriebswirtschaftlichen Gründen,
- der technologischen Entwicklung sowie
- prinzipiellen Erwägungen

und führt dazu, daß auf dem Sektor der Bürokommunikation in den kommenden Jahren eine beachtliche organisatorische Arbeit zu leisten sein wird.

Die Ausgangsituation mit ihren Komponenten ist in vielen Fällen kaum geeignet, ohne gründliche strategische Überprüfung der Möglichkeiten und der hieraus sich ergebenden Schlußfolgerungen für das Unternehmen als Basis zukünfitger Entwicklungen zu dienen.

Betriebswirtschaftliche Gründe ergeben sich daraus, daß zwar einerseits eine Perfektionierung des gesamten Kommunikationssystems als unabdingbare Notwendigkeit gesehen wird, andererseits aber die hierfür aufzuwendenden Mittel einer betriebswirtschaftlichen Rechtfertigung bedürfen. Investitionen in der Produktion in Millionenhöhe sind in Großunternehmen seit Jahren üblich. Die Ausstattung von Büroarbeitsplätzen mit einer entsprechenden Kommunikations-Geräte-Struktur erfordert mittlerweile ähnliche Mittel, fällt aber durch die Möglichikeit des "organisatorischen Anwachsens" weniger auf. Vor allem das Problem der Rechenbarkeit der Wirtschaftlichkeit von Investitionen ist hier von Bedeutung und muß gelöst werden - ein Problem, in dem sich Investitionen im Büro tendenziell von denen in der Produktion unterscheiden.

Die technologische Entwicklung hat einen Stand erreicht, der ihre Projektion auf einen Zeitraum von mehreren Jahren gestattet und der damit technische Lösungen nicht mehr in den Bereich des Zufälligen verweisen muß. Gleichzeitig steigen die durch die technologische Entwicklung bedingten Kosten: Geräte am Arbeitsplatz zu installieren, ist die eine Möglichkeit, sie zu vernetzen, jedoch die andere. Vernetzung kostet weitere Mittel für Software, Leitungen und Geräte.

Aus prinzipiellen Gründen sollte der Zustand des Muddling Through, also des Durchwurstelns, durch betriebswirtschaftlich rationales Handeln ersetzt werden. Wenn es die Ausgangssituation erfordert, betriebswirtschaftliche Gründe dafür sprechen und die technologische Entwicklung es ermöglicht, sollte das Prinzip des planlosen Handelns durch das des planvollen substituiert werden. Daß das gewollt planvoll-rationale Handeln nicht zu einer bürokratischen Planung führen darf, sei an dieser Stelle nicht nur aus prinzipiellen Gründen betont: Noch ist die Technologieentwicklung nicht so weit abgeschlossen, das organisatorische Wissen um die Möglichkeiten und Auswirkungen nicht so sicher, als daß eine perfekte Planung durchgeführt werden könnte.

1.2. Umfang und Struktur eines BK-Konzeptes

1.2.1. Umfang des BK-Konzeptes

Auf der Basis der Kapitel I. sowie II.1. muß ein BK-Konzept über eine strategische und eine taktische Komponente verfügen (Abb. 12).

Diese beiden Hauptbestandteile werden ergänzt durch eine Datensicherheitskomponente, die der großen Bedeutung von Datensicherheitsfragestellungen Rechnung trägt. Diese drei Basiskomponenten werden durch eine methodische Komponente unterstützt. Hierbei bestehen folgende Hauptabhängigkeiten:

1. Die strategische Komponente bildet die Grundlage, auf der die taktische Komponente mit ihren Unterstrukturen, der

- technologischen,
- betriebswirtschaftlichen sowie
- organisatorischen

Komponente aufbaut.

2. Das Datensicherheitsproblem bezieht sich letztlich auf sämtliche dieser drei Teilkomponenten, wobei Datensicherheitsfragestellungen sich sowohl

aus technologisch-betriebswirtschaftlichen als auch aus organisatorischen Lösungen ergeben. Andererseits aber bestimmten sie diese Lösungen in bezug auf ihre Effizienz für das gesamte Unternehmen auch mit.

3. Methodische Fragen schließlich stellen sich für strategische, taktische sowie Datensicherheitsprobleme.

Bürokommunikationskonzept
Strategische Komponente
Taktische Komponente - technologische Komponente - betriebswirtschaftliche Komponente - organisatorische Komponente
Datensicherheitskomponente
Methodische Komponente

Abb. 12: Bürokommunikationskonzept

1.2.2. Struktur des BK-Konzeptes

Die Struktur des BK-Konzeptes sowie die Aufgliederung der einzelnen Komponenten geht aus den Abbildungen 13.1 bis 13.6 hervor. Eine systematische Behandlung wird in den folgenden Kapiteln durchgeführt. Zweifellos ist es möglich, auch Teilstrukturen konzeptionell zu bearbeiten. So ließe sich durchaus eine Hardwarekonzeption erstellen, oder es könnte im Rahmen einer Erarbeitung die Sicherheitskonzeption ausgespart werden. Hier gilt grundsätzlich, daß auch Teilkonzeptionen besser sind als völlig konzeptionsloses Arbeiten. Andererseits aber ergeben sich Synergieeffekte, die nur bei einer Gesamtbearbeitung des Problems genutzt werden können. Nur Teilbereiche zu erarbeiten heißt, auf diesen Synergieeffekt bewußt zu verzichten.

Strategische Komponente
Unternehmensstrategien - Geschäftsfeldstrategien - Bereichsstrategien   • BK-Strategien

Abb. 13.1: Strategische Komponente

Die Abbildung 13.1 zeigt, daß die Bürokommunikationsstrategie als eine der Bereichsstrategien des Unternehmens anzusehen ist.

Die Abbildung 13.2 weist die Technologiekomponenten

- Hardware,
- Software,
- Kommunikationsware sowie
- Datenbanken

auf, die miteinander geplant werden müssen.

Taktische Komponente
Technologie-Komponente
Hardware Software Kommunikationsware Datenbanken

Abb. 13.2: Technologie-Komponente

Taktische Komponente
Betriebswirtschaftliche Komponente
Investitionsbedarf Wirtschaftlichkeitsergebnisse Nutzenergebnisse Budgetierung

Abb. 13.3: Betriebswirtschaftliche Komponente

Taktische Komponente
Organisatorische Komponente
Betriebsorganisation Sozialorganisation Kommunikationsorganisation

Abb. 13.4: Organisatorische Komponente

Die betriebswirtschaftliche Komponente der Abbildung 13.3 enthält die Teilbereiche

- Investitionsbedarf,
- Wirtschaftlichkeitsergebnisse,
- Nutzenergebnisse sowie
- Budgetierung

und umreißt damit die Breite des zu planenden Gebietes.

Die organisatorische Komponente umfaßt gemäß Abbildung 13.4 die Bereiche

- Betriebsorganisation,
- Sozialorganisation sowie
- Kommunikationsorganisation.

Hieraus geht vor allem hervor, daß die traditionelle Organisationsbetrachtung nicht mehr ausreicht.

Datensicherheitskomponente
Datenschutz Datensicherung

Abb. 13.5: Datensicherheitskomponente

Die Abbildung 13.5 zeigt die Aufgliederung der Datensicherheitskomponente in die Bereiche

- Datenschutz und
- Datensicherung,

die beide im Sinne einer Ursache-Wirkungs-Beziehung miteinander verknüpft werden müssen.

Methodische Komponente
Organisationsmethoden Planungsmethoden Kontrollmethoden

Abb. 13.6: Methodische Komponente

Vom Methodenbereich her gehören nach Abbildung 13.6

- Organisationsmethoden,
- Planungsmethoden sowie

- Kontrollmethoden

zum eingesetzten Methodenspektrum. Die folgenden Kapitel bauen diese einzelnen Module weiter aus und detaillieren sie in einer für eine Umsetzung erforderliche Form.

Literaturhinweise:

BERENDES, S. (1988): S. 13-17 (Begriffe: Bürokommunikation und Bürokommunikationssysteme); S. 84-90 (Unterscheidung in den Planungsansätzen von Datenverarbeitungs- und Bürosystemen)

GERNET, E. (1987): S. 72-80 (Kommunikationsabläufe)

KARCHER, H.B. (1985): S. 4-5 (Der Begriff Kommunikation)

PICOT, A., REICHWALD, R. (1987): S. 29-60 (Die Rolle der Kommunikation im Büro)

SZYPERSKI, N. u.a. (1982): S. 285-295 (Der Kommunikationsbegriff)

VOSSBEIN, R. (1989/III): S. 68-74 (Soziale Beziehungsstrukturen)

VOSSBEIN, R. (1989/IV): S. 1-22 (Organisatorische Anforderungen an Kommunikationssysteme)

2. DIE ENTWICKLUNG EINER BEREICHSSTRATEGIE BK

2.1. Die Eingliederung der BK-Strategie in die Unternehmensstrategie

Die Bedeutung der strategischen Unternehmensplanung hat in den vergangenen Jahren ständig zugenommen. Es wird die Auffassung vertreten, daß Unternehmenserfolg und strategische Planung positiv miteinander korrelieren: Unternehmen, die auf eine strategische Planung verzichten, sind weniger erfolgreich als solche, die sich dieses Instruments für die Strukturierung der Unternehmenszukunft bedienen. Hierbei kann als typische Charakteristik strategischer Planung folgendes festgestellt werden:

1. Strategische Planung ist problemorientiert und unterscheidet sich von der Langfristplanung weniger durch die Fristigkeit als vielmehr durch die Orientierung.

2. Strategische Planung ist durchweg nicht auf eine Problembreite ausgerichtet, sondern nimmt eine Problemsegmentierung vor.

Damit ist als typisches Zeichen die Fokussierung auf ein bestimmtes Problem zu nennen, dessen Lösung einen jeweils problemspezifischen Zeitraum in Anspruch nimmt. Gleichzeitig gilt als typisch für die Lösung strategischer Probleme, daß sie sehr häufig den Charakter von Projekten aufweisen. Diese hier gegebene Charakteristik zeigt, daß Fragestellungen der Bürokommunikation einer strategischen Betrachtung bedürfen: Sie

- stellen Probleme dar, die nur
- mittelfristig zu lösen sind,
- eine Fokussierung verlangen und
- den Charakter von Projekten haben.

Es ist üblich, unternehmensstrategische Konzepte nach Geschäftsfeldstrategien sowie Bereichs-/Funktionalstrategien zu unterteilen. Geschäftsfeldstrategien beziehen sich auf die Märkte des Unternehmens, Bereichs- oder Funktionalstrategien sind auf solche Organisationseinheiten bezogen, die keinen unmittelbaren Marktbezug aufweisen. Damit ist die BK-Strategie als typische Funktionsstrategie zu bezeichnen. Es scheint jedoch sinnvoll, die zwei Strategiefelder noch um ein drittes, nämlich die Innovations- und Methodenstrategie, zu ergänzen. Als ein Ziel der Beschäftigung mit strategischen Problemen wird die Lösung dieser durch neuartige Verfahren, also durch Innovation, angesehen. Dieses Erfordernis, möglichst innovative Wege zur Lösung strategischer Probleme zu wählen, rechtfertigt die Charakteristik der BK-Strategie als eine durch Innovation und Methodenvielfalt gekennzeichnete Funktionsstrategie.

2.2. Komponente der BK-Strategie

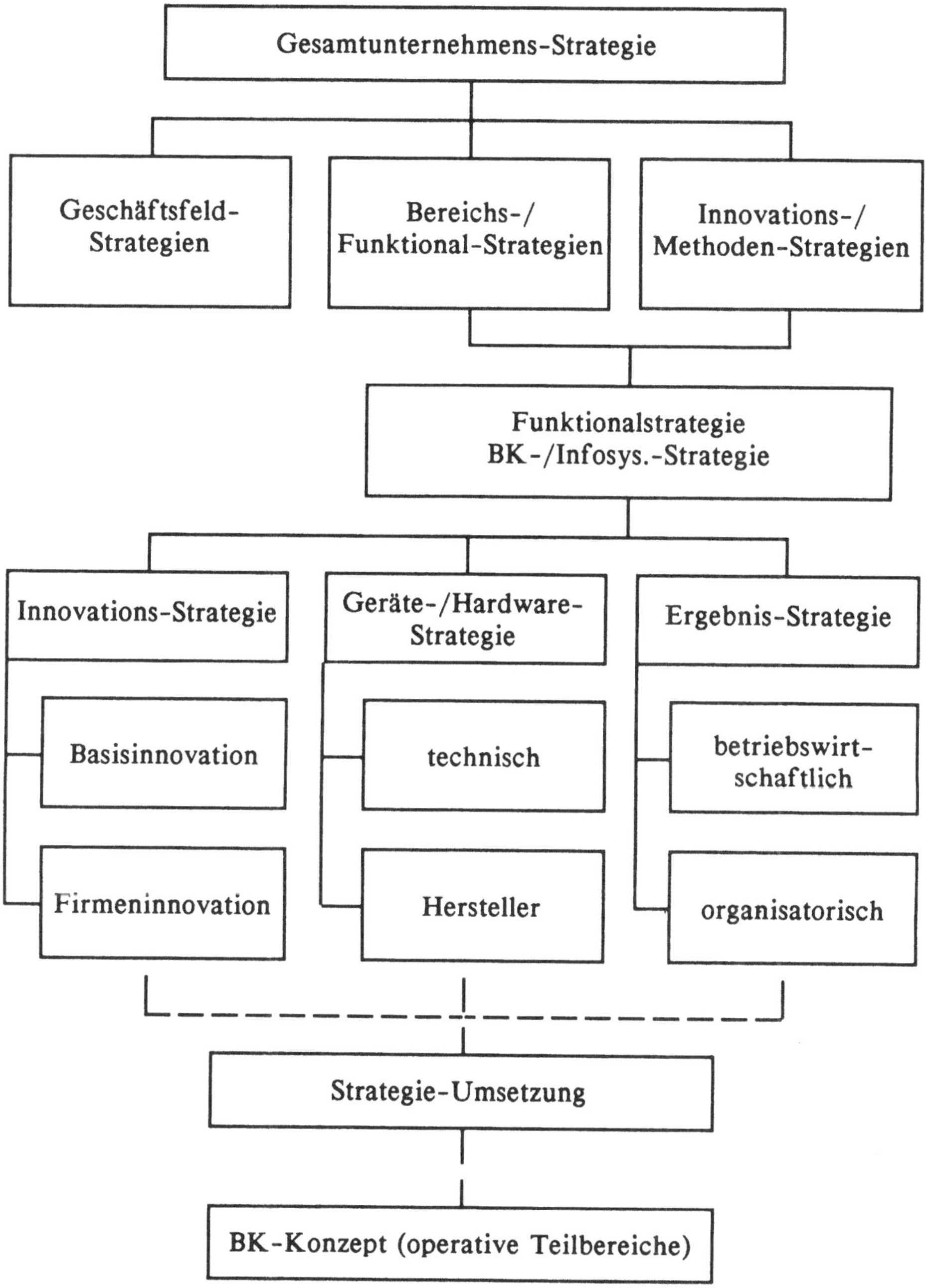

Abb. 14: Komponenten des BK-Strategie-Konzeptes

Als Komponenten einer BK-Strategie können demnach abgeleitet werden

- die Innovationsstrategie,
- die Geräte-/Softwarestrategie sowie
- die Ergebnisstrategie.

Die Abbildung 14 gibt einen Überblick über den Prozeß der Ableitung der BK-Strategie aus der Gesamtunternehmensstrategie sowie über ihre Hauptbestandteile.

Die Innovationsorientierung der BK-Strategie eröffnet zwei Alternativen und zwar in Form von

- Basisinnovation oder
- Firmeninnovation.

Wenn durch die BK-Strategie eine Basisinnovation realisiert werden soll, macht sich das betreffende Unternehmen zum Pilot-Entwickler oder Vorreiter neuer BK-Techniken. Diese können gerätespezifisch sein dergestalt, daß neue Geräte für bisher noch nicht oder nur selten erfolgte Anwendungen eingesetzt werden. Sie können anwendungsspezifisch dadurch sein, daß neue, bis jetzt noch nicht realisierte Anwendungen umgesetzt werden. Ein Beispiel für eine gerätespezifische Basisinnovation könnte im Einsatz von Hand-Held-Computern für Außendienstaufgaben vor einigen Jahren gesehen werden. Beispiele für Anwendungsinnovation sind auch heute noch im Bereich CIM zu finden, wobei als typisch das Automationsprojekt von General-Motors gilt, in dessen Verlauf der Versuch gemacht wurde, in Form von MAP (Manufacturing Automation Protocol) durch Standardisierung bestehende Automatisierungsinseln miteinander zu vernetzen. Typisch für Basisinnovation ist ein Pilotentwickler, der u.U. beträchtliche Risiken auf sich nimmt. Diese bestehen einerseits in der Funktionsfähigkeit der betreffenden Lösungen, andererseits in den vom Pilotentwickler aufzubringenden Entwicklungskosten.

Die firmenspezifische Innovation ist dadurch gekennzeichnet, daß sich ein Unternehmen in bezug auf die Einführung von Geräten oder Anwendungen einer frühen Marktmehrheit anschließt und daß die betreffende Lösung noch nicht zum Allgemeingut geworden ist. Hier ist einerseits der Innovationseffekt geringer, andererseits aber sind normalerweise Risiken und Kosten niedriger. So würde nach dem derzeitigen Stand der technischen Entwicklung der Einsatz von Scannern zur Dokumenterfassung oder die Anwendung von DTP (Desk Top Publishing) als Firmeninnovation zu bezeichnen sein. Auch die firmenspezifische Innovation führt normalerweise zu einem Vorsprung gegenüber den späteren Anwendern, solange das in der Innovation liegende Risiko bei Anwendung und Kosten aufgefangen werden kann.

Gegenstand der Strategieüberlegungen ist demnach die Frage, ob ein Unternehmen gewillt ist, Risiken und Kosten einer Basisinnovation auf sich zu nehmen, ob es sich dazu entscheidet, durch Zugehörigkeit zur frühen Mehrheit Firmeninnovation zu betreiben oder aber, ob es vollständig auf niedriges Risiko und niedrige Kosten setzt und damit zur späten Mehrheit der Anwender gehören will sowie weitgehend auf Innovation verzichtet.

Die Strategieorientierung bei Geräten bzw. Hardware kann in Form einer

- technischen und einer
- herstellerspezifischen

Orientierung gegeben sein. Bei der technischen Orientierung entscheidet man sich im Zusammenhang mit spezifischen Anwendungen dafür, z.B. den gesamten Außendienst mit Geräten auszurüsten, ein Zweigwerk zu vernetzen oder aber in einem Stufenplan einen gewissen Anteil der Arbeitsplätze im kaufmännischen Bereich mit PCs auszustatten. In den Bereich der technischen Orientierung gehört auch die Frage, wieweit bestehende Telefonnetze unternehmensintern durch digitale Anlagen ausgewechselt werden sollen, Telexinstallationen durch Teletex und z.B. BTX ersetzt werden sollen oder welche Bedeutung Telefax-Geräte im Rahmen der Telekommunikation erhalten.

Die Herstellerorientierung der Hardwarestrategie beschäftigt sich z.B. mit der Frage, ob sämtliche Hardware - sofern sie von einem Hersteller geliefert wird - "aus einer Hand" genommen werden soll oder ob bewußt zur Ausnutzung von technisch besseren Alternativen bzw. günstigeren Konditionen eine "Mixed-Hardware" gefahren wird. Hierbei gehen häufig technische und herstellerspezifische Orientierung Hand in Hand: Die Entscheidung für bestimmte Hersteller ist in den meisten Fällen gleichzeitig eine Entscheidung für technische Orientierung. Eine technisch-spezifische Entscheidung hat u.U. Konsequenzen für die Herstellerauswahl. Daß beide Komponenten darüber hinaus Auswirkungen auf den Softwarebereich haben, sei an dieser Stelle mit Blick auf den Anwendungsbezug der betreffenden Softwarelösungen erwähnt.

Jede Strategie sollte weiterhin ergebnisorientiert sein. Auf der Basis von Zielsetzungen, die sich aus den in Teilkap. I.3. genannten Einsatzprinzipien ergeben, können konkrete Ziele wie

- Qualitätsverbesserung,
- Rationalisierung und
- Humanisierung

als allgemeine Ziele gesetzt werden, die sich dann in betriebswirtschaftlich-wirtschaftlichen und organisatorischen Teilstrategien konkretisieren lassen. Die betriebswirtschaftlich-wirtschaftlichen Teilziele beziehen sich auf das Investitionsvolumen, was sich aus der Innovationsorientierung sowie der Hardwarestrategie ergibt. Hierbei haben Investitionszeitpunkte und -höhen eine wesentliche Bedeutung. Das zweite zu klärende Problem besteht in einer strategischen Aussage über die Wirtschaftlichkeit der Investition, wobei der Wirtschaftlichkeitsbegriff, wie noch zu zeigen sein wird, recht weit gefaßt werden muß.

Von mindestens ebenso großer Bedeutung sind jedoch die organisatorischen Strategien. Hier lassen sich aufgabenbezogene und ablaufbezogene Teilstrategien entwickeln, die in einer Mittel-Zweck-Relation zu den Zielsetzungen der Qualitätsverbesserung, Rationalisierung und Humanisierung stehen. So läßt sich z.B. eine Rationalisierungsstrategie dahingehend in Teilstrategien aufspalten, daß organisatorische Veränderungen im Hinblick auf Aufgaben- und Funktionszuordnungen bzw. ablaufende Prozesse durchgesetzt werden, die Investitionen erfordern, deren Wirtschaftlichkeit zu prüfen ist. Humanisierung wird in den meisten Fällen kein eigenständiges Strategieziel sein, sondern sich häufig als Ergebnis organisatorischer Veränderungen präsentieren. Auch das strategische Ziel der Qualitätsverbesserung wird sich in bestimmten Aufgabenveränderungen, neuen und wahrscheinlich vereinfachten Prozessen sowie hieraus resultierenden Investitionsnotwendigkeiten niederschlagen.

Die drei Strategiegebiete sind eng miteinander verbunden. So kann z.B. eine Rationalisierungsstrategie bestimmte technische Lösungen erfordern, die die Herstellerorientierung beeinflussen und firmenspezifische Innovationen mit sich bringen. Andererseits kann die Anwendungsinnovation zur Qualitätsverbesserung führen und bestimmte Herstellerorientierungen zur Folge haben. Die Interdependenz der Strategiekomponenten zeigt deutlich, daß der Strategiekomplex als Ganzes gesehen werden muß und daß eine hierarchische Präferenzordnung bei Teilstrategien diese zu Engpaßfaktoren machen kann.

2.3. Probleme der Reichweite der BK-Strategie

Es wurde bereits darauf hingewiesen, daß strategisches Denken problemorientiertes Denken und nicht Fristigkeitsdenken ist. Andererseits aber stellt sich die Frage der Reichweite einer Strategie unter dem Aspekt des Planungshorizontes. Die Reichweite von BK-Strategien ergibt sich aus den Parametern

- technologische Entwicklung,
- Anwendungs-/Ergebnisorientierung,
- Finanzplanung und -budgetierung sowie
- Projektplanung und -reichweite.

Die technologische Entwicklung zu prognostizieren hat sich in der Vergangenheit als außerordentlich schwierig erwiesen. So gibt es zwar Konzepte der Gerätehersteller, und es lassen sich für einen sorgfältigen Beobachter eine Vielzahl von Indizien in bezug auf wahrscheinliche Entwicklungstrends gewinnen. Eine Rückschau auf die Entwicklung der letzten Jahre aber führt zu folgenden Feststellungen:

1. Nicht alle von den Herstellern vorgestellten Prototypen wurden zur Serienreife entwickelt.

2. Bestimmte, für sicher gehaltene Trends haben sich in der weiteren Entwicklung als falsch erwiesen.

3. Schwierigkeiten in der Umsetzung von bestimmten Lösungen wurden häufig unterschätzt.

4. Für unwichtig gehaltene Entwicklungen wurden plötzlich bedeutungsvoll.

5. Bestimmte, ursprünglich als Spezialanwendung gedachte Entwicklungen fanden später einen breiten Markt.

Diese Aspekte zeigen auf, wie schwierig es ist, in einem von technischer Innovation bestimmten Sektor so zutreffende Prognosen zu stellen, daß sie als Input in strategische Konzepte eingegeben werden können. Auf die mit der Verbreitung technischer Geräte zusammenhängenden Preisentwicklung - im Regelfall ein drastischer, vielfach kaum vorhersehbarer

Preisverfall - soll in diesem Zusammenhang nicht näher eingegangen werden, da diese Entwicklung hinreichend bekannt ist.

Das hieraus hervorgehende Problem der Planbarkeit bestimmter Entwicklungen sei aber nochmals aufgezeigt.

Die Anwendungs- und Ergebnisorientierung hängt im wesentlichen mit den Faktoren

- Planbarkeit des organisatorischen Wandels sowie
- Durchsetzbarkeit von Ergebnissen

zusammen. Auch hier haben die Entwicklungen der letzten Jahre gezeigt, daß die Planbarkeit des organisatorischen Wandels in vielen Fällen geringer ist als ursprünglich angenommen wurde. So wurde bereits vor einigen Jahrzehnten ein mit der Telekommunikation und der Computerisierung zusammenhängendes Vordringen der Telearbeit prognostiziert, was zu umwälzenden Strukturveränderungen im gesamten Arbeitsleben führen sollte. Die Realisation und auch die hierauf aufbauende weitere Prognose sieht deutlich vorsichtiger und zurückhaltender aus als die Projektionen vor einigen Jahren. Auch die Durchsetzbarkeit von Ergebnissen unter gesellschaftspolitischen, firmenpolitischen und mitbestimmungspolitischen Aspekten ist in die Berechnung einzubeziehen und beeinflußt die Reichweite der BK-Strategie.

Der Sektor Finanzplanung und -budgetierung ist von der gesamten Geschäftsentwicklung abhängig. Wenn z.B. für die Durchsetzung eines BK-Strategiekonzeptes umfangreiche Finanzmittel erforderlich sind, so werden diese in einer Revision der Planung auch nur dann zur Verfügung gestellt, wenn die allgemeine Geschäftsentwicklung dem entspricht, was bei der Aufstellung der BK-Strategie prognostiziert wurde. Da die Ergebnisse von Investitionen in das gesamte Informationswesen des Unternehmens nur in Teilbereichen exakt berechenbar sind, wird bei der Nichtrealisierung von allgemeinen Geschäftsergebnissen eine Korrektur erfahrungsgemäß vor allem bei denjenigen Investitionssektoren vorgenommen, die entweder Gemeinkostencharakter tragen oder aber sich einer exakten Rechenbarkeit entziehen, was beides für die BK zutrifft.

Als letztes Problem bei der Bestimmung der Reichweite der BK-Strategie soll die Frage der Projektplanung und -reichweite behandelt werden. Wenn z.B. auf der Basis von Technikprojektionen bestimmte organisatorische Wandlungsprozesse projiziert werden, wird dies zu entsprechenden Projektplanungen führen. Hierbei wird sich die Unsicherheit der zu planenden Faktoren in den Projektstrukturen niederschlagen, so daß die relativ unmittelbar bevorstehenden Projektzeiträume exakt, weiter in der Zukunft liegende jedoch mehr global geplant werden müssen. Dies hat zur Folge, daß die betreffenden Projekte einer periodischen Neuplanung unterzogen werden müssen, um den jeweils neuesten Kenntnis- und Wissensstand in die Planungen einbeziehen zu können. Dies bringt eine Unsicherheit in die gesamte Projektstruktur und wird insbesondere zu periodisch neuen Terminplanungen führen. Da mit Terminänderungen aber nahezu immer Ergebnisveränderungen sowie Budgetkorrekturen notwendig sind, können BK-Strategieprojekte insgesamt nur mit einem hohen Änderungsaufwand realisiert werden.

2.4. Der Vorgang der Entwicklung einer BK-Konzeption

2.4.1. Der Gesamtprozeß und die Relevanz der Faktoren

Die Entwicklung einer Konzeption ist wegen der Komplexität des Problems und der Vielzahl der zu berücksichtigenden Interessen im Regelfall ein Teamprozeß. Unabhängig von der jeweiligen personellen Zusammensetzung müssen in dem Team Interessen von mindestens drei Bereichen/Personengruppen gewahrt sein:

- Organisationsbereich,
- Datenverarbeitungsbereich und
- Anwender.

Die Bereiche Organisation und Datenverarbeitung haben in einer Vielzahl von Unternehmen heute bereits eine gemeinsame Leitung. Dies sollte nicht darüber hinwegtäuschen, daß in Teilbereichen die Interessenlage des Bereichs Informationswesen durchaus von dem der Organisation abweichen wird. Die gemeinsame Leitung ist häufig nur aus der Erkenntnis entstanden, daß durch die starke Durchdringung der Gesamtorganisation mit dem computerisierten Informationswesen beide Fragen - sowohl die organisatorische als auch die informationstechnologische - nicht mehr getrennt betrachtet und gelöst werden können. Die unterschiedliche Sichtweise der gleichen Problemstellung liegt darin begründet, daß der Bereich Organisation in erster Linie dem Prinzip der optimalen Sachlösung von Arbeitsprozessen und der optimalen Personenlösung in Aufbaufragestellungen verpflichtet ist. Die hiermit zusammenhängende Frage der optimalen Lösung des Informationsprozesses beinhaltet die hiervon teilweise getrennten Fragen des Technikeinsatzes (Hard- und Software), der Manpower-Zuordnung - speziell im Bereich der Systemanalyse und Programmierung - sowie der des Selbstverständnisses des Bereichs Informationswesen, der zum Teil vergangenheitsbedingt eine starke Überwertigkeit gegenüber dem Bereich Organisation fühlt und auch personell durchweg eine größere Förderung erfahren hat.

Eine BK-Konzeption ist vom Grundsatz her eine Sonderform einer allgemeinen Organisationskonzeption und unterliegt daher den gleichen Regeln in bezug auf die gestaltenden Parameter. Es handelt sich hierbei um

- Menschen,
- Mittel,
- Methoden,
- Raum und
- Zeit.

Die Bürokommunikation beeinflußt sämtliche dieser Parameter. Der Mensch als führend, ausführend oder unterstützend Tätiger wird in seiner Aufgabenerfüllung ebenso beeinflußt wie der gesamte Aufbau der Organisation sowie die Abläufe zur Erfüllung der betrieblichen Prozesse. Mittel spielen sowohl in ihrer Eigenschaft als Sachmittel (eingesetzte

Hard- und Software) als auch in Form der finanziellen Mittel (zu leistende Investitionen) im Gestaltungsprozeß eine bedeutungsvolle Rolle.

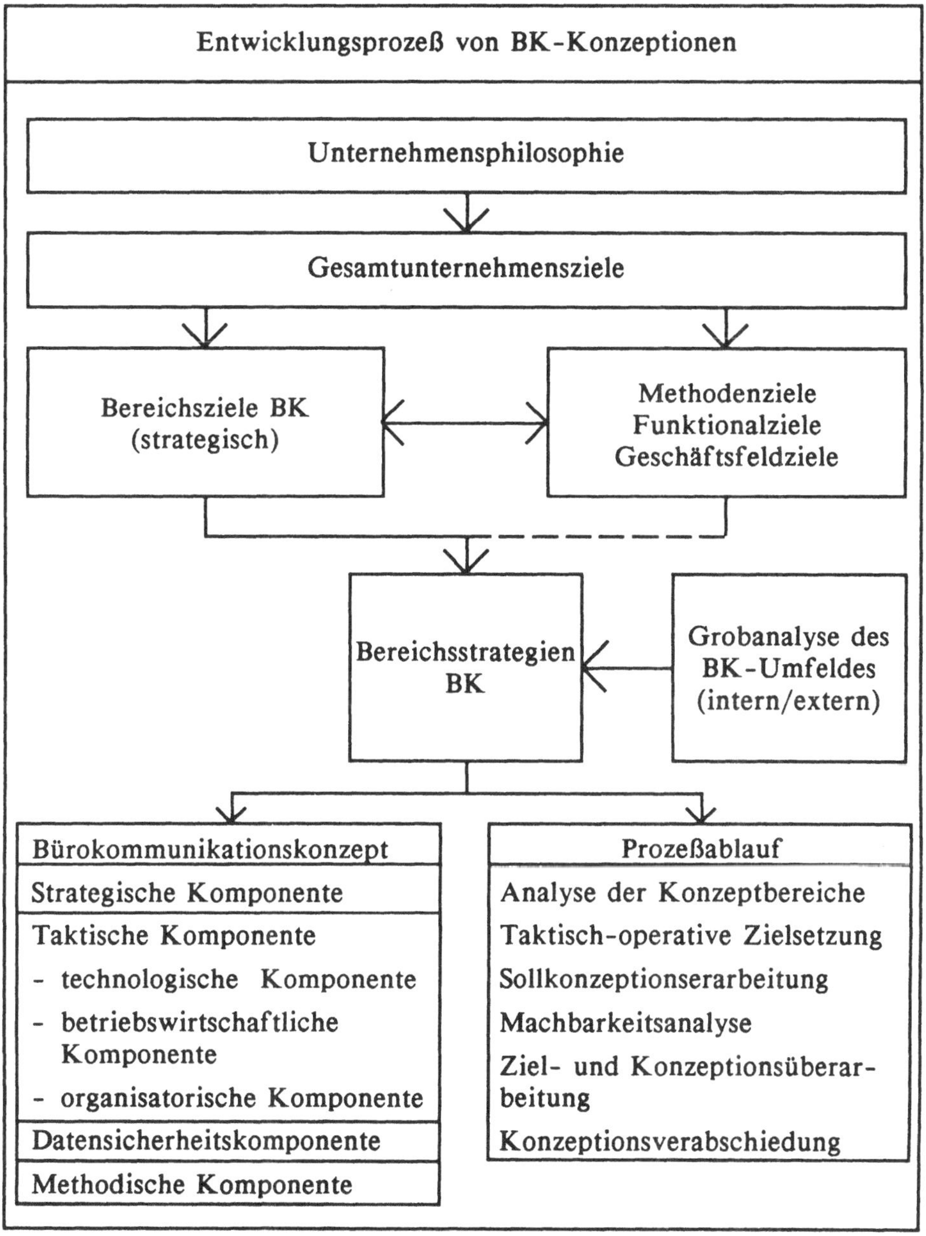

Abb. 15: Prozeßablauf der Entwicklung von BK-Strategien

Eine große Veränderung ist auf dem Sektor der Methoden zu erwarten. Hier werden traditionelle Methoden der organisatorischen Gestaltung von Aufbau und Ablauf durch gerätetechnisch veränderte Methoden ersetzt werden. Formularorganisationsmethoden, Informationstransportmethoden und viele andere mehr erfahren eine Neuorientierung und -gestaltung. Auch der Einsatz von OR-Methoden sowie ggf. von arbeitsplatzspezifischen Modellen ist Veränderungen unterworfen. Die Konstruktion von Wissens-/Expertensystemen als Bestandteile von BK-Systemen wird Informationssuch-, Verarbeitungs- und Entscheidungsprozesse verändern.

Auch die Veränderung der Organisationsgröße Raum ist zu erwarten. So wurden früher häufig Arbeitsgruppen in Großraumbüros nach dem Prinzip der kürzesten Kommunikationswege konzipiert. Wenn die Informationen durch Zugriff auf eine Datenbank und Kommunikationswege durch Einsatz von Geräten der Bürokommunikation gelöst werden, hat dieses Argument kaum noch Gewicht. Auch die Zeit als Einflußgröße von Aufgabenabläufen wird durch den Einsatz der Bürokommunikation verändert. Während Transport- und Übermittlungszeiten sowie Informationsbeschaffungszeiten in traditioneller Organisation eine wichtige Rolle spielen, werden sie durch den Einfluß der Bürokommunikation so stark reduziert, daß im gesamten Prozeßablauf völlig neue Zeitstrukturen entstehen.

Der eigentliche Entwicklungsprozeß ergibt sich aus der Abbildung 15. Die gesamten Unternehmensziele werden aus einer Unternehmensphilosophie - sofern vorhanden und formuliert - abgeleitet. Hieraus werden die strategischen Ziele des Bereichs Bürokommunikation entwickelt, die zusammen mit den Funktional- und Methodenzielen zur Bereichsstrategie führen. Der Input aus einer Grobanalyse des BK-Umfeldes intern und extern führt einerseits zu der Struktur des BK-Konzeptes und andererseits zum Prozeßablauf. Hierbei wird bei dem Prozeßablauf vorausgesetzt, daß der Vorgang der Entwicklung von bereichsstrategischen Zielen sowie der Formulierung von Bereichsstrategien abgeschlossen ist, so daß diese als Input für die konzeptionelle Phase zur Verfügung stehen.

2.4.2. Die Phasen der Entwicklung eines BK-Konzeptes

In seiner Grobstruktur kann der Prozeßablauf durch die Phasen

- Analyse der Konzeptbereiche,
- taktisch-operative Zielsetzung,
- Soll-Konzeptionserarbeitung
- Machbarkeitsanalyse (Feasibility Study),
- Ziel- und Konzeptionsüberarbeitung und
- Konzeptionsverabschiedung

charakterisiert werden. Hierbei sind die strategischen Ziele sowie die Bereichsstrategien dem gesamten Prozeß übergeordnet und bestimmen vor allem im Analyseteil Inhalt und Umfang der vorzunehmenden Analyse.

Die Analyse der Konzeptbereiche kann in Form von

- Grobanalyse,
- Feinanalyse und
- Feinstanalyse

durchgeführt werden. Die Grobanalyse bezieht sich auf die Darstellung der wesentlichen Bereiche des Unternehmens und ihre Beziehungen untereinander sowie auf die Außenbeziehungen zwischen dem Unternehmen und seinen wesentlichen Kommunikationspartnern. Die Feinanalyse nimmt eine Beschreibung der Teilbereiche eines Unternehmens bis zu Abteilungsebenen, ggf. sogar Gruppenebenen vor und untersucht die zwischen ihnen bestehenden Beziehungsstrukturen. Die Feinstanalyse geht bis auf Arbeitsplatzebene hinunter und nimmt eine Istaufnahme der Aufgaben und Prozesse am einzelnen Arbeitsplatz mit seinen kommunikativen Verflechtungen im Detail vor. Die konkreten Methoden und Instrumente zur Durchführung solcher Projekte werden im Kapitel III.4. dargelegt. Wesentlich vom Gesamtvorgehen her ist jedoch der abgestufte Prozeß: Vor allem in Großunternehmen mit hochkomplexer Organisation ist das Gesamtprojekt auch schon im Analysebereich derart umfangreich, daß nur mit der Methode der fortschreitenden Verfeinerung übersichtliche und verwertbare Ergebnisse zu erzielen sind. Insbesondere sei darauf hingewiesen, daß wegen des zu erwartenden Umfanges Arbeitsplatzanalysen nur selten flächendeckend, sondern eher selektiv und auf prototypischen Arbeitsplätzen beruhend durchgeführt werden.

Die taktisch-operative Zielsetzung nimmt eine Präzisierung der strategischen Ziele vor. Während diese global und umfassend sind, sind die taktisch-operativen Ziele möglichst konkret. So würde das strategische Ziel

"Wir wollen als Branchenführer auch unseren Vorsprung auf dem Gebiet der Informationstechnologie in den nächsten Jahren halten"

in z.B. folgenden operativen Zielen zu präzisieren sein:

- Ausstattung von 60% aller Arbeitsplätze mit vernetzten PCs,
- Aufbau eines Netzsystems zu unseren Kunden,
- Verkürzung der Berichtszeit für Monatsergebnisse auf fünf Tage durch Einsatz von vernetzten PCs im Bereich Controlling innerhalb der nächsten zwölf Monate.

Besondere Bedeutung hat bei der Erarbeitung der taktisch-operativen Ziele eine Untersuchung des Zielsystems in bezug auf Interdependenzen und Widersprüche. So könnten von den oben angeführten Beispielen die Ziele "Ausstattung von 60% der Arbeitsplätze" sowie "Verkürzung der Berichtszeit" interdependent sein. Widersprüche könnten sich zwischen diesen beiden Zielen dann ergeben, wenn bei einer Präzisierung der Ausstattungsphasen dem Bereich Controlling keine hinreichend hohe Priorität in bezug auf die 60%-Ausstattung zugemessen würde. Nach Beseitigung der Widersprüche im Zielsystem sowie Aufzeigen der Interdependenzen kann eine Verabschiedung des zunächst noch als vorläufig anzusehenden Zielkatalogs erfolgen.

Die Erarbeitung der Soll-Konzeption hat zur Aufgabe, die Zuordnung von Zielen zu

- Schritten/Teilphasen,
- Maßnahmen sowie
- Mitteln

durchzuführen und eine Konsequenzenanalyse vorzunehmen. Da BK-Projekte grundsätzlich mehrjährig-langfristig anzulegen sind, ist es notwendig, die einzelnen Schritte und Phasen genau festzulegen, damit hierauf aufbauend die vorzunehmenden Maßnahmen konkretisiert und die benötigten Mittel berechnet werden können. So würde also die Gesamtzielsetzung der Ausstattung von 60% aller Arbeitsplätze durch PCs eine Phaseneinteilung notwendig machen, die bestimmt, welche Arbeitsplätze mit höherer und welche mit niedrigerer Priorität ausgestattet werden sollen. Zu den Maßnahmen zählt eine Terminierung und Konkretisierung der aus der Arbeitsplatzausstattung hervorgehenden Schulungsnotwendigkeit mit den hieraus sich ergebenden Freistellungen der Mitarbeiter für die Schulungsmaßnahmen. Gleichzeitig sind die investiven Mittel der schrittweisen Arbeitsplatzausstattung sowie die durch die Schulung hervorgerufenen Kosten zu berechnen. Hier können Mitsprache-/Mitentscheidungsrechte der Arbeitnehmervertreter zum Tragen kommen.

Insbesondere ist eine Analyse der Konsequenzen der Phasen und Maßnahmen vorzunehmen. So ist es denkbar, daß durch die schrittweise Realisierung dieses Planes Rationalisierungen mit Freisetzungen eintreten oder aber Freiräume an einzelnen Arbeitsplätzen gefüllt werden können/müssen. Auch können veränderte Prozesse zu anderen Abläufen in benachbarten Bereichen führen, so daß Umstrukturierungen, Umbesetzungen und Aufgabenneuorientierungen nötig werden.

Nach der Feststellung der Konsequenzen ist eine sog. Machbarkeitsanalyse (Feasibilitiy Study) durchzuführen. Die Machbarkeitsanalyse soll aufzeigen, an welchen Stellen die geplanten Veränderungen so groß werden, daß ihre Realisierung in Frage gestellt werden könnte. Vor allem trifft dies natürlich für solche Fälle zu, in denen hohe Freisetzungseffekte auftreten oder aber die durchzuführenden Maßnahmen die Zustimmung von Organisationseinheiten erfordern, mit welcher nicht zu rechnen ist. Dies könnten sowohl Arbeitnehmerorganisationen, wie Betriebsrat oder Personalrat, sein als auch z.B. Investitionsausschüsse, die die erforderlichen Investitionen genehmigen müssen.

Aufgrund der Machbarkeitsanalyse und der sich hieraus ergebenden Konsequenzen wird in den meisten Fällen eine Ziel- und Konzeptionsüberarbeitung notwendig werden. Sinn dieser Phase ist, daß möglichst nur realisationsfähige Ziele und Maßnahmen in die Konzeption eingehen. Bei stark abweichenden Ergebnissen der Machbarkeitsanalyse kann die Ziel- und Konzeptionsüberarbeitung Rückkopplungsprozesse bis hinein in die Phase der Erarbeitung der Bereichsstrategien, wenigstens aber in die Phase der taktisch-operativen Zielsetzung auslösen.

Die Verabschiedung der Konzeption bildet den Abschluß des Prozeßablaufs. Hier ist zwischen einer Verabschiedung durch das die Konzeption erarbeitende Gremium (Projektteam) und einer solchen durch das eigentliche Entscheidungsgremium des Unternehmens zu differenzieren. Es ist erstrebenswert, aber in den meisten Fällen nicht durchzusetzen, einen oder mehrere Entscheider der obersten Organisationsebene in die Abschlußphasen des Projektablaufs einzugliedern, so daß die Konzeptionsverabschiedung im Projektteam endgültig ist und nur noch vom eigentlichen Entscheidungsgremium bestätigt zu werden braucht. Falls diese Zusammensetzung des Projektteams realistisch ist, müßte zumindest in den Phasen der Machbarkeitsanalyse sowie der Ziel- und Konzeptionsüberarbeitung eine Erweiterung des Projektteams durch die Entscheider stattfinden.

Literaturhinweise:

BERENDES, S. (1988): S. 160-208 (Funktionale Konzipierung des Bürosystems)

BORNHEIM, W., VOSSBEIN, R. (1986): S. 11-19 (Beschreibung des Ist-Zustandes der Unternehmung)

HANNAN, J. (1986): S. 13 (Langfristplanung für den Einsatz einer DV-Analyse)

HEINRICH, L.J., BURGHOLZER, P. (1987): S. 220-242 (Der Prozeß der Feinstudie); S. 243-277 (Methoden und Werkzeuge der Feinstudie)

LESCHKE, H. (1989/I): S. 53-67 (Grobkonzeptentwicklung)

NIPPA, M. (1988): S. 281-303 (Unternehmensstrategie und das strategische Umfeld)

SCHÖNECKER, H.G., NIPPA, M. (1987): S. 47-49 (Das Bürokommunikationskonzept); S. 107-110 (FIBA - die Methode zur Erarbeitung einer Strategie)

III. DIE OPERATIVE KONZEPTION VON BK-SYSTEMEN

1. DIE TECHNOLOGISCHE KONZEPTION

Vorbemerkung:

Die Entwicklungen auf den Sektoren Hard- und Software haben zu einem so hohen Stand der Technologie geführt, daß dieses Gebiet aus der Sicht eines Spezialisten für Hardware bzw. Software anders behandelt werden muß, als es im Rahmen organisatorischer Überlegungen möglich ist. Die folgenden Ausführungen zur technologischen Konzeption auf den Gebieten

- Hardware,
- Software,
- Kommunikationsware sowie
- Datenbanksystemen

stellen daher die Sichtweise dieser Probleme aus dem Blickwinkel der Organisation dar. Eine Betrachtung unter den Aspekten der Informatik ist in dem hier dargestellten Zusammenhang weder möglich noch notwendig.

1.1. Die Hardwarekonzeption

1.1.1. Die Hardwarekonzeption des "gewachsenen Büros"

Der Begriff Hardware ist eine Sammelbezeichnung für die physischen Bestandteile eines Informationsverarbeitungssystems. Ihre Basis besteht aus sog. integrierten Schaltungen, die zu Funktionseinheiten zusammengefügt werden. Hierauf aufbauend entstehen Geräte, die sog. Hardware-Konfigurationen bilden. Hierunter wird die systemische Zusammenstellung der einzelnen Komponenten der Hardware gesehen.

Im folgenden wird unter Hardware die maschinelle Ausstattung zur Unterstützung und Abwicklung von Bürotätigkeiten verstanden. Insofern wird der Hardwarebegriff über seine Beziehung zur Datenverarbeitung hinausgehend angewendet. Anders ausgedrückt:

Auch eine Schreibmaschine ist in dem hier angewandten Sinne Hardware.

Die Hardwarekonzeption des gewachsenen Büros ist durch eine Vielfalt untereinander nicht kompatibler Maschinen gekennzeichnet. Gleichzeitig führen analytische Überlegungen zu der Schwierigkeit, Bürotätigkeiten so zu beschreiben, daß sie einerseits eindeutige Tätigkeiten darstellen, andererseits ebenso eindeutig Hardwarekomponenten zuzurechnen sind. Vor allem ist die Formel

"Tätigkeit plus Hardware gleich komplexe Tätigkeit"

nicht brauchbar. Dies soll durch folgende Beispiele belegt werden.

Bei der Analyse von Bürotätigkeiten wird häufig "Telefonieren" als eine Basistätigkeit angesehen. Eine kritische Betrachtung zeigt jedoch, daß Telefonieren auf "Fern-Sprechen" zurückgeführt werden kann und damit auf der Basistätigkeit "Sprechen" beruht. Diktieren ist als Tätigkeit aber ebenfalls auf der Basistätigkeit "Sprechen" aufgebaut, und zwar in der Bedeutung "auf Medium sprechen". Dies läßt es sinnvoll erscheinen, bestimmte Basistätigkeiten herauszustellen, die in ihrer Grundkonzeption allgemein-menschliche Aktivitäten darstellen, durch ihren Einsatz im Büro aber zu Basisbürotätigkeiten werden. Diese sind

- Sprechen,
- Schreiben,
- Rechnen,
- Hören und
- Lesen.

So lassen sich dann aus der Basistätigkeit "Sprechen" die Tätigkeiten

- Telefonieren,
- Diktieren sowie
- Gespräche führen

ableiten. Diese abgeleiteten Tätigkeiten lassen sich dann zwar nicht vollständig, zumindest aber teilweise Hardwarekomponenten zuordnen, die im Rahmen der technischen Entwicklung eine Projektion gestatten.

Diese Überlegungen führen zu der in Abbildung 16 dargestellten Tabelle. Sie enthält in den Spalten die Strukturmerkmale:

- Basistätigkeiten,
- abgeleitete Tätigkeiten,
- Medien,
- Hardware-/Maschinenausstattung sowie
- Projektionen.

Die in der Abbildung 16 in Gruppe II. befindlichen Basistätigkeiten sind durch einen höheren Grad an Komplexität gekennzeichnet, obwohl sich aus ihnen ebenfalls abgeleitete Tätigkeiten ergeben. Der Aufbau der Tabelle 16 soll beispielhaft durch die Verfolgung zweier Zeilen innerhalb der Tabelle charakterisiert werden. Die Basistätigkeit Sprechen führt zu den abgeleiteten Tätigkeiten Telefonieren, Diktieren und Gespräche

Basistätigkeiten		abgeleitete Tätigkeiten	Medien	Hardware-/ Maschinen-Ausstattung	Projektion
I	Sprechen	Telefonieren Diktieren Gespräch führen	Telefon Diktiergerät, Tonträger Sprache, Mimik	Telefon, Diktiergerät, Aufnahmegerät, Voice-box	Bildtelefon, Spracheingabegerät, Sprachdigitalisierer
I	Schreiben	Briefe erstellen Formulare ausfüllen	Brief, Papier Formular, Papier	Schreibmaschine, Textverarbeitungsgerät, Tastatur	Spracheingabegerät, Tastatur, AP-Rechner (vernetzt)
I	Rechnen	Statistiken erstellen Berechnungen durchführen	Tabelle auf Papier Berechnung auf Papier	Rechenmaschine, PC, Terminal, Tastatur	AP-Rechner (vernetzt), Terminal
I	Hören	Telefonieren Gespräch führen	Telefon Sprache, Mimik	Telefon,Diktier-/Aufnahmegerät	Bildtelefon, Sprachausgabegerät
I	Lesen	Briefe, Ausarbeitungen, Dokumente zur Kenntnis nehmen	Brief, Papier, Dokument, Formular	Bildschirm, Btx	Bildschirm
II	Besprechungen abhalten	im eigenen Büro sein im fremden Büro sein an anderen Orten sein	Sprache, Mimik Sprache, Mimik Reisen	Konferenzraumausstattung, Aufnahmegerät	Videokonferenz, Computerkonferenz, Spracheingabe-, -ausgabegerät
II	Übermittlung von Dokumenten	Inhalte oder Dokumente zur Information, zur Kenntnisnahme, Be- und Verarbeitung, Weiterleitung	Post, Zustellung, Telex, Telefax, Teletex, Kopie	PC, Telex, Telefax, Kopierer	Universalgerät (Basis AP-Rechner) mit Laser-Drucker/ Kopierer
II	Archivieren und Retrieval	Ablegen von Dokumenten Aufsuchen von Archiviertem	klassisches Archiv/ Mappen Karteien/Mikrofilm, Dateien	Mikrofilmgerät, Computer und Peripherie	Computer-Massenspeicher, Bildplatte

Abb. 16: Bürobasistätigkeiten und Technologieunterstützungen

führen, zu denen jeweils spezifisch Telefon, Diktiergerät sowie Sprache und Mimik als Medien eingesetzt werden. Eine Hardwareunterstützung erfolgt durch das Telefon, durch Diktiergeräte, andere Aufnahmegeräte und ggf. eine Voice-Box. Diese Hardwareausstattung, im Rahmen der technischen Entwicklung projiziert, führt zu Bildtelefon, zu Spracheingabegeräten sowie zu Sprachdigitalisierern.

Die Basistätigkeiten von Archivieren und Wiederauffinden (Retrieval) führen zu den abgeleiteten Tätigkeiten des Ablegens von Dokumenten sowie des Wiederaufsuchens von Archivmaterial. Die klassischen Medien hierfür bilden Archivmappen, Karteikarten und -kästen sowie Mikrofilm und elektronische Dateien. Die Hardwareausstattungen moderner Technik bestehen in Mikrofilmgeräten sowie Computern mit Peripherie. Die Projektion führt zu Computermassenspeichern neuerer Art und z.B. Bildplatten.

Die Hardwarekonzeption des gewachsenen Büros zeichnet sich im wesentlichen dadurch aus, daß sie keine Konzeption ist. Die Ausstattung mit Geräten erfolgte aufgrund der Unverbundenheit der einzelnen Bestandteile eines solchen Geräteparks nach Bedarf, Zufälligkeit und einer beschränkten, auf die jeweilige Gerätekategorie ausgerichteten Systematik. Dies soll am Beispiel der Korrespondenzerstellung verdeutlicht werden. Die erste Möglichkeit besteht darin, Briefe selbst zu schreiben, zu überarbeiten und zu versenden. Dies trifft im Rahmen arbeitsteiliger Prozesse im Büro nur für untergeordnete Sachbearbeiterfunktionen zu. Die nächste Möglichkeit ist das persönliche Diktat. Das persönliche Diktat wird im Rahmen von bestimmten Rationalisierungsüberlegungen abgelöst durch die Ausstattung der Diktierenden mit Diktiergeräten und der der Schreibenden mit Abspielgeräten. Diese bisher genannten Möglichkeiten setzen noch keine gerätetechnische, möglicherweise aber eine eingeschränkte organisatorische Konzeption voraus. Die Einführung eines Sterndiktatsystems erfordert im Gegensatz zu den bisherigen Lösungen eine Konzeption organisatorischer und hardwaremäßiger Art. Die Diktanten müssen in bezug auf das von ihnen erstellte Diktatvolumen, die Diktiergewohnheiten und Hauptdiktierzeiten analysiert werden. Die Sterndiktatanlage wird auf die Ergebnisse dieser Analyse ausgerichtet.

Eine solche Hardwarekonzeption setzt eine entsprechende Aufnahmeanlage von hinreichender Kapazität mit Telefongeräten sowie eine Abspielanlage mit Schreibplätzen voraus. Bei der Sterndiktatanlage waren bereits zwei Medien mit den entsprechenden Hardwarelösungen, nämlich Telefon, Diktiergerät und Abspielgerät, konzeptionell zu vereinigen. Wenn jedoch in Zukunft eine Hardwareausstattung mit einem Multifunktionsgerät erfolgt, das Telefon, Diktiergerät, Arbeitsplatzcomputer, Textverarbeitungsgerät und möglicherweise noch andere Komponenten in sich vereinigt, dann ist eine so beschaffene Hardwarekonzeption nicht mehr im Sinne einer gewachsenen Lösung zu erstellen. Hier werden zu große Friktionen innerhalb der Organisation auftreten, die insbesondere zu den Zeitpunkten zum Tragen kämen, wenn innerhalb einer Großorganisation der Übergang von herkömmlichen Systemen auf neue Systeme oder von neuen Systemen erster Technologiegeneration auf mit Sicherheit folgende neue Systeme zweiter und folgender Technologiegenerationen vorgenommen wird. Dies führt im Rahmen einer Hardwarekonzeption zu einer wichtigen Überlegung, die sich in dem "Gerätesharing" ausdrückt.

Das Gerätesharing ist ein seit Jahren praktiziertes System der Einsparung von Hardwareinvestitionen. Selbst Telefonsharing wird im gegenwärtigen Zeitraum noch gelegentlich beobachtet, wenn z.B. zwei Mitarbeiter an zwei gegenüberstehenden Schreibtischen ein Telefon mit Schwenkarm benutzen bzw. sich Rechenmaschinen gegenseitig ausleihen. Eine moderne Form des Gerätesharings ist dann gegeben, wenn mehrere Mitarbeiter gemeinsam ein Bildschirmterminal oder einen PC zur Verfügung haben. Das Gerätesharing als der Versuch, das Investitionsvolumen zu verringern und die Nutzungszeit pro Gerät zu erhöhen, ist normalerweise an eine sorgfältige Organisationsanalyse der beteiligten Arbeitsplätze gebunden, wenn nicht hierdurch Störungen im Arbeitsablauf sowie Wartezeiten und deutlich verringerte Produktivität aufgrund dieser Faktoren auftreten sollen. Hier sind möglicherweise gegenläufige Entwicklungen denkbar: Wenn sich einerseits die Technik in Richtung Multifunktionsgerät entwickelt, andererseits aber hierdurch das Investitionsvolumen pro Gerät vergrößert wird, so läßt sich vorstellen, daß bei knappen Mitteln entweder traditionelle Gerätekonzeptionen erhalten bleiben oder aber Multifunktionsgeräte im Sharing betrieben werden. Die sich hieraus ergebende Frage könnte lauten, ob es eine minimale "Multifunktion" gibt, die eine flächendeckende Ausstattung möglich macht oder ob Sharing mit hochkomplexen Geräten unausweichlich wird - zumindest für eine Übergangszeit.

1.1.2. Die Projektion als Basis einer Hardwarekonzeption

Eine Hardwarekonzeption wird aufgrund der technologischen Entwicklung in den meisten Fällen kaum mehr als eine Reichweite von 5 bis 6 Jahren haben. Da aber auch heute die technologische Entwicklung für diesen Zeitraum noch nicht klar absehbar ist, wird die Projektion mit deutlichen Unsicherheiten behaftet sein, die zwar bestimmte Entwicklungsrichtungen festlegen können, nicht aber jedes Ausstattungsdetail.

Taktische Komponente
Technologie-Komponente
Hardware-Konzeption - Mainframe (Groß-/Zentralanlage) - IIV-PCs (Arbeitsplatzrechner) - Kommunikationsrechner - Telefon, Bildtelefon - FS, Telex - BTX-Geräte - Konferenzgeräte (Kameras etc.) - Hilfsgeräte (Modems o.ä.)

Abb. 17: Technologie-Komponente (Hardware)

Die Hauptinhalte der Hardwarekonzeption gehen aus der Abbildung 17 hervor. Die dort aufgeführten Komponenten bilden in ihrer Gesamtheit die wesentlichen Bestandteile dessen, was unter dem Integrationsaspekt zwischen Datenverarbeitung und Bürokommunikation als Hardwareausstattung verfügbar ist. Hierbei liegen die technischen Details vieler Geräte noch nicht in endgültiger Form vor, andere werden durch Funktionsübernahme überflüssig, für wieder andere wird die Verbreitung von durch das einzelne Unternehmen nicht beeinflußbaren Faktoren, wie den der Netztechnologie im öffentlichen Bereich, abhängen. Zur Erstellung einer Hardwarekonzeption sind - ohne Anspruch auf Vollständigkeit - folgende wesentliche Entscheidungsprobleme zu lösen:

- Bewertung der technologischen Entwicklung/des technischen Fortschritts,
- marktmäßige Verfügbarkeit der Geräte,
- Amortisation bestehender Installationen,
- Wirtschaftlichkeit neuer Installationen,
- organisatorische Zweckmäßigkeit sowie
- gesellschaftliche Akzeptanz.

Der technologische Fortschritt als solcher ist keine isolierte Größe. Hierbei sind vor allem die Interdependenzen zwischen den einzelnen Bestandteilen eines Gesamtsystems zu berücksichtigen. So werden z.B. durch Funktionsintegration reine BTX-Geräte wahrscheinlich an Bedeutung verlieren, und ihre Funktionen werden von universeller einsetzbaren Arbeitsplatzrechnern übernommen. Die marktmäßige Verfügbarkeit ist nicht nur eine Frage der technischen Reife der Geräte, sondern auch eine der Überwindung postalischer Zulassungshürden. So waren z.B. Telefax-Geräte erheblich früher technisch ausgereift und verfügbar, als ihre marktmäßige Verbreitung vermuten läßt. Ähnliches gilt für Integrationen zwischen Telefax und Teletex.

Die Amortisation bestehender Installationen ist u.a. eine Frage der Innovationsbereitschaft derjenigen Unternehmen, die gewillt sind, bestimmte Geräte oder Gerätegruppen einzusetzen: Ein typisches Beispiel hierfür sind heute installierte Telefonsysteme auf der ersten Stufe der sog. Komforttelefone und deren technische Veralterung, die bereits heute abzusehen ist, was die Amortisationszeiten drastisch reduziert. So waren bei Telefonanlagen früher Nutzungszeiten gegeben, die ein Jahrzehnt und mehr betrugen, während heute installierte Gerätesysteme vermutlich in einem Zeitraum von ca. 5 bis 6 Jahren technisch überholt sein dürften.

Eine wesentliche Frage besteht in der Prüfung der Wirtschaftlichkeit einer Installation. Hierbei ist nicht nur zu beantworten, welche von möglicherweise alternativ einsetzbaren Techniken gewählt werden soll, sondern auch die Frage, in welchem Umfang z.B. Arbeitsplätze mit bestimmten Geräten ausgestattet werden. Die Behandlung von Wirtschaftlichkeitsfragen erfolgt im Teilkap. 1.3.

Die organisatorische Zweckmäßigkeit ergibt sich aus der Funktion des auszustattenden Arbeitsplatzes und dem Grad seiner Technisierung. So ist es z.B. möglich, Geräte lediglich zur Unterstützung bestehender

Funktionen ohne Veränderung der gesamten Funktionsstruktur einzusetzen. In diesem Fall wird ihr Einsatzbereich geringer sein, als wenn zusammen mit Geräteausstattungen Organisationsabläufe komplett verändert werden.

Die gesellschaftliche Akzeptanz ist nicht nur an die Akzeptanz der Technik als solcher gebunden, sondern auch an die ihrer Folgen. Zu Zeiten hoher Arbeitslosigkeit wird rationalisierender Technikeinsatz auf geringere gesellschaftliche Akzeptanz stoßen als zu Zeiten einer tendenziellen Überbeschäftigung. Zunehmend stärker werden im Zusammenhang mit dem Akzeptanzproblem auch Fragen der Humanisierung der gesamten Arbeitswelt oder spezifischer Arbeitsplätze mit in die Überlegung einbezogen. Dabei kann es zu einem Gegensatz zwischen Rationalisierung als nicht akzeptierter Folge und Humanisierung als wünschenswerter Konsequenz führen. So ist die Befreiung von routinisierter Massenarbeit zweifellos eine wünschenswerte Folge der Technisierung, ihre Freisetzungseffekte sind aber im derzeitigen Zeitraum kaum willkommen.

Um die betreffenden Entscheidungsprobleme effizient lösen zu können, ist die Formulierung einer Hardware-Zielsetzung im Rahmen der Konzeption notwendig. Diese Zielsetzung wird sich auf die wesentlichen der oben abgehandelten Entscheidungsprobleme beziehen und wird damit

- Innovationsziele,
- Installationsziele,
- Amortisations- und Wirtschaftlichkeitsziele,
- Organisationsziele sowie
- Akzeptanzziele

berücksichtigen.

Als Ergebnis einer Hardware-Technologie-Konzeption muß die Struktur der zukünftigen Lösung der Hardwareausstattung entstehen. Es müssen also die Fragen beantwortet werden,

- welche Geräte, Zusatzgeräte, Peripheriegeräte usw. installiert werden sollen,
- wie sie vernetzt werden müssen/können und
- welcher Grad der Hardwarezentralisation vorzusehen und zu realisieren ist.

Hierbei ist insbesondere auch auf die Fragestellung einzugehen, in welchem Umfang Hardwareinstallationen durch die Lösung des "Mixed-Hardware-Problems" beeinflußt werden. Diese Frage ist nahezu ausschließlich durch eine Grundsatzentscheidung zu lösen, da sie weitreichende Konsequenzen für die Struktur der technischen Ausstattung einerseits und für Beschaffungsfragen sowie Wirtschaftlichkeitsfragen andererseits bringt.

1.1.3. Die Struktur eines Hardwaresystems und der hierzu gehörigen Anschlußgeräte

Wie schon festgestellt wurde, wird das Kernstück der gesamten Bürokommunikation nach wie vor eine Computeranlage sein. Die Grundstruktur ergibt sich aus der Abbildung 18. Vom Strukturbild her gesehen handelt es sich in der Darstellung um ein Sternnetz, das bei einem Bürokommunikationssystem einen stärkeren Ausbau durch andere Netzstrukturen (s. hierzu Kap. II.1.1.) erfahren wird. Die hierzu gehörige Übersicht weist bei den Bedienungseinrichtungen den Zusatz "bei größeren Anlagen auch Nebenbedienungsplätze" auf und wird damit bereits vom Ansatz her Vernetzungslösungen gerecht. Die zum Strukturprogramm gegebenen Erläuterungen weisen darauf hin, daß die kapazitative Auslegung der gesamten Anlage durch die Veränderung der jeweiligen Aufgabe maßgebend beeinflußt wird. Hieraus läßt sich die große Bedeutung der Erarbeitung einer mehrjährigen Konzeption klar erkennen: Wenn im Verlaufe eines bestimmten Zeitraumes beabsichtigt ist, das Aufgabenspektrum, welches über das System abgewickelt wird, zu verändern und damit im Normalfall zu vergrößern, müssen bei der Konzeption der gesamten Anlage diese Entwicklungsschritte planerisch einbezogen werden. Trotz hoher Ausbaufähigkeit der meisten Anlagen ergeben sich jedoch in vielen Fällen von der Struktur her bedingte Begrenzungen, die einen Ausbau nur innerhalb bestimmter Grenzen sinnvoll erscheinen lassen. Danach läßt die Effizienz des Gesamtsystems so stark nach, daß eine "neue Generation" mit neuem technologischen Konzept gewählt werden muß.

1.1.4. Der Hardwarekatalog

Die in den Teilkap. 1.1.2. und 1.1.3. dargestellten Lösungen sollen im folgenden einer genaueren Strukturierung unterzogen werden. Hierbei berücksichtigen die Abbildungen 18 und 19, daß bestimmte Entwicklungen klar, andere in ihren Umrissen absehbar sind. Die Abbildung 19 behandelt diejenigen Geräte, die als typische, durch die Organisationskonzeption bedingte Einzelgeräte angesehen werden müssen und die eine weitgehende Unabhängigkeit nur innerhalb der jeweiligen Gerätegruppe haben. So ist die Gerätegruppe der Computer in sich gesehen stark abhängig von der entsprechenden Systemkonzeption, wie sie sich in ihrer Grundstruktur aus der Abbildung 18 ergibt. Die unmittelbare Beziehung der Rechner zum Benutzer wird in der Regel durch die Peripherie realisiert. Die Struktur der an Großrechner, mittlere und Mikrorechner anschließbaren Peripherie wird in der Abbildung 20 dargestellt.

Die anderen in Abbildung 18 befindlichen Geräte sind sehr unterschiedlich in ihrer Einsatzkonzeption. So gelten das Telefon, die Schreib- sowie die Rechenmaschine allgemein als typische Arbeitsplatzgeräte, während Telefax und Kopierer meist als sog. Multi-User-Geräte eingesetzt sind. Für die Gruppe der Geräte Telefon, Telefax und Kopierer läßt sich absehen, daß sie einem technologischen Wandel zum Multifunktionsgerät unterworfen sind, was sich, gemessen an den heutigen Ausstattungen der Arbeitsplätze, in einem Wandel der Verfügbarkeit auswirken würde: Die Konzeption der heutigen Telefax-Geräte z.B. läßt ihren

Einsatz als Multi-User-Gerät sinnvoll erscheinen. Wenn jedoch der Ausdruck der "tele"-übermittelten Inhalte nicht mehr an ein Fax-Gerät gebunden ist, sondern vielmehr über einen Arbeitsplatzrechner auf beliebige Arbeitsplatzdrucker umgesetzt werden kann, wird dieser Gerätetyp durch den technischen Wandel eine andere Einsatzmöglichkeit und größere Verbreitung erfahren - nur dann eben kein Telefaxgerät mehr sein. Schreib- und Rechenmaschinen werden nach dem heutigen Stand der Entwicklung als Arbeitsplatzgeräte stark verringert werden. Hierbei ist aber insbesondere bei Rechenmaschinen in Form der Taschenrechner ein völliges Verschwinden vom Arbeitsplatz kaum denkbar, selbst wenn Arbeitsplatzcomputer sog. Taschenrechnerfunktionen beinhalten. Wieweit eine Zunahme des Bedienungskomforts auf Hardware- und Softwareseite zu einem Verschwinden dieser zwei Gerätetypen führt, läßt sich heute noch nicht mit Sicherheit prognostizieren.

Elektronische Datenverarbeitungsanlage und ihre Anschlußgeräte

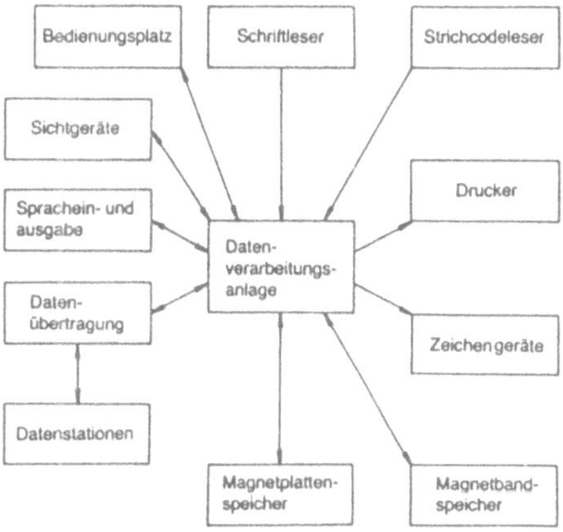

Hardware

Zentraleinheit	mit wahlweise unterschiedlicher Kapazität des Arbeitsspeichers
Steuerungen	Gerätesteuerungen für alle Anschlußgeräte und Datenübertragungseinrichtungen
Bedienungseinrichtungen	Bedienungsplatz, bei größeren Anlagen auch Nebenbedienungsplätze
Anschlußgeräte	Speicher: Magnetbandspeicher Magnetplattenspeicher Ein-Ausgabe-Geräte: Tastaturen Sichtgeräte Belegleser Strichcodeleser Drucker Schriftlesegeräte Spracheingabegeräte Sprachausgabegeräte Datenübertragungseinrichtungen Datenstationen für bzw. mit: Tastaturen Sichtgeräten Druckern Magnetplatten Magnetbandkassetten

Abb. 18: Hardwarestruktur eines DV-Systems (Quelle: EDV Taschenlexikon, 1984, S. 144f.)

Von großer Bedeutung ist in sämtlichen Systemen die Peripherie. Unter Peripherie werden solche Geräte verstanden, die durch ihren Anschluß an den eigentlichen Rechner dem Benutzer die Kommunikation mit dem Rechner gestatten. Hierbei kann unterschieden werden zwischen einer

- zentralen oder zentralisierten Peripherie,
- Multi-User-Peripherie sowie
- Arbeitsplatzperipherie.

Zentrale Peripheriegeräte werden sich entweder durch eine hohe Spezialisierung und damit extrem hohe Leistungsfähigkeit auszeichnen (Groß- oder Schnelldrucker) oder aber besondere technische Merkmale aufweisen, die sie teuer machen und für den einzelnen Arbeitsplatz oder für eine Gruppe von Arbeitsplätzen kaum wirtschaftlich erscheinen lassen. Hierzu gehören z.B. nach dem derzeitigen Stand der Entwicklung Mehrfarbendrucker auf Laser-Basis. Andere Gerätetypen wiederum dienen der Groß-EDV als Hilfsgeräte, wie z.B. Streamer (Bandgeräte), zum Zweck der Datensicherung. Auch Speziallesegeräte mit besonderem Funktionsspektrum zählen hierzu.

Hardware im Wandel (nicht Peripherie-Geräte)	
Gerät	Spezieller Einsatz
Großrechner - zentrale Peripherie - dezentrale Peripherie Mittlere Rechner - zentrale Peripherie - dezentrale Peripherie Kommunikationsrechner - Gateways - Server - Bridges Mikrorechner - dezentrale Peripherie	Zentrale DV-Anlage-Systeme in Großunternehmen - Multi-User-Peripherie - Arbeitsplatzgeräte Zentrale DV-Systeme in Mittelunternehmen Zentrale DV-Abteilungsrechner - Multi-User-Peripherie - Arbeitsplatzgeräte Rechner für - Verbindung von Großnetzen - unterschiedliche Gerätenetze - Netze aus gleichen Geräten dezentrale Systeme (AP-Rechner) - Arbeitsplatzgeräte
Modems	Verbindungsgeräte in öffentlichen Netzen
Telefon	Arbeitsplatzgerät*
Telefax	Multi-User-Gerät*
Kopierer	Multi-User-Gerät*
Schreibmaschine Rechenmaschine	auslaufende (begrenzt einzusetzende) Arbeitsplatzgeräte
* im technischen Wandel zu Multifunktionsgeräten	

Abb. 19: Hardware im Wandel

Multi-User-Peripherie ist dadurch gekennzeichnet, daß ein bestimmter Gerätetyp mehreren Arbeitsplätzen zur Verfügung steht, so daß die konkreten Einsatzmerkmale von der Gleichartigkeit der Bedürfnisse mehrerer Arbeitsplätze und der Verfügbarkeit des jeweiligen Gerätes abhängen. Hierzu gehören z.B. Spezialscanner mit hochauflösungsfähigen Leseeigenschaften, deren Nutzung nur bei bestimmten Spezialaufgaben erforderlich ist. Ohne die in Abbildung 19 aufgeführten Peripheriegeräte sämtlich aufzählen zu wollen, soll noch auf Datenerfassungsgeräte hingewiesen werden, die - möglicherweise an zentralen Punkten installiert - einer Mehrzahl oder Vielzahl von Nutzern dienen. Ein typisches Beispiel hierfür sind Betriebsdatenerfassungsgeräte, Zeiterfassungsgeräte u.ä. Nach dem derzeitigen Stand der technischen Entwicklung gehören auch Bildplattengeräte hierzu, wobei weitere Entwicklungen veränderte Einsatzmöglichkeiten wahrscheinlich werden lassen.

Hardware im Wandel (Peripherie-Geräte)
Zentrale Peripherie - Speziallesegeräte - Großdrucker/Schnelldrucker - Mehrfarbendrucker (Laser-Basis) - Geräte der Groß-DV (Bandgeräte)
Multi-User-Peripherie - CAD-Geräte (Spezialbildschirme) - Datenerfassungsgeräte (BDE-Geräte, Zeiterfassungsgeräte) - Spezialgeräte (Plotter, Scanner) - Mehrfarbendrucker (Laser- oder andere Basis) - Bildplattengeräte
Arbeitsplatzperipherie - Tastaturen - Bildschirme - Drucker - Spezialgeräte (Scanner)
Die Begriffe in ( ) sind jeweils beispielhaft genannt.

Abb. 20: Hardware im Wandel (Peripherie-Geräte)

Als typische Arbeitsplatzperipherie sind diejenigen Geräte anzusehen, die der unmittelbaren Kommunikation zwischen dem Arbeitsplatz und einem Rechner dienen, wie zum Beispiel Tastaturen und Bildschirme. Eine sinnvolle Kommunikation ist ohne diese zwei Geräte kaum möglich. Andere Arbeitsplatzgeräte wiederum werden stärker von der spezifischen Aufgabenstruktur des Arbeitsplatzes beeinflußt. So wird z.B. der normale Sekretariatsarbeitsplatz mit einem Drucker ausgestattet werden. Andere Arbeitsplätze, die über bestimmte Arten von Eingaben verfügen, werden einen eigenen Scanner aufweisen. Die technische Entwicklung und insbesondere die mit der Verbreitung des jeweiligen Gerätes verbundene Verbilligung hat in der Vergangenheit immer wieder gezeigt, daß ein

Wechsel zwischen den einzelnen hier genannten Gruppen - von zentraler Peripherie zur Multi-User-Peripherie und von dieser zur Arbeitsplatzperipherie - stattgefunden hat. Dies trifft nicht nur, wie allgemein bekannt, für die Rechner und die auf diesem Sektor erfolgte Verbilligung der Hardware zu. Auch Peripheriegeräte anderer Art, wie z.B. Laserdrucker, haben in den letzten Jahren durch veränderte Konstruktionsmerkmale und zunehmende Verbreitung eine drastische Verbilligung erfahren. Auch hier kann ein Ende des Prozesses noch nicht prognostiziert werden.

Die vorstehenden Überlegungen haben gezeigt, daß die Lösung der konzeptionellen Frage im Hinblick auf Geräteausstattungen grundsätzlich nur im Zusammenhang mit der organisatorischen Betrachtung der Arbeitsplätze erfolgen kann. Während es in der EDV in den vergangenen Jahren üblich war, arbeitsplatzunspezifisch die Lösung des unternehmensübergreifenden Informationssystems vorzunehmen, erfordert die spezifische Struktur von Bürokommunikationssystemen eine unmittelbare Anbindung an die Belange des Arbeitsplatzes. Dies kann nur durch Organisationsanalyse und nachfolgende Synthese durchgeführt werden, die unter neuen gerätetechnologischen Aspekten erstellt wird. Dieses Problem wird im Kapitel IV.3. "Die organisatorische Konzeption" behandelt.

1.1.5. Standardisierung und Kompatibilität

Probleme der Standardisierung und Kompatibilität sind seit Jahren wesentliche Fragestellungen der Datenverarbeitung und Computerisierung. Sie waren jedoch vergleichsweise unbedeutend, solange die Computeranlagen in einem Unternehmen als zentrale Großanlagen oder als standalone-Versionen arbeiteten. Hier beschränkten sich die Kompatiblitätsprobleme auf die der Anschließbarkeit von verschiedenen Peripheriegeräten anderer Hersteller als die der Zentraleinheit an die Großanlage. Eine weitere Kompatibilitätsfrage war die der sog. Aufwärtskompatibilität, wenn ein Anwender beabsichtigte, eine neue Computerlösung zu installieren und dabei zu prüfen hatte, wieweit seine bisherigen Programme und Dateien auf die neue größere Anlage übertragbar waren. Ein drittes Kompatibilitätsproblem entstand dann, wenn ein Anwender plante, einen Herstellerwechsel vorzunehmen und die Übertragbarkeit von vorhandenen Programmen sowie die weitere Be- und Verarbeitung bestehender Datenbestände zur Diskussion standen. Unter dem Aspekt der Vernetzung treten Kompatibilitätsprobleme jedoch nicht nur bei ein und demselben Anwender und den bei ihm installierten Anlagen und Netzen auf, sondern auch beim Verkehr mehrerer Anwender untereinander durch die Strukturierung von Großnetzen und durch den Anschluß einer Vielzahl von Anwendern an ein und dasselbe Netz. Auch die internen Kompatibilitätsprobleme erhalten eine neue Dimension dadurch, daß Hardwarelösungen "aus einer Hand" von Geräten eines Informations- und Kommunikationssystems zunehmend schwieriger durchzuhalten und in den meisten Fällen weniger wünschenswert sind. Die Hersteller hatten in der Vergangenheit durchaus die Möglichkeit, innerhalb ihrer Gerätefamilie Aufwärtskompatibilitäten zu erreichen, zum Teil wurden jedoch bewußt Lösungen geschaffen, die keine Kompatibilität mit anderen Herstellern bei Hard- und Software garantierten und damit hohe "Kundentreue" produzierten. Auf einigen Sektoren hat sich im Verlaufe der letzten Jahre das Einhalten sog. Industriestandards herausgebildet, was de facto eine Ausrichtung verschiedener Hersteller auf die von dem Marktführer gesetzten Normen bedeutete. Das reicht jedoch bei umfangreichen Vernetzungsvorhaben nicht aus, da die technischen Lösungen unterschiedlicher Hersteller häufig auf differierende Einsatzfelder spezifisch ausgelegt sind. Damit liegt also die Installation verschiedener Systeme unterschiedlicher Hersteller im Interesse des Anwenders, da ihm nur so eine optimale Lösung seiner Probleme garantiert werden kann: Es gibt Hersteller, die im kommerziellen Bereich stärker sind als im technischen, andere, die ihre Domäne im technischen Bereich haben und wiederum andere, die hochqualifizierte Anlagen in engumrissenen Teilbereichen anbieten. Dies führte dazu, daß Normierungsbestrebungen auftraten, die über die Einhaltung der "Industrienormen" hinausgingen. In diesem Zusammenhang sollen zwei Normierungsvorhaben erwähnt werden, die für Vernetzungsprobleme von besonderer Bedeutung sind. Es handelt sich hierbei um

- die ISO-Norm bei Vernetzungsvorhaben sowie
- MAP in der Fertigung.

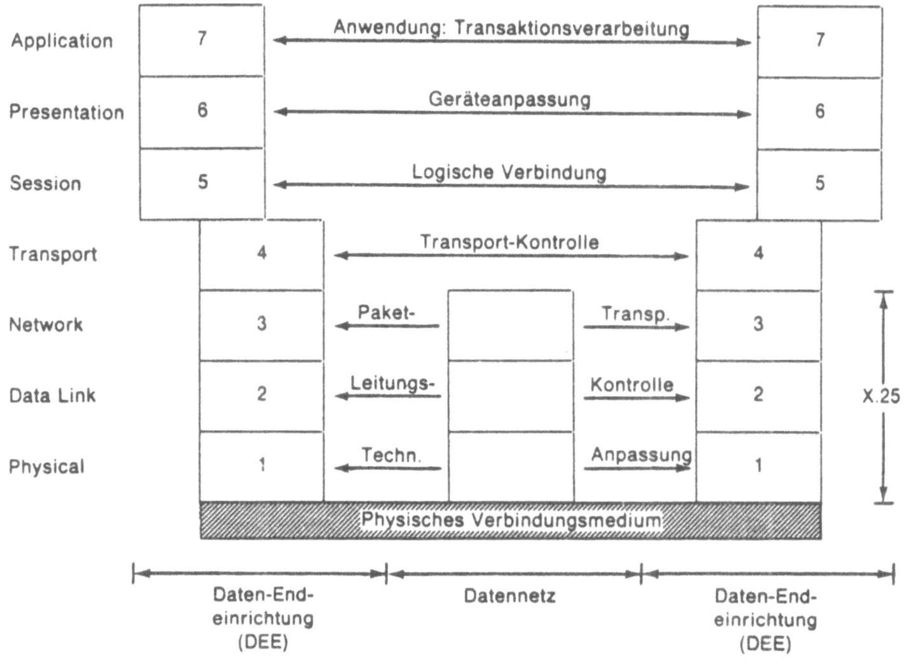

Abb. 21: ISO-Referenzmodell (Quelle: Becker u.a., 1988, S. 113)

Die ISO-Norm (eine von der International Standard Organization aufgestellte Norm) ist ein Modell für die Vereinheitlichung von Schnittstellen. Die zugrunde liegende Absicht ist, den Verkehr auf Anwendungsebene zwischen Hardware und Software verschiedener Hersteller durch sog. offene Systeme nach allgemein-verbindlichen Regeln zu ermöglichen. Zu diesem Zweck wurde das sog. ISO-Referenzmodell oder OSI-Modell geschaffen (OSI = Open Systems Interconnection). Das Modell ist über sieben Schichten aufgebaut (Abb. 21), von denen die Schichten 1 bis 4 als transportorientierte und die Schichten 5 bis 7 als anwendungsorientierte Schichten bezeichnet werden. Die Normierung kann nach diesem Modell auf jeder dieser Ebenen erfolgen, wobei zwei Anwendungsprogramme nur dann Informationen miteinander austauschen können, wenn sämtliche der darunterliegenden Ebenen eine Standardisierung erfahren haben. Die Normierung durch bestimmte Standards und deren Anwendung löst den größten Teil der Probleme, die in der Kommunikation zweier unterschiedlicher Systeme auftreten können. Grundsätzlich bedient sich jede höhere Schicht der Dienste der untergeordneten Schicht. Ein Beispiel zur Verdeutlichung der durch das ISO-Referenzmodell gelösten Problematik ergibt sich aus der Abbildung 22.

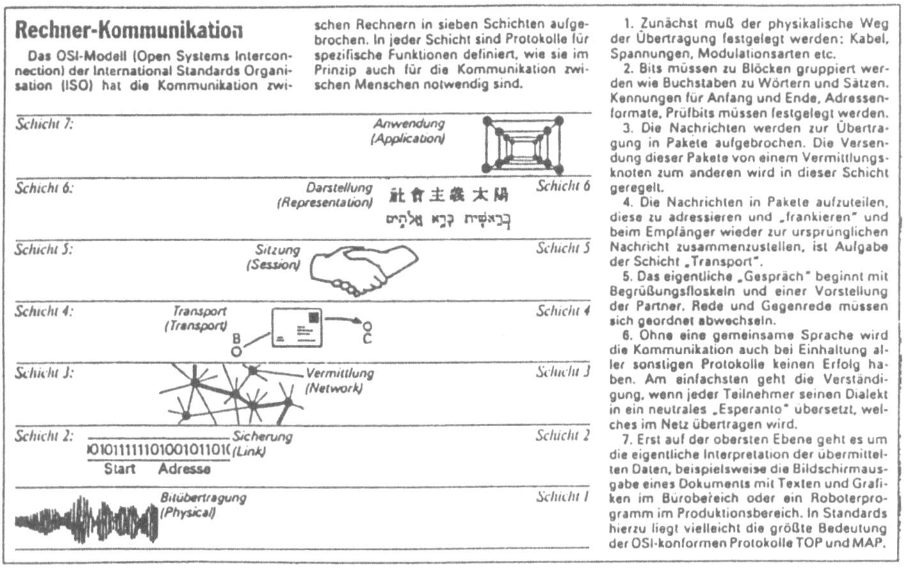
Rechner-Kommunikation

Das OSI-Modell (Open Systems Interconnection) der International Standards Organisation (ISO) hat die Kommunikation zwischen Rechnern in sieben Schichten aufgebrochen. In jeder Schicht sind Protokolle für spezifische Funktionen definiert, wie sie im Prinzip auch für die Kommunikation zwischen Menschen notwendig sind.

1. Zunächst muß der physikalische Weg der Übertragung festgelegt werden: Kabel, Spannungen, Modulationsarten etc.

2. Bits müssen zu Blöcken gruppiert werden wie Buchstaben zu Wörtern und Sätzen. Kennungen für Anfang und Ende, Adressenformate, Prüfbits müssen festgelegt werden.

3. Die Nachrichten werden zur Übertragung in Pakete aufgebrochen. Die Versendung dieser Pakete von einem Vermittlungsknoten zum anderen wird in dieser Schicht geregelt.

4. Die Nachrichten in Pakete aufzuteilen, diese zu adressieren und „frankieren" und beim Empfänger wieder zur ursprünglichen Nachricht zusammenzustellen, ist Aufgabe der Schicht „Transport".

5. Das eigentliche „Gespräch" beginnt mit Begrüßungsfloskeln und einer Vorstellung der Partner. Rede und Gegenrede müssen sich geordnet abwechseln.

6. Ohne eine gemeinsame Sprache wird die Kommunikation auch bei Einhaltung aller sonstigen Protokolle keinen Erfolg haben. Am einfachsten geht die Verständigung, wenn jeder Teilnehmer seinen Dialekt in ein neutrales „Esperanto" übersetzt, welches im Netz übertragen wird.

7. Erst auf der obersten Ebene geht es um die eigentliche Interpretation der übermittelten Daten, beispielsweise die Bildschirmausgabe eines Dokuments mit Texten und Grafiken im Bürobereich oder ein Roboterprogramm im Produktionsbereich. In Standards hierzu liegt vielleicht die größte Bedeutung der OSI-konformen Protokolle TOP und MAP.

Abb. 22: Das ISO-Referenzmodell (Quelle: Bild der Wissenschaft, zitiert nach: Enderlein, 1989, S. 183)

Der zweite Standardisierungsansatz über das sog. MAP (Manufactur Automation Protocol) versucht insbesondere Probleme zu lösen, die auf dem Sektor der Vernetzung in der Produktion eingesetzter Systeme anfallen. (Der Begriff Protocol ist sowohl im Zusammenhang mit dem ISO-Modell als auch mit dem MAP-Modell vom Wortbegriff her mit "Standard" oder "Norm" zu übersetzen.) MAP gilt als die z.Zt. auf dem Sektor der Standardisierung des Fertigungsbereichs weitgehend anerkannte internationale Norm. Es hat zum Ziel, die Vielzahl von Schnittstellen, Programmiersprachen und herstellerabhängigen Netzen integrierbar zu machen. Die Entwicklung der letzten Jahre zeigt jedoch, daß die aktuellen MAP-Versionen, von denen die letzte - MAP 3.0. - für 1988 erwartet wurde, zu in Teilbereichen neuen, aber alten MAPs nicht kompatiblen Spezifikationen geführt hat. Einer der wesentlichen Promotoren des MAP-Konzeptes - General Motors - hat für die Anwendung im eigenen Unternehmen ein Mehrstufenkonzept entwickelt, das in der letzten Stufe ein komplettes Netz-Dienstprogramm mit Steckerkompatibilität bei den meisten Herstellern vorsieht. Hiermit wäre eine Kommunikation in sog. "offenen Netzen" realisiert.

Unter offenen Kommunikationssystemen versteht man ein Netz, in dem die Systeme verschiedener Hersteller von Hard- und Software nach vereinbarten Prozeduren miteinander kommunizieren können. Hierbei soll es möglich sein, auch spezialisierte (dedizierte) Systeme in ein gemeinsames Netz einzubeziehen.

Ein System gilt um so offener,

- je mehr die im ISO-Modell genannten Schichten realisiert sind,
- je mehr weltweit akzeptierte Standards (auch Industriestandards) berücksichtigt sind und
- je stärker Übergangsfunktionen in andere Netzarchitekturen vom System zur Verfügung gestellt werden (vgl. hierzu auch Dieterle, 1985, S. 58).

Es ist schlüssig, daß die Übernahme von Kommunikationsaufgaben, die bisher vom Menschen wahrgenommen wurden, durch entsprechende Geräte nur dann reibungslos erfolgen kann, wenn eine Kommunikation der Geräte auf einem möglichst hohen Standardisierungsniveau machbar ist. Offene Netze stellen daher eine Forderung dar, sowohl hausinterne als auch vor allem regional übergreifende Netze wirksam integrieren zu können. Auf dem Büro- und dem Fertigungssektor bestehen z.Zt. eine Vielzahl von Inseln, die in integrierten Kommunikationsnetzen zusammengeschlossen werden müssen. Die hierzu erforderlichen Schnittstellen stellt das ISO-Modell in seinen Anforderungen bereit.

Die Überlegungen, die sich mit der Strukturierung von Netzen im Bürobereich und im Fertigungsbereich beschäftigen, sehen in vielen Fällen eine Trennung des Bürobereichs (Stichwort: CIO = Computer Integrated Office) und des Fertigungsbereichs (Stichwort: CIM = Computer Integrated Manufacturing) vor. Eine solche Strategie würde jedoch nicht der eines unternehmensintegrierten Informationssystems entsprechen. Somit können eigentlich nur diejenigen konzeptionellen Ansätze zukunftsträchtig sein, in denen zumindest vom Grundgedanken her eine Integration sämtlicher Bereiche des Unternehmens realisiert werden soll. Nach dem derzeitigen Stand der Technik scheint es jedoch sinnvoll zu sein, konzeptionell bewußt Insellösungen zu verwirklichen, deren Integration zu einem späteren Zeitpunkt erfolgen soll/kann. Das hierbei in vielen Fällen offene Problem besteht darin, daß die Integration zwar konzeptionell gefordert werden kann, technisch jedoch durchaus schwierig zu realisieren sein wird. Integrative Lösungen ohne entsprechende mittelfristige Strategien sind aber wahrscheinlich nicht durchführbar.

Literaturhinweise:

BORNHEIM, W., VOSSBEIN, R. (1986): S. 22-26 (Anforderungen an Hardware)

GERKEN, W. (1988): S. 22-31 (Hardware)

GERNET, E. (1987): S. 81-99 (Ausstattung des Arbeitsplatzes mit Hardware)

HANSEN, H.R. (1987): S. 214-322 (Baueinheiten von EDV-Anlagen)

KARCHER, H.B. (1985): S. 14-88 (Das Angebot von BK-Endgeräten)

SZYPERSKI, N. u.a. (1982): S. 39-70 (Anforderungen an Funktionen und Leistungen zukünftiger Geräte und Systeme)

VOSSBEIN, R. (1989/II): S. 92-93 (Hardware-Kriterien für PC-Einsatzmöglichkeiten)

WISSKIRCHEN, P. (1983): S. 20-27 (Gerätetechnisches Angebot)

1.2. Die Softwarekonzeption

1.2.1. Softwarearten

Unter Software wird die Gesamtheit von Programmen verstanden, die die Hardware benötigt, um einerseits die Verständigung zum Menschen herzustellen und andererseits die ihr übertragenen Aufgaben lösen zu können. Aufgrund dessen wird zwischen der zum Betrieb der Anlage benötigten Software und der auf die Anforderungen des Anwenders zugeschnittenen Software unterschieden in

- Systemsoftware sowie
- Anwendungssoftware.

Die spezifische Art der Software macht die zunächst lediglich im physikalischen Sinne funktionsfähige Hardware zu einer "programmierten Mehrzweckmaschine", die je nach den verwendeten Programmen die unterschiedlichsten Aufgaben auszuführen in der Lage ist.

In den folgenden Ausführungen wird verstärkt auf diejenige Software eingegangen, die als typisch für BK-Systeme gilt und mit der der Benutzer von PCs im wesentlichen in Berührung kommt. Dies ist damit begründet, daß der Benutzer der Groß-EDV normalerweise mit Betriebssystem- und Anwendungssoftware nur über die DV-Spezialisten indirekt in Berührung kommt, während bei PCs ein direkter Kontakt die Regel ist. Grundsätzlich gelten zwar ähnliche Unterteilungsmöglichkeiten auch für Software von Groß-EDV, doch wird hierauf nur dann eingegangen, wenn sich Überschneidungen mit BK-systembezogener Software ergeben. Die Abbildung 23 gibt eine Übersicht über die spezifischen Gruppen der Software, die hier betrachtet werden sollen.

Die Betriebssysteme, unter denen PCs laufen, sind aufgrund der Entwicklungen der letzten Jahre vor allem solche, die auf MS-DOS-Basis entwickelt wurden. MS-DOS gilt als dasjenige Betriebssystem, das insbesondere wegen seiner Verbreitung und weil ein MS-DOS-Derivat das PC-Betriebssystem des Marktführers ist, den Anforderungen an ein "industriestandardmäßiges" Softwaresystem am nächsten kommt. Als älteres, auslaufendes Betriebssystem kann CPM angesehen werden. Als das typische Betriebssystem der 90er Jahre wird z.Zt. UNIX mit seinen Derivaten bezeichnet, zumal sich eine größere Gruppe von führenden DV-Unternehmen in einer Arbeitsgemeinschaft zur Standardisierung und Entwicklung von UNIX zusammengeschlossen hat. Generell gelten als Betriebssysteme diejenigen Programme, die den Betrieb der Hardware ohne Rücksicht auf bestimmte Anwendungen ermöglichen. Das bedeutet, daß im Rahmen eines gestuften Prozesses der Softwareannäherung an Benutzerbelange Betriebssysteme die unterste Stufe bilden.

Technische Komponente
Technologie-Komponente
Software-Arten-Konzeption*
Betriebssysteme - CPM (auslaufend) - MS-DOS und Derivate - UNIX und Derivate Betriebssystemnahe SW - Compiler - Interpreter Netzwerksoftware Sprachen - Basic - Cobol - Pascal - Lisp - Prolog Tools - Programmierwerkzeuge - hochintegrierte Anwenderwerkzeuge - gering integrierte Anwenderwerkzeuge Shells - programmiersystembezogen - expertensystembezogen Anwendungsprogramme - Standard-SW - Individual-SW - Querschnitts-/Längsschnitts-AWS
* Beispiele und Anführungen im wesentlichen BK-System bezogen

Abb. 23: Software-Arten-Konzeption

Veränderungen der Anforderungen, die im wesentlichen auf Vernetzung und geändertem vielfältigeren Einsatz am Arbeitsplatz beruhen, führen zunehmend mehr zu der Forderung nach einer Software, die "multitaskingfähig" ist. Unter Multitaskingfähigkeit versteht man die Möglichkeit, eine gerade in Arbeit befindliche Aufgabe zu unterbrechen, ein neues Anwendungsprogramm aufrufen und wieder in das alte zurückkehren zu können, ohne daß komplizierte Programmaufrufe notwendig sind und die gerade bearbeiteten Daten und Informationen vor Eintritt in eine neue Aufgabe abgespeichert werden müssen. Es gibt einige MS-DOS-Derivate, vor allem aber auch Entwicklungen auf UNIX-Basis, die als multitaskingfähig gelten und demnach eine wesentliche Grundbedingung komplexer Be- und Verarbeitungsprozesse am Arbeitsplatz erfüllen.

Betriebssystemnahe Software übersetzt die in den Programmiersprachen geschriebenen Programme in eine vom Betriebssystem verstandene Sprache (Übersetzung vom sog. "Quellencode" in den "Maschinencode"). Hier gibt es grundsätzlich zwei Hauptübersetzungsprinzipien, und zwar übersetzt der Compiler ein Programm in seiner Gesamtheit, so daß bei der Abarbeitung einer bestimmten Aufgabe das fertig übersetzte Programm beim Aufruf in der Anlage vorliegt. Interpreter hingegen speichern das Programm im Quellencode ab und übersetzen es schrittweise beim Durchlaufen eines Programmes Befehl für Befehl in den Maschinencode. Dies führt dazu, daß compiler-übersetzte Programme im Regelfall deutlich schneller sind als interpreter-übersetzte.

Netzwerksoftware ermöglicht Kommunikationsprozesse in zusammengeschalteten Computernetzen. Hierauf wird speziell im Kapitel 1.3. noch eingegangen.

Sprachen oder Programmiersprachen dienen dazu, für einen bestimmten Anwenderbereich zu entwickelnde Programme weitgehend unabhängig von der eingesetzten Rechenanlage abzufassen. Sie ermöglichen damit grundsätzlich die Übertragung von den in einer bestimmten Sprache geschriebenen Programmen auf verschiedene Maschinensysteme und sind geeignet, universell verwendbare Software zu erstellen. Es wird zwischen maschinenorientierten und problemorientierten Programmiersprachen unterschieden. Das oben genannte Merkmal der Übertragbarkeit gilt jedoch nur für die problemorientierten Programmiersprachen. Sie haben im Sinne der hier angestellten Überlegungen die größere Bedeutung, obwohl bei der Schaffung von Expertensystemen auch gelegentlich sog. dedizierte (spezialisierte Einzweck-) Systeme mit hierauf abgestimmten maschinenorientierten Sprachen eingesetzt werden. Grundsätzlich kann die Feststellung getroffen werden, daß im Rahmen des Einsatzes von Bürokommunikationssystemen die Programmiersprachen eine tendenziell geringere Bedeutung haben und haben sollten, da sie zur Erstellung von Individualprogrammen dienen. Ihr Einsatz ist bei BK-Systemen in den meisten Fällen nicht gewollt: Der Nutzer soll kein Amateur-Programmierer sein oder werden.

Tools sind Werkzeuge und Hilfen, die verschiedenen Nutzergruppen zur Verfügung gestellt werden können. So wird zwischen Programmiertools und Anwendertools unterschieden. Programmiertools sind im Rahmen der hier angestellten Überlegungen weniger bedeutungsvoll, da ihr Einsatz in den Bereich der professionellen Softwareerstellung gehört. Anwenderwerkzeuge haben auf dem Sektor der Bürokommunikation eine sehr große Bedeutung. Sie dienen dazu, mit einem hochkomplexen Befehlsvorrat dem Nutzer die Möglichkeit zu geben, ohne Kenntnis von

Programmiersprachen individuelle Anwendungen auf seinem PC fahren zu können. Hierbei wird je nach Komfortabilität zwischen hochintegrierten und gering integrierten Anwenderwerkzeugen unterschieden. Es besteht eine deutliche Tendenz, den Komfort der Anwenderwerkzeuge zu erhöhen. Dies bedeutet, daß die entsprechenden Tools über Anweisungen verfügen, die den Charakter von "sehr mächtigen Einzelbefehlen" (Macros) haben. Als Tools in dem hier dargestellten Sinne gelten verschiedene, auf dem Gebiet der Textverarbeitung entwickelte Programme, sog. Spread-Sheet-Programme, komplexe Datenbanksysteme, graphische Programme, Zeichen- und sonstige Hilfsprogramme.

Auch der Begriff des Shells wird nicht einheitlich verwendet. So wird unter Shell einerseits eine Programmiersprache verstanden, die insbesondere auf UNIX-betriebene Systeme anwendbar ist. Andererseits aber wird im Rahmen der Konstruktion von Experten- oder Wissenssystemen die Struktur des dem Anwender zur Verfügung gestellten Rahmens so bezeichnet. Dieses Shell (Schale) wird vom Anwender mit seinen spezifischen Wissensinhalten und Entscheidungsparametern (-regeln) "gefüllt" und bildet so den individualisierten Inhalt des betreffenden Wissenssystems.

Die letzte Gruppe bilden sog. Anwendungsprogramme. Hier wird zwischen Standard- und Individualprogrammen unterschieden. Eine weitere Unterscheidung ergibt sich durch die Anwendungsorientierung in Querschnitt- bzw. Längsschnittanwendungssysteme. Standardanwendungsprogramme sind solche, die normalerweise in einer problemorientierten Programmiersprache geschrieben sind und die für einen weiten Bereich von Anwendungen oder Anwendern zutreffen. In den meisten Fällen gestatten sie eine anwendertypische Anpassung durch sog. Parametrisierung. Hierbei werden dann die spezifischen Anwendungsparameter in einem Programmvorlauf eingegeben und ändern damit die "freigelassenen" alternativen Möglichkeiten des betreffenden Programms im Sinne der vom Anwender gewünschten Individualität. Individualprogramme sind auf die Bedürfnisse eines oder mehrerer Anwender zugeschnittene Lösungen, die sich ggf. durch extrem hohe Spezialisierung auszeichnen. Es ist häufig so, daß, speziell bei Software-Häusern, zunächst für Individualanwendungen erstellte Lösungen - eines Teiles der Individualität entkleidet - einer Parametrisierung unterworfen werden und damit standardmäßig einsetzbar sind.

Die Begriffe Querschnitt- bzw. Längsschnittanwendungen beziehen sich auf den Einsatz in Unternehmensprozessen. Querschnittanwendungen sind solche, die unabhängig von einer bestimmten Funktion in verschiedenen Funktionsbereichen universell einsetzbar sind. So können z.B. Textverarbeitungsprogramme einerseits, aber auch sog. Terminverfolgungs- oder Kalendersysteme andererseits als Querschnittanwendungen bezeichnet werden. Längsschnittanwendungen hingegen sind auf einen speziellen Funktionsbereich zugeschnitten, wie z.B. Rechnungsschreibung o.ä. Beide Arten von Anwendungen können als Individual- oder Standardsoftware erstellt und eingesetzt werden. Im Rahmen der Bürokommunikation herrschen Querschnittanwendungen standardisierter Art vor, wobei die Individualisierung in den meisten Fällen durch die hochintegrierten Anwender-Werkzeugstrukturen erfolgt. Mit anderen Worten: Ein Spread-Sheet-Programm ist ein standardisiertes Querschnittanwendungssystem, das durch das Ablegen (Abspeichern) von individuellen Lösungen zur Individualsoftware wird und ggf. durch Verbreitung an mehreren, gleichgearteten Arbeitsplätzen zur Längsschnittanwendung werden kann. Dies setzt jedoch einen meist nicht gegebenen Erfahrungsaustausch über von den einzelnen Benutzern erstellte Anwendungssysteme voraus.

1.2.2. Bestimmungsgründe der Softwarekonzeption

Die Bestimmungsgründe der Softwarekonzeption sind in der Abbildung 24 zusammengefaßt. Da, wie im Teilkap. 1.2.1. ausgeführt, Anwendungssoftware die Brücke und das Kommunikationsmittel zwischen Maschine (Hardware) und Mensch (Benutzer) herstellt, ist die organisatorische Konzeption der Zuweisung von Aufgaben auf Arbeitsplätze die Grundlage der Softwarekonzeption. Wenn demnach durch den Einsatz von Werkzeugen der Bürokommunikation Aufgabeninhalte und Arbeitsplatzstrukturen verändert werden, muß die organisatorische Konzeption am Anfang stehen, damit eine entsprechende Softwarekonzeption erstellt werden kann. Allerdings kann auch bei Vorliegen einer überzeugenden Software die Organisation angepaßt werden.

Bestimmungsgründe für Software
1. Technische Konzeption der Hardware - Basistechnologie - Herstellerkonzept - Hardware-Konfiguration 2. Grad der Standardisierung - sog. "Industriestandards" - andere Standards (ISO) - SW-Erstellungsstandards - verwendete Sprachen 3. Anwendungskonzeption - funktionsbereichsbedingte Anwendungen - aufgabenbedingte Anwendungen - Integrationsmöglichkeiten (SW-Schnittstellen) - Kompatibilität und Portabilität 4. Verfügbarkeit - freikäuflich - Spezial-SW 5. Einsatzkonzeption - Ein- und Mehrplatzfähigkeit (Multi-Using) - Ein- und Mehraufgabenbearbeitungsfähigkeit (Multitasking)

Abb. 24: Bestimmungsgründe für Software

Eine Grundlage der Softwarekonzeption ist die technische Auslegung der Hardware. Die Basistechnologie der Hardware wird u.a. durch die Prozeßtechnologie und deren Struktur festgelegt. So hat sich im Verlaufe der letzten Jahre eine Entwicklung von sog. 8-Bit- zu 32-Bit-Prozessoren ergeben. 32-Bit-Prozessoren erlauben erheblich "mächtigere" Befehle und sind damit für die Strukturen der in der Bürokommunikation eingesetzten Anwendertools aufgrund ihrer höheren Aggregation besser geeignet als 8-Bit-Prozessoren. Aufgrund der jeweils verwendeten Prozessoren und der in ihnen realisierten Technologielösung ergeben sich Konsequenzen für die Struktur der einsetzbaren und eingesetzten Software. Das Herstellerkonzept als nächste Bestimmungsgröße ist einerseits technisch aufgrund der eingesetzten Basistechnologie, andererseits marketingspezifisch durch die vom Hersteller gewählte Gesamtproduktstrategie bestimmt.

Es wurde bereits darauf hingewiesen, daß die Hersteller ein unmittelbares Interesse an einer Differenzierung und Nicht-Kompatibilität haben, da hierdurch Kundentreue erzielt und Eigenständigkeit der Konzeption belegt werden kann. Andererseits aber geht das Interesse in Richtung Kompatibilität, da die Forderung nach Vernetzung und Zusammenschluß von Herstellern unterschiedlicher Systeme die Konsequenz der weiteren Marktdurchdringung auf dem Wege zur Bürokommunikation ist. Falls also verschiedene Herstellerkonzepte integriert werden müssen, ist die Frage des Vorhandenseins von Schnittstellen bei Rechnern oder Software konzeptionell zu überprüfen.

Die letzte technische Komponente besteht in der gewählten oder zu wählenden Hardwarekonfiguration. So sind bestimmte Kernspeichergrößen Voraussetzung für den Einsatz der anwendbaren Software und der Vernetzungsmöglichkeiten. Hierbei spielt in den meisten Fällen nicht nur die einzelne Anlage eine Rolle, sondern auch das Konfigurationssystem, in dem sich das Zusammenwirken der unterschiedlichen Hardwarekomponenten auswirkt. Es können z.B. schlechter ausgestattete Arbeitsplatzanlagen durch entsprechende Netzsoftware und den Anschluß an eine Großanlage eine größere Leistungsfähigkeit erhalten. Auch kann bei einem vernetzten System die Kapazität der Anlagen durch die Übernahme von Spezialaufgaben durch zentralisierte Lösungen die Kapazität des Gesamtsystems erhöhen. So können z.B. Datenbanken auf einem speziellen Datenbankrechner abgelegt werden, so daß die Kapazitäten der einzelnen Arbeitsplatzrechner stärker für Individualprogramme und -lösungen zur Verfügung stehen.

Zweiter Aspekt ist der Grad der Standardisierung. Die Einhaltung von bestimmten Standards erhöht generell die Portabilität (Übertragbarkeit der Software von einer Anlage auf eine andere) und macht somit Software universeller einsetzbar. Hierbei ist in vielen Fällen die Einhaltung von Hardwarestandards bzw. der Realisierung einer möglichst hohen Ebenenzahl des ISO/OSI-Modells Voraussetzung für den Einsatz standardisierter Software. Wesentlich zur Erreichung der Marktbedeutung von standardisierter Software ist vor allem die Verwendung von weitverbreiteten Sprachen und das Angebot eines Softwarepaketes durch gut ausgebaute Vertriebssysteme. Auf diese zwei Komponenten wurde bereits hingewiesen. Auch die Einhaltung von bestimmten Softwareerstellungsstandards erhöht die universelle Verwendbarkeit, da Individualisierungsvorgänge im Sinne einer Anpassung an spezielle Anforderungen nur dann komplikationslos gelöst werden können, wenn die Prinzipien des Softwareengineerings bei der Entwicklung eingehalten wurden. Das Gebiet des Softwareengineerings ist allein so umfangreich, daß es in dem hier dargestellten Zusammenhang nicht weiter berücksichtigt werden kann. Unter Softwareengineering wird die Erstellung von Software nach strengen (ingenieurmäßigen) Regeln und Verfahrensweisen verstanden.

Wie bereits festgestellt wurde, ist die Anwendungskonzeption auf der organisatorischen Seite der wesentlichste Bestimmungsgrund für die Softwarekonzeption. Anwendungen können durch den Funktionsbereich bedingt werden, in dem sie eingesetzt werden sollen und stellen damit im Sinne der weiter oben getroffenen Unterscheidung Längsschnittanwendungen dar. Andererseits können sie z.B. organisationsebenen-spezifisch aufgabenbedingt eingesetzt werden (z.B. Terminverfolgungssysteme für Führungskräfte aller Ebenen) und damit typische Querschnittfunktionen wahrnehmen. Ein wichtiger Punkt bei der Erstellung der Softwarekonzeption ist die Überprüfung der Integrationsmöglichkeiten. So können BK-Systeme sowohl am Arbeitsplatz als auch insbesondere in vernetzten Systemen nur dann komplikationslos universell eingesetzt werden, wenn die einzelnen Softwarepakete über Schnittstellen verfügen, die z.B. Dateien- oder Datenübergabe von einem Paket in das andere und von einem System in das andere gestatten. Auch hier hat sich in den letzten Jahren eine Entwicklung vollzogen, nach welcher die Existenz solcher Schnittstellen wesentlicher Bestandteil komplexer Systeme ist. So existieren z.B. für MS-DOS spezielle Hilfs- und Übergabeprogramme, die es ermöglichen, Softwarepakete unterschiedlicher Art einzusetzen, die auf die in verschiedenen Paketen erzeugten Dateien zugreifen können. Die Entwicklung der letzten Jahre hat gezeigt, daß "Konstruktionsfehler", wie z.B. mangelnde Übergabefähigkeit von Dateien zwischen den Systemen, durch nachentwickelte Schnittstellensoftware "geheilt" werden können. Die Kompatibilität und Portabilität zwischen einzelnen Softwarepaketen sowie zwischen Software und Hardware sind damit als wesentliche Prüfpunkte von Softwarekonzeptionen anzusehen.

Ein weiteres Merkmal bei der Erstellung der Softwarekonzeption bildet die Unterscheidung zwischen frei käuflicher und Spezialsoftware. Im Rahmen der Bürokommunikation wird - da es im Regelfall nicht das Ziel der Einrichtung solcher Systeme ist, die Benutzer selbst zu "Programmierern" werden zu lassen - fast ausschließlich frei verkäufliche Standardsoftware eingesetzt. Spezialsoftware wird - wenn sie auf Arbeitsplatzrechnern genutzt werden soll - in den meisten Fällen nach traditioneller Art erstellt, nämlich über den Bereich Softwareentwicklung innerhalb der Organisationseinheit Datenverarbeitung. Im Kapitel 3. wird auf hiermit zusammenhängende Fragen unter Zeit- und Kostenaspekten noch genauer eingegangen.

Ein Hauptbestandteil der Softwarekonzeption wird durch die organisatorische Einsatzkonzeption vorgegeben. Hier muß zwischen Ein- und Mehrplatzfähigkeit (Multi-Using) sowie zwischen Ein- und Mehraufgaben-Bearbeitungsfähigkeit (Multitasking) unterschieden werden. Die Mehrplatzfähigkeit beinhaltet die Forderung, daß an einen zentralen Rechner mehrere Arbeitsplätze angeschlossen werden können, die im

Rahmen der von der Hardware gegebenen Möglichkeiten gleichzeitig und voneinander unabhängig arbeiten können. Der Benutzer muß bei seiner Arbeit den Eindruck haben, daß ihm die Datenverarbeitungsanlage allein zur Verfügung steht. So gilt das Betriebssystem MS-DOS als bedingt mehrplatzfähig und das System UNIX uneingeschränkt, sofern die entsprechenden Hardwarevoraussetzungen (Zentraleinheit mit Timesharing-Möglichkeit) gegeben sind.

Mehraufgaben-Bearbeitungsfähigkeit (Multitasking) muß als wesentliche Voraussetzung für den effizienten Einsatz von Bürosystemen angesehen werden. So gibt es zu MS-DOS eine auf diesem Betriebssystem aufbauende Software, die Multitasking gestattet. Das Betriebssystem UNIX gilt als uneingeschränkt multitaskingfähig. Wie bereits festgestellt, ist Multitasking definiert als die Möglichkeit, gleichzeitig zwei oder mehrere Aufgaben zu bearbeiten, wobei als Basis der Tasks normalerweise ein einzelnes, in sich abgeschlossenes Programm oder ein Programmteil gilt. Die Multitasking-Fähigkeit hat vor allem dann Bedeutung, wenn - was in der Regel der Fall sein dürfte - an einem Arbeitsplatz, bedingt durch Telefonanrufe, persönliche Anfragen o.ä. Unterbrechungen einer bestimmten in Erledigung befindlichen Aufgabe gegeben sind. Auch hieraus wird wiederum deutlich, wie bedeutungsvoll das Vorhandensein einer Organisationskonzeption für die Erstellung der Softwarekonzeption ist. In letzter Konsequenz bedingen sich beide gegenseitig: Bestimmte Organisationslösungen werden nur realisierbar sein, wenn die entsprechende Software dafür vorliegt; der Einsatz einer bestimmten Software ist nur dann sinnvoll, wenn die Organisation auf ihren Einsatz ausgerichtet wird.

1.2.3. Das Verhältnis von Groß-DV-Software zu Bürokommunikations-System-Software im Anwendungsprogrammbereich

Anwendungen und Lösungen der Groß-DV	
Anforderungen an Lösungen	**Schwierigkeiten/Probleme**
Mengenprobleme	keine wesentlichen
Komplexitätsprobleme	Komplexität wird zu groß
weitgehende Allgemeingültigkeit	Individualbedarf wenig erfüllbar
Integrativität	Komplexität, Beherrschbarkeit
hoher Zentralisationsbedarf	Verlust an Flexibilität
starke Kompetenzzentralisation	Elitenbildung/Verdummung
Regelungsbedarf	Verbürokratisierung
weitgehendes Allgemeininteresse	Vernachlässigen v. Speziallösungen
wachsende Anforderungen	Anwendungsstau, Unzufriedenheit

Abb. 25: Anwendungen und Lösungen der Groß-DV

Wie bereits ausgeführt, bilden die Anwendungen und die von ihnen gestellten Anforderungen die Grundlage der Software. Um Groß-EDV- und arbeitsplatzspezifische BK-Lösungen voneinander abgrenzen zu können, ist es sinnvoll, die jeweils typischen Anwendungen und ihre Lösungsansätze zu vergleichen. Die Abbildung 25 stellt den Anforderungen an Groß-EDV-Lösungen die jeweils durch die Anforderung entstehenden Schwierigkeiten und Probleme gegenüber.

Typisch für die Groß-EDV war von jeher, daß ihr Mengenprobleme übertragen wurden, die sie erfolgreich löste. Gleichartigkeit der Aufgabe, Strukturiertheit der Lösung und Eindeutigkeit der zu erreichenden Ergebnisse, führten zu effizienten Programmen und Arbeitsergebnissen. Es zeigte sich dann, daß das Komplexitätsproblem weniger leicht zu lösen war: Der Versuch, allumfassende, das gesamte Unternehmen integrierende Informationssysteme zu schaffen, stieß an die Grenzen der Beherrschbarkeit komplexer Systeme und führte zu Segmentierungen des Gesamtsystems. Dieser Segmentierungsprozeß wird konsequent in der IDV fortgeführt. Die weitgehende Allgemeingültigkeit, die in Groß-DV-Lösungen gegeben sein mußte, wirkte sich in einem weniger erfüllbaren Individualbedarf aus: Sofern die betreffenden Lösungen sehr spezifisch und nur auf eine tendenziell geringe Anzahl von Aufgaben anwendbar waren sowie lediglich sporadisch auftraten, waren Groß-DV-Lösungen nicht sonderlich interessant. Der zu ihrer Realisierung erforderliche Programmieraufwand wuchs darüber hinaus mit dem Anspruch auf Individualität überproportional und führte zu unwirtschaftlichen Lösungen.

Auch die Integrativität des Groß-DV-Lösungsansatzes mit dem Versuch, das gesamte Unternehmen in all seinen individuellen Teillösungen zu integrieren, führte zu hoher Komplexität des Gesamtsystems sowie zu mangelnder Beherrschbarkeit und Steuerbarkeit. Der Zentralisierungsbedarf, der hierdurch entstand, brachte einen Verlust an Flexibilität mit sich und führte zu überproportional großen zentralen Datenverarbeitungsbereichen, die bürokratische Strukturen zur Folge hatten und nicht mehr in der Lage waren, flexibel auf kleinere Anforderungen der Nutzer zu reagieren. Hiermit verbunden war eine Kompetenzzentralisation, die einerseits in den entsprechenden Zentralbereichen eine Elitenbildung förderte, andererseits aber in den dezentralen Anwenderbereichen eine tendenzielle "Verdummung" mit sich brachte. Die DV-Eliten fühlten sich in vielen Fällen den Anwendern aufgrund ihres Spezialwissens durchaus zu Recht überlegen, hatten aber andererseits häufig die Einsicht nicht, daß sie letztlich Service zu leisten hatten. Dieser konnte nur dann effizient erbracht werden, wenn auch die Benutzer ein relativ hohes Maß an Kenntnis hatten, um ihre Probleme den DV-Spezialisten klar darzulegen.

Die zu groß gewordenen DV-Bereiche hatten einen Regelungsbedarf, der sich in teilweise bürokratischen Strukturen ausprägte und - nicht zuletzt aufgrund der Größe der abzuwickelnden Projekte - Abwicklungsprozesse notwendig machte, die in zum Teil undifferenziert geforderten Projektanträgen und damit verbundenen hochbürokratischen Abwicklungsstrukturen gipfelten. Da aber ein weitgehendes Allgemeininteresse an der Entwicklung der Groß-DV gegeben war, kam die Berücksichtigung von Spezialinteressen durchweg zu kurz.

Andererseits aber wuchsen die Anforderungen der Benutzer an die Groß-DV ständig, da die DV-Spezialisten ihre Lösungskompetenz für alle Informationsprobleme betonten. Hieraus entstand in nahezu allen Großunternehmen ein Anwendungsstau und mit diesem eine zunehmende Unzufriedenheit der Anwender über die vom DV-Bereich nicht geleistete Arbeit an ihren Spezialproblemen. Auch war das Argument der mangelnden Wirtschaftlichkeit von Speziallösungen für die Anwender häufig nicht einsichtig, da ihnen die tiefergehende Kenntnis von den Strukturproblemen fehlte und die Kosten der Erstellung von Individualsoftware meist unkontrolliert im Dunkeln blieben.

Die Datenverarbeitung am Arbeitsplatz IDV (Individuelle Datenverarbeitung) oder IIV (Individuelle Informationsverarbeitung) stellte damit für eine Vielzahl der angeschnittenen Probleme, die sich zunehmend als weniger leicht lösbar erwiesen, eine fast ideale Lösung dar. Die Abbildung 26 gibt eine Übersicht über die Charakteristika der arbeitsplatzspezifischen Lösungen und arbeitet heraus, auf welchen Gebieten IDV-Lösungen in der Lage sind, Groß-EDV-Lösungen zu ersetzten und zu verbesseren. Das Schwergewicht der IDV-Lösungen liegt eindeutig auf der individuellen Problembearbeitung unter Einsatz von arbeitsplatzspezifischen und auf die Aufgabe abgestimmten Tools. Hierbei können zwar die Tools durchweg auch in Großrechnersystemen eingesetzt werden, jedoch bedeutet die Verlagerung auf Arbeitsplatzrechner eine Entlastung der Groß-DV und eine Zunahme an Mündigkeit bei den Nutzern.

Charakteristika der IDV-(arbeitsplatzspezifischen) Lösung
Schwergewicht auf individuellen Problemlösungen Ausrichtung der arbeitsplatzspezifischen Rechnerleistung auf - Spezialanalysen - individuelle Planungen - Einzelsteuerungen - spezielle Kontrollen Einsatzmöglichkeit arbeitsplatzspezifischer (Fremd-) Software Zuteilung von Zugriffsrechten auf Host nach Notwendigkeit Dezentralisierung von - DV-Kompetenz - Anwendungslösungen - individuellen Verfügbarkeiten Aufbau, Speicherung und Pflege eigener Daten/Dateien Sicherung der Breite und Tiefe von Anwendungsfunktionen Möglichkeit der Stand-alone-Lösung aus Sicherheitsgründen

Abb. 26: Charakteristika der IDV-Lösung

Hieraus ergibt sich eine Ausrichtung der arbeitsplatzspezifischen Rechnerleistung auf solche Aufgaben, die der Mitarbeiter am Arbeitsplatz selbst zu lösen hat. Hierzu gehören Spezialanalysen vorhandenen Datenmaterials, die Vornahme individueller Planungen, die Steuerung von Prozessen, die am Arbeitsplatz ablaufen sowie Kontrollen, die der Mitarbeiter oder die Führungskraft selbst vorzunehmen haben. Dabei ist es möglich, arbeitsplatzspezifische Software einzusetzen, die ggf. sogar für die betreffende Aufgabe angeschafft wird. Aufgrund der hohen Flexibilität der Tools reichen in den meisten Fällen als Standardsoftware verfügbare Lösungen aus. Weiterhin kann man dem Mitarbeiter über seinen PC ebenso wie über ein Terminal die Zuteilung von Zugriffsrechten auf den Zentralrechner gestatten. Hierdurch ist eine Dezentralisierung von DV-Kompetenz möglich. Die Anwendungslösungen müssen nicht mehr allgemein-interessierend sein und die Verfügbarkeiten, u.a. auch von spezieller Peripherie, können individuell angepaßt werden. Allerdings ist es für den Mitarbeiter in den meisten Fällen nötig, den Aufbau, die Speicherung und Pflege individueller arbeitsplatzspezifischer Daten und Dateien vorzunehmen. Hierzu erfolgen im Teilkap. 1.4. noch weitere Ausführungen. Die Ausrichtung der Rechnerleistung auf den Arbeitsplatz, die Dezentralisierung sowie der Aufbau von eigenen Dateien sichert eine Breite und Tiefe von Anwendungsfunktionen am Arbeitsplatz, die die Groß-EDV nur mit erheblich höheren Mitteleinsätzen zu leisten in der Lage ist. Ein wesentlicher Punkt betrifft die Frage der Sicherheit gespeicherter Daten. Für hoch sicherungsbedürftige Anwendungen ist es möglich, am Arbeitsplatz sog. Stand-alone-Lösungen zu installieren, die - von Netzen und anderen Großeinrichtungen abgekoppelt - in Verbindung mit organisatorischen Sicherungsmaßnahmen ein hohes Maß an Sicherheit zu bieten in der Lage sind. Hierauf wird im Kapitel 4. noch besonders eingegangen.

Um diese Möglichkeiten der IDV wahrnehmen zu können und hiermit eine eindeutige Verbesserung des gesamten Unternehmensinformationssystems zu erreichen, müssen die entsprechenden Zielsetzungen und Softwareanforderungen zu konzeptionellen Forderungen erhoben werden. Solange sich BK-Systeme noch in Prozessen der Entwicklung und des Wachstums befinden, ist die Strukturierung dieser Aufgabe ohne eine umfassende Konzeption kaum denkbar.

Literaturhinweise:

BORNHEIM, W., VOSSBEIN, R. (1986): S. 26-29 (Anforderungen an die Software)

GERKEN, W. (1988): S. 40-57 (Software)

GERNET, E. (1987): S. 100-118 (Ausstattung des Arbeitsplatzes mit Software)

HANSEN, H.R. (1987): S. 323-408 (Software)

LOCKEMANN, P.C. u.a. (1983): S. 38-61 (Grund-, Anwendungssoftware und Dateien)

LULLIES, V. u.a. (1988): S. 42-51 (Gestaltungsfeld: Software)

VOSSBEIN, R. (1989/II): S. 93-95 (Software-Kriterien für PC-Einsatzmöglichkeiten)

1.3. Die Kommunikationswarekonzeption

1.3.1. Begriff und Umfang

Unter Kommunikationsware (Abb. 27) soll die Gesamtheit der Hardware-, Software- und Übertragungskomponenten (Leitungen) verstanden werden, die Einsatz finden in der

- Maschine-Maschine-Kommunikation,
- Mensch-Maschine-Kommunikation sowie
- geräteunterstützten Mensch-Mensch-Kommunikation.

Taktische Komponente
Technologie-Komponente
Kommunikationsware-Konzeption
- Rechner • dedizierte Kommunikations-Rechner • Multifunktionsrechner - Kommunikations-Software • Inhouse-Netze (LAN) • öffentliche Netze (WAN) - Leitungsnetze • LAN-WAN • Trägermaterial

Abb. 27: Kommunikationsware-Konzeption

Hiermit sind lediglich persönliche Gespräche und Besprechungen kein Gegenstand der hier angestellten Überlegungen, da praktisch die gesamte andere Kommunikation unter eine der drei aufgezählten Kategorien fällt. (Auch Briefe und andere Schriftstücke werden im Regelfall mit Hilfe irgendwelcher Geräte oder Transporteinrichtungen übermittelt, so daß auch hier von einer "geräteunterstützten" Kommunikation gesprochen werden kann.) Im engeren Sinne bezieht sich die Kommunikationswarekonzeption auf diejenigen als typisch anzusehenden Hardware-, Software- und Leitungskomponenten, die innerhalb des Unternehmens nach dem derzeitigen Stand der Technologie eingesetzt werden oder einsetzbar sind. Es sei allerdings betont, daß diese Sicht lediglich vorläufig ist: Es ist zum gegenwärtigen Zeitpunkt abzusehen, daß auch ein Großteil der Briefe und anderer Dokumente in Zukunft nicht mehr physisch transportiert werden wird, sondern durch elektronische Kommunikation abgelöst werden dürfte. Allein dieser Prozeß rechtfertigt, die meisten auch heute noch in physischem Transport von Trägermaterial bestehenden Kommunikationsprozesse in die Überlegung einzubeziehen.

Bei der Hardware ist sinnvollerweise zwischen Endgeräten und Rechnern zu unterscheiden. Die Endgeräte (Peripherie) wurden im Hinblick auf ihre spezifischen Aspekte im Teilkap. 1.1. behandelt. Bei den Rechnern handelt es sich entweder um dedizierte (spezialisierte) Kommunikationsrechner oder aber um Multifunktionsrechner, die außer informationsverarbeitenden Prozessen auch noch softwaregesteuert die Funktion eines Kommunikationsrechners wahrnehmen. Da nicht beabsichtigt ist, die Tiefe und Breite der Problembehandlung von speziellen Werken, die sich mit Kommunikationssystemproblemen beschäftigen, zu übernehmen, sei auf die Spezialliteratur verwiesen. Nach dem hier vertretenen Verständnis zählen zu Kommunikationsrechnern (vgl. auch Teilkap. II.1.1.)

- Gateways,
- Server und
- Bridges.

Gateways nehmen normalerweise den Übergang zwischen Netzen unterschiedlicher Architektur vor, so auch zwischen privaten und öffentlichen Netzen. Sie dienen z.B. dazu, Netze verschiedener Hersteller zu verbinden und den Übergang möglichst so zu gestalten, daß Funktionsverluste zwischen den einzelnen Netzen minimiert werden. Zu diesem Zweck nehmen sie die nötigen Transformationen vor und bringen die unterschiedlichen Ausprägungen der einzelnen Schichten (vgl. hierzu OSI-Niveau) auf ein übertragungsfähiges, gemeinsames Niveau. Hierbei kann es nötig sein, Protokoll-, Format- und Codetransformationen durchzuführen.

Bridges koppeln zwei oder mehrere gleichartige Netze mit dem Ziel, diese zu einer logischen Gesamtstruktur zu bringen. Hierbei besteht die Möglichkeit, am gleichen Ort befindliche Netze zu koppeln oder aber über ein sog. "Remote-Bridge" zwei Netze an unterschiedlichen Orten mit einer Kopplung über öffentliche Leitungen zu verbinden. Über Bridges ist es daher möglich, eine Vielzahl von Netzen gleicher Architektur aufzubauen und damit evtl. gegebene Begrenzungen in der Größe eines einzelnen Netzes zu überwinden.

Server dienen im allgemeinen dem Zweck, mehreren Teilnehmern in einem Netz bestimmte Dienstleistungseinheiten zur Verfügung zu stellen. So gibt es z.B. Dateiserver für die Dateiverwaltung, Druckserver für die Verwaltung der angeschlossenen Drucker und Kommunikationsserver für die Verbindung zu anderen Netzen. Ein spezieller Serverbegriff schließt auch die Kommunikation zwischen Endgeräten unterschiedlicher Technologie ein, wie z.B. zwischen Teletex und Telefax durch sog. Texfax-Server.

Meist reduzierte Kommunikationsrechnerfunktionen können auch von Multifunktionsrechnern wahrgenommen werden, die außer den Netzverwaltungsfunktionen dann noch zusätzlich für Rechnerfunktionen üblicher Art zur Verfügung stehen.

Die Kommunikationssoftware wird durch diejenige Software gebildet, die die Rechner in Netzen steuert. Aufgrund der unterschiedlichen Einflußnahme des Unternehmens und der Möglichkeit der freien Gestaltung von Netzen wird sinnvollerweise zwischen

- lokalen (Inhouse-) Netzen (LAN) sowie
- regionalen (Fern-) Netzen (WAN)

unterschieden.

Ein LAN ist ein System, das voneinander unabhängige Hardwareeinheiten zum Zweck der Schaffung eines Kommunikationsnetzes miteinander verbindet. Sie sind auf den nichtöffentlichen Bereich beschränkt. Vom Anspruch her sind sie für die Übertragung von Sprache, Daten, Text und Bewegtbild geeignet. Die Struktur des Netzes wird durch

- die verwendeten Übertragungsmedien (Kabeltyp),
- die Ausdehnung innerhalb der lokalen Einheiten,
- die Anzahl der Teilnehmer,
- den Typ und die Anzahl der angeschlossenen Geräte sowie
- den Bedarf an Schnittstellen zu anderen Netzen

charakterisiert.

Die weiter oben genannten Bridges, Gateways und Server stellen Hardware-Software-Kopplungen dar und müssen daher bei der Beschreibung der Softwarekomponenten erneut aufgeführt werden. Wesentlich für die Funktion des Netzes ist die Art des Zugriffsverfahrens. Auf dem Markt existiert eine Vielzahl von Zugriffsverfahren, von denen jedoch zwei eine besondere Bedeutung erlangt haben. Es handelt sich hierbei um das

- CSMA/CD-Verfahren sowie
- Token-Ring-Verfahren.

Das Prinzip der jeweiligen Verfahren geht aus der Abbildung 28 hervor. Beim CSMA/CD-Verfahren greift das sendewillige Gerät auf das Bus-Netz zu. (Von der Struktur her stellt ein Bus-Netz einen Baum dar.) Das Signal breitet sich im Netz aus und muß wegen der speziellen Struktur alle anderen Netzteilnehmer passieren. Aufgrund der im Signal enthaltenen Adresse kann jede Station die Adresse der Botschaft mit der eigenen vergleichen und sich die Nachricht bei Übereinstimmung kopieren. An einer "Kopfstation" wird das entsprechende Zeichen vernichtet. In denjenigen Fällen, in denen zwei Stationen gleichzeitig senden, ereignet sich eine Kollision, die jedoch erkannt wird, was zum Abbrechen des Sendevorganges führt. Den Sendern wird der Abbruch mitgeteilt, so daß sie erneut einen Sendevorgang starten können. CSMA/CD steht für Carrier Sense Multiple Access/Collision Detection.

Beim Token-Ring-Verfahren kreist ein freies Token (eine "elektronische Berechtigung") im Ring. Wenn eine Station senden möchte, wartet sie ein freies Token ab, adressiert es und versieht es mit der entsprechenden Nachricht, die dann in dem Ringnetz kreist und so zwangsläufig am Empfänger vorbeikommt. Dieser erkennt die Adresse und kopiert die Daten, die dann vom Sender beim erneuten Passieren gelöscht werden. Token-Ring-Verfahren arbeiten meist mit zentraler Überwachung, was die Zuteilung von Prioritäten im Ring möglich macht.

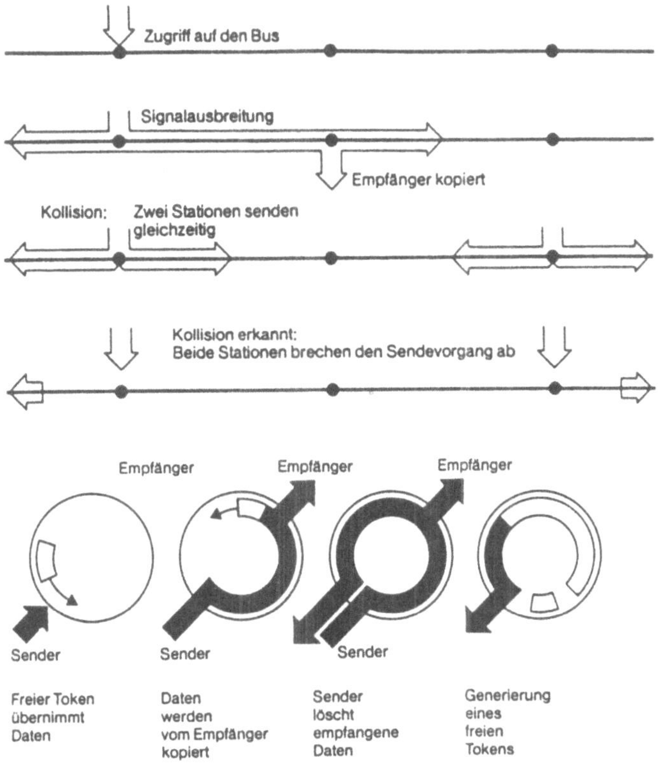

Abb. 28: CSMA/CD- und Token-Verfahren (Quelle: Dieterle, 1985, S. 33f.)

Ein weiteres Verfahren der Netzübermittlung findet in Sternnetzen statt. Hier steuert die zentrale Einheit die von den Außenknoten ankommenden Nachrichten. Stern-Netze, die sich durch einen hohen Verkabelungsaufwand auszeichnen, haben den Vorteil von kurzen Übertragungszeiten und hoher Sicherheit. Zentrale Telefonanlagen sind nach dem heutigen Technologiestand als Stern-Netze konstruiert, bei Datennetzen finden sich Stern-Topologien vor allem im Großrechner-Terminal-Verkehr.

Fernnetze (WANs) unterstehen der Hoheit der Bundespost. Sie stellen die Verbindung zwischen regionalen Einheiten her, die aufgrund ihrer Entfernung durch öffentliche Netze verbunden sind. Die Hoheitsrechte der Bundespost regeln, daß der Eintritt in ein solches Netz nur mit Geräten und Software stattfinden darf, die eine postalische "Unbedenklichkeitsbescheinigung" erhalten haben. Hierzu ist die Einhaltung vorgegebener Normen und Standards von Bedeutung. Zur Steuerung dieser Netze (Telefon-, Datex- und BTX-netze) hat die Bundespost spezifische Kommunikationsrechner mit entsprechender Software installiert. Der Einfluß von privaten Teilnehmern auf die in diesen Netzen gegebenen Bedingungen geht gegen null.

Der dritte wesentliche Bestandteil von Netzen liegt in den physikalischen Leitern. Leitungsnetze treten wiederum als LANs und WANs auf. Als Hauptübertragungsmedien kommen

- verdrillte Kupferkabel,
- Koaxialkabel sowie
- Glasfaserkabel

in Frage.

Hierbei werden bei LANs zunehmend mehr Glasfaserkabel verlegt, da sie die größere Zukunftssicherheit bieten und hohe Übertragungskapazitäten ermöglichen. Zur Charakteristik der Übertragungsmedien sei auf die Abbildung 29 verwiesen.

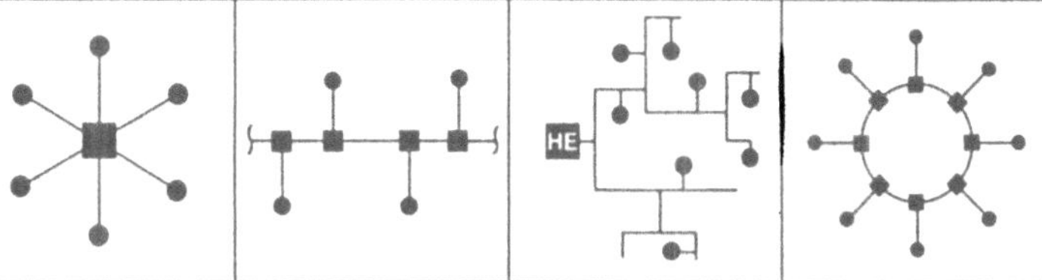

	Stern	Bus	Baum	Ring
physikalische Topologie				
verwendete Übertragungs-medien	Zweidraht-Kupfer (Glasfaser)	Kupfer-Koaxial-Kabel (Glasfaser)	Kupfer-Koaxial-Kabel (Glasfaser)	Glasfaser (Zweidraht-Kupfer)
Verkabelungsaufwand	hoch	besonders niedrig	mittel	niedrig
topologisch bedingte Betriebssicherungs-maßnahmen durch	redundante Auslegung des Sternknotens	doppelte passive Busauslegung	doppelte Ausführung der Kopfstation	doppelte Ausführung des Ringes
Korrelierte Übertragungsverfahren	TDM	CSMA/CD (Ethernet)	CSMA/CD Token-Bus	CSMA/CA Token-Ring
Topologie logisch	Stern	Bus	Bus, Ring	Ring
ausgeprägt in LAN-Varianten	Anwendungs-orientierung, Basisband	Anwendungs- und Infrastruktur-orientierung, Basisband	Infrastruktur-Orientierung, Breitband	Infrastruktur-Orientierung, Basisband

Abb. 29: Topologien, Übertragungsmedien und Zugriffsverfahren (Quelle: Dieterle, 1985, S. 74)

Bei den WANs ist auf seiten der Post beabsichtigt, die heute noch bestehenden unterschiedlichen Netze (Fernsprech-, Telex- und Datexnetze) zu einem einheitlichen Netzsystem zusammenwachsen zu lassen, zu einem sog. ISDN (Integrated Services Digital Network). Dieses ISDN wird nach den bisher vorliegenden Planungen bis in die 90er Jahre hinein eine Anzahl von unterschiedlichen Trägermedien verwenden und auf den heute installierten Kupferkoaxialkabelnetzen maßgeblich aufbauen. Es soll ergänzt werden durch eine Anzahl von Glasfasernetzen, die sowohl in Form von Langstreckennetzen als auch innerhalb von Ballungsgebieten die Kupfernetze ergänzen, unterstützen und ersetzen sollen. Um den Kunden die Orientierung innerhalb der verschiedenen Netze zu erleichtern, ist seit kurzem eine Telekommunikations-Gebührenordnung in

Kraft, die die vorher vorhandenen verschiedenen Ordnungen einzelner Netze und Dienste ablöst.

1.3.2. Die Kommunikation als Grundlage der Kommunikationswarekonzeption

Das im Unternehmen vorhandene Kommunikationssystem muß bei der Erstellung einer Kommunikationswarekonzeption die Grundlage bilden. Hierbei bauen alle Überlegungen, wie schon bei den physikalischen Netzstrukturen gezeigt wurde, auf der Graphen-/Netzwerktheorie auf. Die Strukturanalyse des im Unternehmen vorhandenen Kommunikationssystems wird im Kapitel 3. behandelt. Aus der Graphentheorie lassen sich verschiedene Begriffe übernehmen, die geeignet sind, das Kommunikationssystem zu beschreiben und Anhaltspunkte für die Erstellung der Kommunikationswarekonzeption zu geben. Es handelt sich hierbei um die Parameter

- organisatorische Grundlage,
- physische Repräsentanz,
- graphentheoretische Abbildung und
- physikalisch/technische Realisierung.

Die Abbildung 30 gibt einen Überblick über diese Bestandteile von Kommunikationssystemen und erläutert insbesondere die physikalisch-technische Realisierung jeweils mit einem Beispiel. Die genannten Beispiele sind exemplarisch gemeint und verstehen sich nicht als eine vollständige Aufzählung der Möglichkeiten.

Die organisatorische Grundlage der Kommunikationssysteme wird gebildet durch die Stellen der Organisation, die mit Mitarbeitern besetzt sind. Sie sind von der graphentheoretischen Entsprechung her Knoten, die entweder Sender-, Empfänger- oder Transmitterfunktion haben. Im Netz werden sie bei entsprechender Geräteunterstützung durch Endgeräte wie Telefon, PC oder andere Geräte realisiert.

Bei einer Maschine-Maschine-Kommunikation nimmt z.B. ein BDE-Gerät (Betriebsdatenerfassungsgerät) die entsprechenden Funktionen wahr und wirkt als Sender in Form eines Knotens.

Arbeits- und Kommunikationsbeziehungen ergeben sich aus den verschiedenen Prozessen und stellen in den Systemen die Kanten eines Netzes dar, die sich kommunikationstheoretisch als Kanäle abbilden lassen. Sie werden physikalisch durch Leitungen realisiert.

Abteilungen mit mehreren Mitarbeitern bilden Subnetze, die Sender-, Empfänger-, Transmitter- und Kanalfunktionen wahrnehmen. Sie werden durch Leitungsnetze mit Endgeräten realisiert und stellen sich z.B. in Form eines abteilungsinternen PC- oder Telefonnetzes dar. Weiterhin bildet jeder intern oder extern ablaufende Arbeitsprozeß ein Subnetz aus, in dem die Teilnehmer und/oder Geräte entsprechende kommunikative Funktionen ausüben, die sich in Leitungsnetzen mit Endgeräten ausprägen. Beispiele dafür sind das Unternehmenstelefonnetz oder das Datennetz, über das eine Kommunikation mit Lieferanten, Kunden, Banken oder anderen Partnern stattfindet.

Bestandteile von Kommunikationssystemen					
organisatorische Grundlage	Physische Repräsentanz	Graphentheoretische Entsprechung	Kommunikationstheoretische Abbildung	Physikalisch/technische Realisierung	
				allgemein	Beispiel
Stelle in der Organisation	Mitarbeiter	Knoten	Sender (S)	Endgerät	Teletext
Stelle in der Organisation	Mitarbeiter	Knoten	Empfänger (E)	Endgerät	PC
Stelle in der Organisation	Mitarbeiter	Knoten	Transmitter (T)	Endgerät	Telefon
Datenerfassungsgerät	BDE-Gerät	Knoten	Sender (S)	Endgerät	Zeiterfassungsgerät
Arbeits-/Kommunikationsbeziehungen	Prozeß	Kante	Kanal (K)	Leitung	Datenleitung
Abteilung	Mitarbeiter	Subnctz	S/E/T/K	Leitungsnetz mit Endgerät	abteilunginternes PC-Netz
Arbeitsprozeß I intern	Mitarbeiter am Prozeß	Subnetz	S/E/T/K	Leitungsnetz mit Endgerät	Unternehmens-Telefonnetz
Arbeitsprozeß II extern	Mitarbeiter mit Partner	Subnetz	S/E/T/K	Leitungsnetz mit Endgerät	Datex-Netz mit Geräten

Abb. 30: Bestandteile von Kommunikationssystemen (Beispiele)

Aus dieser Übersicht lassen sich bestimmte Schlußfolgerungen für die Kommunikationswarekonzeption ziehen:

1. Die organisatorische Grundlage wird durch die Stellen, Arbeits- und Kommunikationsbeziehungen sowie durch die internen und externen Arbeitsprozesse gebildet.

2. Die physische Repräsentanz dieser organisatorischen Gegebenheiten wird durch Mitarbeiter, Geräte und Prozesse dargestellt.

3. Die entsprechenden Strukturen lassen sich mit den Instrumenten der Graphentheorie durch

- Knoten und gerichtete Graphen,
- Netze sowie
- Knoten- und Netzeigenschaften, wie Sender, Empfänger, Transmitter und Kanal darstellen.

4. Die physikalisch-technische Realisierung erfolgt mit Geräten und Übertragungsmedien der Bürokommunikation entsprechend den im Vorkapitel abgehandelten Hardware-, Software- und Leitungskomponenten.

Die hieraus zu ziehenden Schlußfolgerungen für die Konzeption beziehen sich auf

- Geräte-Ausstattungsnotwendigkeiten,
- Vernetzungsbedarf,
- Gerätesharingmöglichkeiten sowie
- Geräteplazierungen.

Die Geräte-Ausstattungsnotwendigkeiten gehen aus den Ergebnissen der Arbeitsplatz- und Prozeßanalyse mit nachfolgender neuer Synthese hervor. Der Vernetzungsbedarf ergibt sich aus den Strukturbeziehungen und den hierauf aufbauenden Prozessen.

Die Möglichkeiten des Gerätesharings verdienen in den meisten Fällen eine genauere Analyse, da in Entwicklungsstadien beträchtliche Mittel dadurch gespart werden können, daß zwei oder mehrere Mitarbeiter gemeinsam ein Gerät zur Verfügung haben. Die Konsequenzen hieraus ergeben sich nicht nur für die Durchführung von Arbeitsprozessen, sondern vor allem auch im Hinblick auf die Plazierung der betreffenden, gemeinsam genutzten Geräte. Typisch für ein derartiges Gerätesharing ist nach dem derzeitigen Stand die gemeinsame Nutzung von z.B. Kopierern oder Telefaxgeräten. Der effiziente Einsatz dieser Geräte - sofern nicht aus Ersparnisgründen grundsätzlich ein geringer Einsatz Strategiekonzept ist - ist sowohl von den zu übermittelnden Informationsmengen als auch von der Plazierung und den hieraus sich ergebenden Wegen vom Arbeitsplatz zum Gerät abhängig. Wenn einerseits als Folge von Bürokommunikationssystemen damit gerechnet werden kann, daß die mit der Papierkommunikation verbundene Transporttätigkeit (Hauspost) reduziert wird, stellt andererseits eine organisatorisch günstige, für die beteiligten Mitarbeiter arbeitstechnisch akzeptable Plazierung der Geräte die Vorbedingung für ihre Nutzung dar.

Auf die Analyse und Darstellung dieser mit der Kommunikationswarekonzeption verbundenen Systeme sowie auf die Verhaltensweisen der Mitarbeiter sei an dieser Stelle nicht eingegangen, da dieses Gegenstand des Kapitels 3. ist.

Als letzer Punkt sei in dem hier darzustellenden Zusammenhang noch der Begriff der sog. Kommunikationsergonomie erwähnt. Hierbei handelt es sich um die Forderung, aufgrund der verhaltenswissenschaftlich festgestellten Eigenschaften des Menschen die sog. "Benutzerschnittstellen" in die Gestaltung der Kommunikationswarekonzeption mit einzubeziehen. Die Kommunikationsergonomie ergibt sich aus den Aufgaben und der technischen Ausstattung. Hierbei wird die Forderung erhoben, daß die kommunikativen Eigenschaften und Verhaltensweisen des Menschen zum Mittelpunkt der Gestaltungsmaßnahmen gemacht werden. Eine ergonomische Gestaltung erfolgt nach dem derzeitigen Stand der Technik einerseits durch die Gerätegestaltung (ergonomische Verbesserung von z.B. Telefongeräten, Tastaturen und Bildschirmen), andererseits durch die sich aus der Software ergebenden Schnittstellentechniken bei Eingabe und Ausgabe unter Nutzung des Bildschirms und der verwendeten Bildschirmmasken. So gilt z.B. im Rahmen der Bedienerführung das Dialoginstrument der "Maus" als typisch ergonomisch gestaltetes, bedienerfreundliches Instrument.

Literaturhinweise:

BERENDES, S. (1988): S. 220-244 (Technische Konzipierung der Bürosysteme)

DARAZS, G. (1987): S. 77-126 (Lokale Netze)

DIETERLE, G. (1985): (Lokale Netze)

ENDERLEIN, H. (1989): S. 161-172 (Externe Kommunikation); S. 173-183 (Interne Kommunikation)

GERNET, E. (1987): S. 119-150 (Konfiguration von Hard- und Software)

HANSEN, H.R. (1987): S. 529-657 (Datenübertragung)

KAUFFELS, F.-J. (1988): (Lokale Netze)

LESCHKE, H. (1989/II): S. 145-154 (Kommunikation in öffentlichen Netzen)

VOLLMER, B. (1989): S. 76-83 (Rechnernetze); S. 87-88 (EDV-Systeme in lokalen Netzen)

1.4. Die Datenbanksystemkonzeption

1.4.1. Grundsätzliches zur Datenbanksystem (DBS)-Konzeption

Die gesonderte Behandlung des DBS ist dadurch gerechtfertigt, daß bci BK-Systemen einerseits einschneidende Veränderungen im DBS stattfinden, andererseits insbesondere die Benutzer vertiefte Kenntnisse über DBS-Strukturen haben müssen. So sind DBS-Strukturen zwar im Prinzip softwareabhängig, so daß sie, methodisch gesehen, im Teilkap. 1.2. hätten abgehandelt werden können; da jedoch die Arbeit mit Daten, Methoden und Programmen von der Struktur und Konzeption des DBS abhängt, soll dieses unter Benutzeraspekten separat behandelt werden. Grundsätzlich ist festzustellen, daß ein DBS nicht allein Daten, sondern auch Methoden, Programme und Wissensinhalte speichert.

An ein DBS sind eine Anzahl von Forderungen zu stellen.

Es soll

- umfassend,
- integrativ,
- aktuell,

- nicht redundant und
- sicher

sein. Von heutigen Datenbanksystemen werden diese Forderungen in unterschiedlichem Maße erfüllt.

Taktische Komponente
Technologie-Komponente
Datenbanksystem-Konzeption
- Datenbankstrukturen - Zentrale Datenbanken • externe Datenbanken • interne Datenbanken - Dezentrale Datenbanken • arbeitsplatzübergreifend • arbeitsplatzorientiert - Methodenbanken - Programmbanken - Experten-/Wissenssysteme

Abb. 31: Datenbanksystem-Konzeption

Die Forderung in bezug auf den Umfang bedeutet, daß das DBS im Rahmen der technischen Möglichkeiten umfassend sein soll. Dies besagt, daß im Zuge des Ausbaus der Bürokommunikation zunehmend größere und umfangreichere Teile des gesamten Unternehmensinformationssystems in Datenbanken abgelegt und für den Benutzer vorgehalten werden. Fortschritte auf diesem Sektor sind u.a. durch die beachtliche Verbilligung von Massenspeichern sowie die marktreife, technische Lösung neuer Verfahren (Bildplatte, CD-ROM) zu erreichen.

Die Integrationsforderung beinhaltet, daß es im Rahmen des Datenbanksystems keine Insellösungen geben darf. Vielmehr sind Schnittstellen zwischen einzelnen Datenbanken dergestalt herzustellen, daß jeder Berechtigte im Rahmen seines Bedarfs auf alle gespeicherten Daten zugreifen kann.

Die Aktualitätsforderung bedeutet, daß die gespeicherten Daten grundsätzlich auf dem neuesten Stand sein müssen. Dies führt zu der Notwendigkeit, zunehmend mehr automatische und direkte Datenerfassungssysteme anzugliedern. So ist beispielsweise die Ausstattung der Außendienstmitarbeiter mit Hand-Held-Computern eine Möglichkeit, die

Aktualitätsforderung zu erfüllen, da auf diese Weise sich aus der täglichen Arbeit ergebende Informationen unmittelbar eingegeben und nach Abschluß des Arbeitstages elektronisch (zeitlos) übermittelt werden können.

Die Redundanzfreiheit ist bei Datenbanken schwer zu erzielen. Einerseits ist eine bestimmte Redundanz zu Sicherheitszwecken erforderlich und wird gesteuert, andererseits sollte es aber stets nur einen redundanzfreien, aktuellen Status geben. Besondere Bedeutung erhält die Forderung nach Redundanzfreiheit durch den Ausbau der Bürokommunikation, wenn dezentral eigene Datenbanken gehalten werden dürfen oder ohne Genehmigung existieren.

Die Forderung nach Sicherheit bedeutet, daß im Rahmen der technischen Möglichkeiten Datenbanken gesichert sein müssen gegen unberechtigten Zugriff, gegen Verfälschung und Vernichtung. Hierbei spielt insbesondere auch die Frage nach der Existenzberechtigung von dezentralen Datenbanken eine bedeutungsvolle Rolle.

Die DBS-Konzeption muß die in Abbildung 31 behandelten Teilgebiete berücksichtigen. Hierbei wird im folgenden vertieft auf die Datenbankstrukturen (Kap. 1.4.2.) sowie auf die Frage der Zentralisierung und Dezentralisierung von Datenbanken (Kap. 1.4.3.) eingegangen.

Der Begriff der Methodenbank faßt die Methodenbasis und das Methodenverwaltungssystem zusammen. Die Methodenbasis enthält diejenigen Methoden, die innerhalb einer Bank dem Benutzer zur Verfügung stehen. Hierzu gehören sowohl solche, die lediglich für Zwecke der Datenverarbeitung, z.B. Programmiermethoden, eingesetzt werden, als auch insbesondere diejenigen, die Anwendern/Benutzern zur Verfügung gestellt werden. Das Methodenverwaltungssystem ist ein Werkzeug zur Verwaltung großer Methodenbestände und ist damit für Anwender weitgehend uninteressant.

Programmbanken beinhalten die Menge der insgesamt bereitstehenden Programme, wobei in dem hier dargestellten Zusammenhang lediglich die Anwendungsprogramme von Bedeutung sind. Hier ist die Art der Zugriffsmöglichkeit des Anwenders auf die Programmbank wesentlich. Bei im Rahmen der Groß-DV ablaufenden Be- und -verarbeitung wird der Zugriff auf die jeweiligen Teile der Programmbank vom System oder vom Operator geregelt. Bei dezentralen Datenverarbeitungsprozessen am Arbeitsplatz hat der Anwender ggf. über Filetransfer die Möglichkeit, auf Teile der Programmbank zum Zweck des Abrufs bestimmter, für seine Arbeit interessanter Programme zugreifen zu können, bzw. sich selbst eine kleine, arbeitsplatzspezifische Programmbank aufzubauen.

Die Aufführung von Experten-/Wissenssystemen als Teil der DBS ist einerseits zutreffend, da als wesentlicher Bestandteil von Experten-/Wissenssystemen hochleistungsfähige DBS angesehen werden können. Andererseits aber sind Experten-/Wissenssysteme von ihrer gesamten Struktur her aufgrund der in ihnen enthaltenen Entscheidungsregelsysteme anders strukturiert und beinhalten Methoden, die in den z.Zt. realisierten DBS nicht enthalten sind. Wieweit hier eine weitere Entwicklung dazu führt, daß die Wissensbasis Teil komplexer Datenbanken und die Entscheidungsbasis Teil von Methodenbanken wird, kann nicht prognostiziert werden.

Von zunehmender Bedeutung werden die externen Datenbanken sein. Es existiert bereits eine Vielzahl solcher Banken, die jedoch z.Z. noch durch unterschiedliche Einschalt- (Log-in-), Zugriffs- und Abrechnungsprozeduren gekennzeichnet sind. Es läßt sich prognostizieren, daß insbesondere vereinfachtes "Handling" aber auch niedrigere Nutzungsgebühren die Bedeutung stark anwachsen lassen werden.

1.4.2. Datenbanksystem-Strukturen

Der Aufbau eines Datenbanksystems geht aus der Abbildung 32 hervor. Die Bestandteile sind

- Datenverwaltung (Datenmanagement),
- Datenbereitstellung und
- Datenbank mit
  - Datei,
  - Datensatz,
  - Segment,
  - Feld,
  - Date.

Das Datenbanksystem basiert auf der jeweiligen Hardware und Systemsoftware, die Kommunikation zum Benutzer geht in der Regel über Abfragesprachen.

Die Datenverwaltung (Datenmanagement) läßt sich in Erstaufbau und Änderungsdienst mit Hinzufügen und Löschen sowie Reorganisation unterteilen. Der Erstaufbau beinhaltet die Erstellung des Datenmodells. Der Änderungsdienst wird wesentlich durch die Struktur der Datenbank sowie die Nutzerorientierung beeinflußt. Die Reorganisation ist eine normalerweise ausschließlich vom System vorgenommene Leistung, die durch die Begriffe Umstrukturierung und Umordnung aufgrund von Änderungsprozessen charakterisiert wird.

Für die üblichen Datenbanken werden drei grundsätzliche Modellvarianten verwendet. Das hierachische Modell bildet den Datenbestand in der Struktur eines Baumes ab, so daß bei Such- oder Änderungsprozessen der gesamte Baum durchlaufen werden muß. Netzwerkmodelle haben im Vergleich zum Baum mehrere Ausgangselemente und verkürzen damit Suchprozesse. Die für die Bürokommunikationssysteme verbreitetsten sind relationale Modelle, die eine Tabelle als Basis der Datenstruktur verwenden und im Gegensatz zu hierarchischen Modellen auf eine spezifische Darstellung von Beziehungen verzichten. Die wesentlichen Vorteile liegen in der Klarheit und Struktur der Darstellung sowie in der universelleren Verwendbarkeit durch Loslösung von konkreten Anwendungen. Gleichzeitig zeichnen sich relationale Modelle aufgrund der Struktur durch extrem kurze Zugriffszeiten aus, da zum Lesen eines bestimmten Datums nicht jeweils ein möglicherweise hochkomplexer Baum durchlaufen zu werden braucht.

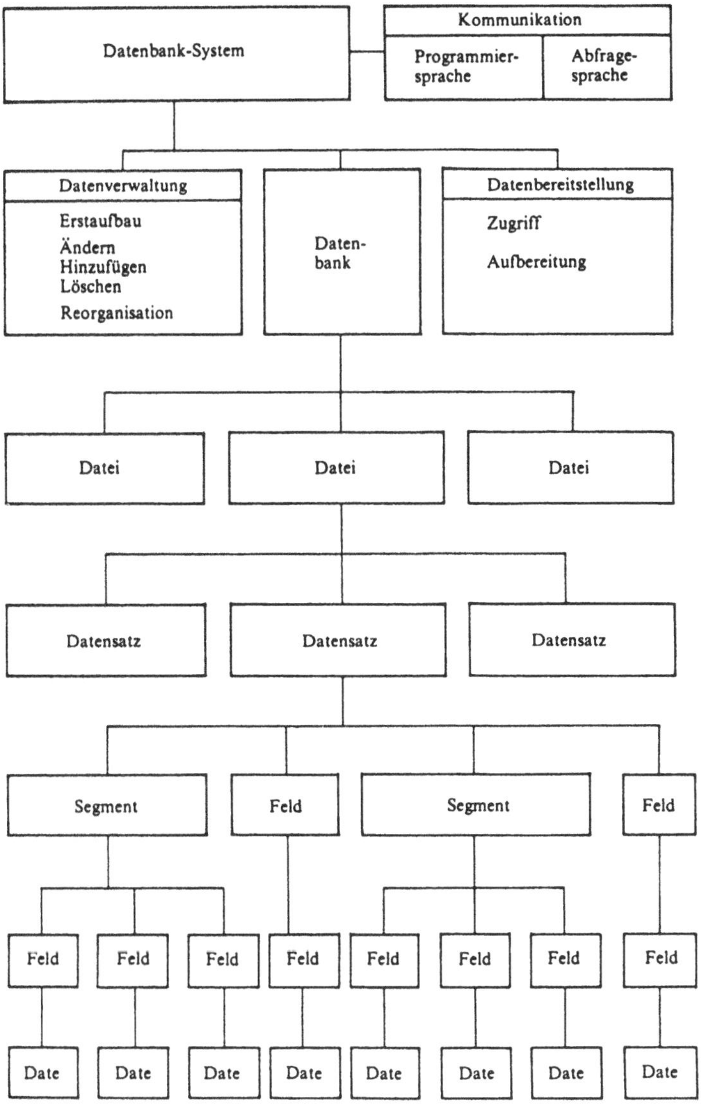

Abb. 32: Struktur von Datenbanksystemen (Quelle: Hartmann, 1979, S. 58)

Die Vorteile relationaler Datenbanken lassen sich wie folgt darstellen :

1. Geringer Aufwand bei Erweiterungen und Strukturveränderungen
2. Jedes Element oder Feld als Suchbegriff
3. Geringer Programmieraufwand

4. Portabilität vergleichsweise leicht durch den Einsatz von Tools
5. Zukunftsorientiertheit durch neuere Entwicklungen (Experten- und CIM-Systeme) auf Basis von relationalen Datenbanken.

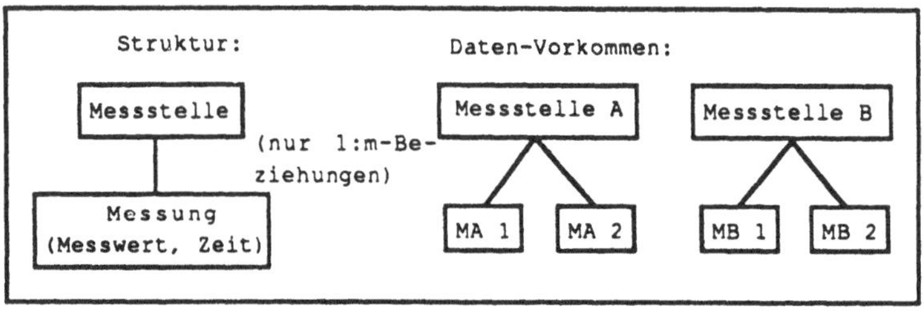

Abbildung Datenmodell: Hierarchisches Modell

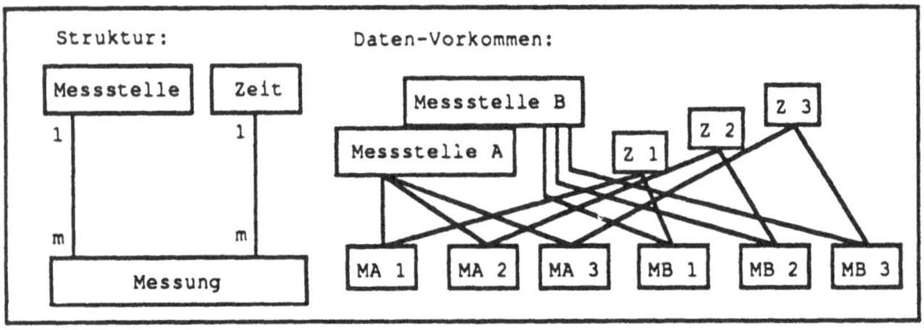

Abbildung Datenmodell: Netzwerkmodell

Struktur: Messung (Messwert, Messstelle, Zeit)

Daten-Vorkommen: Messung:

Messwert	Messstelle	Zeit
24.5	A	14.18
24.7	A	14.20
24.6	A	14.22
19.3	B	14.18
19.7	B	14.20
19.1	B	14.22

Tupel

Attribut

Abbildung Datenmodell: Relationales Modell

Abb. 33: Modelle der Datenorganisation (Quelle: Heinrich/Roithmaier, 1987, S. 126)

Einen Überblick über die Struktur der beschriebenen Datenmodelle gibt die Abbildung 33.

Für Bürokommunikationssysteme ist die Darstellung des Datenformats von Bedeutung. Man unterscheidet

- formatierte Datenbanken und
- unformatierte Datenbanken.

Formatierte Datenbanken beruhen auf Daten, die eine klare, jeweils vorgegebene Struktur haben und bei denen der dem einzelnen Date, Feld, Segment oder Datensatz zugewiesene Platz strukturiert und weitgehend unveränderlich ist. Bei unformatierten Datenbanken sind diese strengen Formatierungsvorschriften nicht mehr gegeben, so daß der Benutzer seinerseits Struktur und Größe einer Datei bestimmen kann. Typisch hierfür sind Textverarbeitungsdateien, bei denen der Benutzer weitgehend unbeeinflußt von irgendwelchen Beschränkungen die Dateien mit ihren Substrukturen gestaltet.

1.4.3. Lokale Datenbestände als typische BK-Lösungen

Typisches Merkmal dezentraler Datenverarbeitung ist die Möglichkeit, lokale Datenbestände zu halten, um hierauf unmittelbar für die tägliche Arbeit zugreifen zu können (Abb. 34). Hierbei ist es in den meisten Fällen nicht erwünscht, daß diese lokalen Datenbestände eigenständig und unkontrolliert entwickelt und gehalten werden.

Verwaltung von lokalen Datenbeständen
- Charakteristik lokaler Datenbestände • Teil eines zentralen Datenbestandes • Bedarf nur an einem Arbeitsplatz • wenig Umfang, wenig komplex • update unproblematisch oder lösbar - Funktionen zur Verwaltung lokaler Bestände • Konstruktion des Datenbankdesigns • Dateneingabe und -pflege • Lösung des Retrieval-Problems • Verwendung und Verarbeitung

Abb. 34: Verwaltung von lokalen Datenbeständen

Die Charakteristik lokaler Datenbestände ergibt sich vielmehr daraus, daß sie im Regelfall Teil eines zentralen Datenbestandes sind. Andererseits aber werden sie meist nur an einem oder wenigen gleichgearteten Arbeitsplätzen genutzt, so daß sie dort ggf. redundant gehalten werden. Sie können mit traditionellen dezentralisierten Ablagesystemen verglichen werden, wobei auch hier grundsätzlich die Forderung nach Zentralarchiven im Gegensatz zur Dezentralisation gestanden hat:

Normalerweise gelten Sekretariatsablagen als dezentrale Archivbestände, so daß sie bei einer Übernahme auf Arbeitsplatzrechnern zwar logischer Teil eines zentralen Datenbestandes sind, meist aber dezentral unabhängig gehalten werden. Weitere Kennzeichen sind, daß sie im Regelfall einen geringen Umfang haben und wenig komplex von der Struktur her sind. Der geringe Umfang wird dadurch erforderlich, daß häufig die Speichermedien für lokale Datenbestände nicht unbeschränkt ausgeweitet werden können oder aber von einem bestimmten Ausmaß an unübersichtlich werden. (Beispiel: Ein lokaler Datenbestand wird auf Disketten ausgelagert. Der Bestand umfaßt eine so große Anzahl von Disketten, daß manuelle Suchprozesse notwendig werden, um auf die jeweiligen Bestände zurückgreifen zu können.) Die letzte Charakteristik lokaler Datenbestände besteht darin, daß das Update (die Aktualisierung) unproblematisch oder aber relativ leicht lösbar sein muß. Diese Frage ist insbesondere für den Arbeitsplatz selbst von Bedeutung, da er ja aufgrund seines alleinigen Zugriffs auf die betreffende Datei für das gesamte Problem der Eingabe, Aktualisierung und Pflege verantwortlich bleibt. Aus dieser Charakteristik ergeben sich die Funktionen zur Verwaltung lokaler Bestände, die in

- Konstruktion des Datenbankdesigns,
- Dateneingabe und -pflege,
- Lösung des Retrieval-Problems sowie
- Verwendung und -verarbeitung

bestehen. Häufig macht bei wenig strukturierten Dateien und einem gewissen Wildwuchs das Retrieval-Problem dem Benutzer dann Sorge, wenn er bei der Anlage der Datei nicht den möglichen Umfang bedacht und eingeplant hat. So erweisen sich bei Textdateien häufig die verwendeten Kennungen als problematisch und stark redundant in ihren Kernbestandteilen. Besonders bedeutungsvoll wird das Retrieval-Problem dann, wenn die betreffenden Datenbestände eine stark logische Struktur aufweisen müssen, um ihren Zweck zu erfüllen. Dies trifft z.B. für Fachaufsatzsammlungen zu, deren Registrierung und arbeitsplatzspezifische Speicherung als eine wesentliche Anwendung in bestimmten Funktionsbereichen des Unternehmens gilt. In diesem speziellen Beispiel kommt zum Ausdruck, wie wichtig die Konstruktion des Datenbankdesigns sowie das Problem der Aktualisierung und Pflege ist.

Als typische Beispiele für lokale Datenbestände gelten

- Fachaufsatzsammlungen,
- Korrespondenzdateien,
- Sammlungen von Spezialanschriften sowie
- abteilungsinterne Bestände (Material, Zeitschriften o.ä.).

Eine Übersicht über die mit der Verwaltung lokaler Datenbestände zusammenhängenden charakteristischen Merkmale und Funktionen gibt die Abbildung 34.

Literaturhinweise:

GERNET, E. (1987): S. 155 (Datenbanksysteme)
HANSEN, H.R. (1987): S. 493-519 (Datenbanksysteme)
JANSON, A. (1987): (Datenbanksysteme)
MERTENS, P. (1984): (Stichwort: Datenbanken)
SCHEER, A.-W. (1988): S. 41 (Datenbanksysteme); S. 572 (Das integrierte Datenbankschema)
ZEHNDER, C.A. (1987): (Datenbanken und -systeme)

2. DIE BETRIEBSWIRTSCHAFTLICHE KONZEPTION

2.1. Betriebswirtschaftlich-wirtschaftliche Zielsetzungen

Die betriebswirtschaftliche Konzeption (Abb. 35) hat zum Ziel, den Wert der BK für das Unternehmen in wirtschaftlich meßbaren Größen, seinem gesamten Nutzen sowie in seinen finanziellen Konsequenzen zu untersuchen. Die Erfahrungen auf dem Gebiet der Informationsverarbeitung haben gezeigt, daß dieses hochkomplexe Gebiet in seiner Gesamtheit in einer Vielzahl von Methoden angegangen werden muß, um einigermaßen aussagefähige Ergebnisse liefern zu können.

Taktische Komponente
Betriebswirtschaftliche Konzeption
- Wirtschaftliche Zielsetzungen - Kennzahlensysteme - Planung des Investitionsbedarfs - Budgetierung und Budgetkontrolle - Wirtschaftlichkeitsrechnung und -kontrolle - Nutzenanalysen

Abb. 35: Betriebswirtschaftliche Konzeption

Den Ausgangspunkt bilden die wirtschaftlichen Zielsetzungen. Hier besteht das Problem in der Erarbeitung solcher Ziele, ihrer hinreichenden Quantifizierung sowie der Meßbarkeit ihrer Erfüllung. Die Technik des Setzens meßbarer Ziele stößt dann an ihre Grenzen, wenn die betreffenden Zielgrößen sich der quantitativen Analyse und Bewertung entziehen. So sind z.B. viele organisatorische "Verbesserungsziele" oder das Erreichen von "Optima" sehr häufig nicht oder lediglich über Indikatoren indirekt meßbar. Aus der Zahl wirtschaftlicher Zielbegriffe, wie Wirtschaftlichkeit, Produktivität, Rentabilität, Effizienz und Effektivität, scheinen nach dem derzeitigen Überlegungsstand lediglich die Begriffe

- Wirtschaftlichkeit sowie
- Effizienz

brauchbar zu sein. Hierbei ist der Wirtschaftlichkeitsbegriff eindeutig formuliert und betrachtet die in Zahlengrößen meßbaren Aufwands- und Ertragskomponenten. Der Effizienzbegriff stellt eine komplexe ergebnisbezogene Meßgröße dar, bei der die jeweils zu betrachtenden Einzelgrößen zu definieren, möglicherweise mit Indikatoren zu versehen sind und insbesondere im Hinblick auf die angewendeten Meßverfahren einer Übereinkunft und Akzeptanz bedürfen. Auf einen einzelnen Arbeitsplatz oder einen speziellen Arbeitsvorgang bezogen, ist in engen Grenzen auch der Produktivitätsbegriff aussagefähig.

Des weiteren existiert noch die Möglichkeit, Kennzahlen als Meßinstrument für Ziele und Zielerreichungen einzusetzen. Hierbei besteht grundsätzlich das Problem der Auswahl "richtiger" Kennzahlen. Außer solchen, die die Wirtschaftlichkeit messen, gibt es auch eine Vielzahl von anderen, die z.T. an sich aussagefähig sind, zum anderen Teil auch wiederum der Übereinkunft und Akzeptanz bedürfen, um aussagefähig zu sein. Fast alle Kennzahlen jedoch benötigen eine bestimmte Norm, um im Rahmen eines Gesamtsystems Erkenntnisse liefern zu können. Diese Norm wird in Form einer Bezugsgröße geliefert. Bei dem hier zu behandelnden Problem dürften drei Bezugspunkte geeignet sein, die sich durch folgende Orientierungen auszeichnen:

- vergangenheitsorientierte Kennzahlen,
- innerbetriebliche Kennzahlen sowie
- externe Kennzahlen.

Die vergangenheitsorientierten Kennzahlen basieren auf einem Zeitvergleich, bei dem z.B. das Informationssystem ohne Bürokommunikation mit dem nach einem stufenweisen Ausbau verglichen wird. Die innerbetrieblichen Kennzahlen setzen eine bewußt gebildete Norm voraus und beinhalten meist Zielvergleiche, die akzeptiert werden müssen. Die externen Kennzahlen beruhen auf einer Vergleichbarkeit der externen Basis mit den eigenen Informationen. Sofern die betreffende Basis sinnvoll vergleichbar ist, liefert sie Aussagen. Das Hauptproblem der externen Kennzahlen besteht jedoch darin, die entsprechenden externen Basiswerte zu erhalten. Hierzu werden häufig Zahlen aus Längsschnitt- oder Querschnittuntersuchungen angeboten (z.B. das Diebold-Kennzahlensystem über DV-Anlagen), deren Relevanz für das eigene Unternehmen meist schwierig abzuschätzen sein dürfte.

Wenn eine Anzahl von Kennzahlen über das BK-System aufgestellt werden soll, liegt es nahe, sie an solchen Zahlensystemen auszurichten, die für DV-Systeme bestehen. Andererseits aber sind BK-Systeme derart verschieden von DV-Systemen und untereinander, daß im folgenden lediglich eine Anzahl von Kennzahlen angeboten werden soll, die bezüglich ihrer Relevanz grundsätzlich noch überprüft werden muß. Die Abbildung 36 bietet eine Auswahl solcher Kennzahlen. Sie sind in vier Gruppen strukturiert, von denen die erste organisatorischer Art ist, die zweite sich auf Budgetaspekte bezieht, die dritte allgemeiner Art ist und die vierte auf solchen des Informationssystems beruht. Die in der Abbildung 36 enthaltene Auswahl kann als Anregung für die Bildung weiterer Zahlen dienen.

Die organisatorischen Kennzahlen beziehen sich auf

- den Ausstattungsgrad,
- den Vernetzungsgrad,
- den PC-Nutzungsgrad sowie
- die Nutzung von Softwarepaketen.

Kennzahlen der BK (Beispiele)
I. Organisatorische Kennzahlen $\frac{\text{Anzahl PC-AP}}{\text{gesamt AP}}$ = Ausstattungsgrad $\frac{\text{Anzahl vernetzte PC}}{\text{gesamt PC}}$ = Vernetzungsgrad $\frac{\text{Anzahl PC-Arb.-Std.}}{\text{Gesamt Arb.-Std.}}$ = PC-Nutzungsgrad $\frac{\text{Std.-Nutzung SW-Paket} \cdot 100}{\text{Gesamt PC-Arb.-Std.}}$ = Paket-Nutzung in %
II. Budget-Kennzahlen $\frac{\text{Budgetinanspruchnahme je Kostenart (Istkosten)}}{\text{Budget je Kostenart (Budgetansatz)}}$ = Budgeterfüllung je Kostenart $\frac{\text{Istkosten}}{\text{Budget}}$ = Gesamt-Budget-Erfüllung
III. Allgemeine Kennzahlen $\frac{\text{BK-Kosten}}{\text{Umsatz}}$ $\frac{\text{BK-Kosten}}{\text{Gesamtkosten}}$
IV. Kennzahl Informationssystem $\frac{\text{BK-Kosten}}{\text{Kosten Informationswesen}}$

Abb. 36: Kennzahlen der BK (Beispiele)

Die Betrachtung dieser Zahlen läßt erkennen, daß einige durch einfaches Auszählen zu gewinnen sind, wie z.B. die über Ausstattungs- und Vernetzungsgrad. Hierbei werden die betreffenden mit (vernetzten) PCs ausgestatteten Arbeitsplätze zu der Gesamtzahl der Arbeitsplätze ins Verhältnis gesetzt. Die Kennzahl über den PC-Nutzungsgrad setzt Langzeitbeobachtungen oder Multimomentaufnahmen voraus, die über die Softwarepaketnutzung ebenfalls Langzeitbeobachtungen oder modifizierte Multimomentaufnahmen. Zu dem Verfahren selbst werden weitere Ausführungen im Kapitel 3. gemacht.

Die Budgetkennzahlen entsprechen solchen, die generell im Budget-Controlling eingesetzt werden. Sie sind beliebig je nach Feinheit des Budgets und der Kontrollzahl strukturier- und vermehrbar.

Die allgemeinen Kennzahlen ergeben sich aus dem Vergleich der BK-Kosten mit allgemeinen Zahlen des Rechnungswesens. Ihr Aussagewert muß vorher durch Analyse und Übereinkunft festgelegt werden. Eine Schwierigkeit besteht in vielen Fällen darin, bei Kostenrelationen die BK-Kosten genau definieren zu können. Auch hier ist der Rückgriff auf eine ausgefeilte Kostenrechnung notwendig und eine Übereinkunft über die betreffenden Kostengrößen erforderlich.

Die Kennzahlen in Bezug zum Informationssystem können Vergleichszahlen darstellen, die sich aus denen des Informationssystems ohne BK mit solchen einschließlich BK ergeben. Eine weitere Gruppe läßt sich aus Vergleichsgrößen zwischen BK- und Informationswesenkosten errechnen. Die Übersicht macht einerseits deutlich, wie vielfältig Kennzahlensysteme konstruiert werden können, andererseits aber auch, auf welche Schwierigkeiten die Gewinnung aussagefähiger Informationen zur Konstruktion eines solchen Kennzahlensystems stößt. Diese Schwierigkeiten werden bei der Verwendung externer Kennzahlen als Vergleichsbasis für die eigenen noch beträchtlich erhöht.

2.2. Planung des Investitionsbedarfs

Bei der Planung des Investitionsbedarfs ist zwischen einer jahresbezogenen Investitionsplanung und einer projektbezogenen zu unterscheiden. Bei beiden bestehen folgende Grundprobleme:

1. Es muß eine Identifikation der planungsrelevanten Größen vorgenommen werden. Vom Grundsatz her können dieses

- Sachmittelinvestitionen,
- Personalinvestitionen sowie
- Investitionen für organisatorische Umstrukturierungen

sein. Welche dieser Investitionsarten tatsächlich geplant werden, hängt von der Struktur des Investitionsbudgets und den Regeln im Unternehmen ab.

2. Es ist eine Abschätzung der Preisentwicklung vor allem auf dem Hardwaresektor vorzunehmen. Dies hat sich in den letzten Jahren als sehr schwierig erwiesen, da Innovations- und Technikschübe für den jeweils neuesten Technikstand anfangs hohe Preise, später jedoch drastische Preisreduzierungen mit sich brachten. Das ist besonders dann

bedeutungsvoll, wenn BK-Systeme als Projekte geführt werden und somit die Investitionen über einen längeren Zeitraum zu planen sind.

3. Die Abschätzung eventueller "Verkaufserlöse" für aus wirtschaftlichen und/oder technischen Gründen zu ersetzende Hard- oder Software ist nach den Erfahrungen der Vergangenheit nahezu unmöglich. Der Preisverfall für nicht mehr dem neuesten Stand der Entwicklung entsprechende Geräte war zum Teil derart drastisch und diskontinuierlich, daß eine Planung kaum möglich war. Eine Fortsetzung dieser diskontinuierlichen Entwicklung ist zu erwarten. Hinzu kommt, daß ein Markt für technisch veraltete Geräte praktisch nicht existiert.

In vielen Unternehmen wird eine Planung des Investitionsbedarfs nicht vorgenommen. Dies ist vor allem dann begründet, wenn keine Projektbudgetierung vorliegt und wenn damit die durch Personalinvestitionen entstehenden budgetären Beanspruchungen von Anfang an Kosten darstellen. Das Muster eines Investitionsplanes auf Jahresbasis wird in Abbildung 37 gezeigt.

Investitionsart			Investitionen	
		Stufe I/ Jahr	Stufe II/ Jahr	Stufe III/ Jahr
Hardware	Gruppe 1			
	Gruppe 2			
	Gruppe 3			
Software	Gruppe 1			
	Gruppe 2			
	Gruppe 3			
Netware	Gruppe 1			
	Gruppe 2			
Umbau/Infrastruktur				
Mobiliar/Hilfsgeräte				
Personal (Suche, Beschaffung)				
Schulung Mitarbeiter				
Beratung				
dav. abschreibefähig	____ Jahre			
	____ Jahre			

Abb. 37: Investitionsplan

Wenn Investitionsbudgets als Projektbudgets aufgestellt werden, sind die typischen Kriterien von Projekten - definierter Anfang, definiertes Ende, keine/wenig routinisierte Aufgabenstellung - vor allem in bezug auf den Zeitverlauf spezifisch für die Planung. Normalerweise wird sich eine Verteilung auf mehrere Jahre mit jährlichen Anforderungen ergeben, wobei die Frage der Gleichmäßigkeit der Verteilung unter Planungsaspekten bedeutungsvoll ist. So kann die Planung über den Zeitverlauf

- progressiv,
- linear,
- degressiv oder
- schwankend

sein, was zu stark unterschiedlichen Belastungen des gesamten Investitionshaushaltes führt.

Welche Form der genannten Verteilungen auftritt, hängt von der Einführungsstrategie einerseits und der Technikentwicklung andererseits ab. So kann die Einführungsstrategie auf kontinuierlich linearer Ausstattung der Arbeitsplätze mit entsprechenden Geräten beruhen. Es kann aber auch eine einmalige, gleichzeitige Ausstattung gewählt werden. Wenn bei der Einführungsstrategie stark auf Lernprozesse gesetzt wird, ist die Ausstattungsstrategie möglicherweise progressiv, wenn sie sich am Bedarf einzelner Bereiche oder Abteilungen ausrichtet, schwankend. Bezüglich der Technologie als Grundlage bei der Planung hat sich in der Vergangenheit an Schwierigkeiten gezeigt, daß z.B. die Marktreife als Voraussetzung einer bestimmten Technik - trotz ggf. vorher erfolgter Marktankündigungen - noch nicht gegeben war. Auch waren Genehmigungsverfahren z.B. von seiten der Bundespost noch nicht abgeschlossen oder bereits eingeführte Geräte wurden mangels Funktionsfähigkeit wieder zurückgezogen. Bei dem derzeitig absehbaren Stand der Entwicklung sind auch für die Zukunft alle diese genannten Einflußfaktoren nach wie vor relevant.

Im Rahmen der Planung des Investitionsbudgets auf Projektbasis (Abb. 38) können Investitionen der organisatorischen Umstrukturierung eine beträchtliche Bedeutung einnehmen. Auch sie treten als Sachmittel- oder Personalinvestitionen auf, sind aber von der Entstehungsursache her anders zu sehen: Sie können z.B. Voraussetzung für die Durchführung von BK-Projekten oder deren Folge sein. Als typische Voraussetzungen sind solche Investitionen anzusehen, die baulicher Art sind, da die bisherigen baulichen Bedingungen möglicherweise eine Verlegung von Leitungen nicht gestatten oder auf Umsetzungen beruhen, die erst nach Einsatz der BK sinnvoll werden. Als Folge können sich Umstrukturierungsnotwendigkeiten in anderen Bereichen ergeben, wie z.B. eine Änderung der Lagerorganisation oder Umstrukturierungen der Vertriebsorganisation.

Ein nicht unwichtiges Problem ist die Frage der Mittelübertragbarkeit bei Nichtausnutzung in einem Budget-/Projektjahr. So können technologische oder organisatorische Gründe dafür maßgebend sein, daß bestimmte Investitionsvorhaben zeitverschoben vorgenommen werden. Wenn eine strikte Jahresbudgetierung erfolgt, macht die Übertragbarkeit in Folgezeiträumen gelegentlich Schwierigkeiten. Dies kann auch bei

Projektphase			Initialisierung	Vorstudie		Konzept		Realisierung		Umstellung
Budgetjahr			Jahr 1		Jahr 2		Jahr 3		Jahr 4	Jahr 5
Phasendauer										
Investitionsbedarf/-art		Gesamt								
Hardware	%	100							20	80
	abs									
Software	%	100								
	abs									
Beratung	%	100	5	10	20	5	30	5	15	5	5
	abs										
Personal	%	100							80	20	
	abs										
Schulung	%	100								40	60
	abs										
⋮											
Diverses											
Budgetsumme											
Projektphasensumme											

Abb.: 38: Investitionsplan (Phasen und Jahre)

Projektbudgets der Fall sein, die meist durch Jahreszuweisungen gekennzeichnet sind. Hierbei erleichtert jedoch die Projektstruktur mit der ihr zugrunde liegenden Gesamtbetrachtung meist die Übertragbarkeit, da in ihr die Logik des Zusammenhanges der Abwicklung stärker ist. Auch ist es denkbar, daß innerhalb eines bestimmten Zeitraumes Verschiebungen zwischen den einzelnen Investitionsarten vorgenommen werden, wobei z.T. beachtliche Fehlschätzungen bei individuell erstellter Software zu beachten sind. Die Planungsgenauigkeit auf diesem Sektor kann durch den Einsatz von Methoden der Projektplanung von Softwareprojekten sowie einer hieraus hervorgehenden Abschätzung der zeitrelevanten Faktoren (Komplexität des SW-Projektes, zu erstellende Schnittstellen, verwendbare Teilprogramme auf Standardbasis, Programmierunterstützung durch Tools etc.) verbessert werden.

Im Rahmen der Strukturierung des Investitionsbudgets erscheint es sinnvoll, eine Unterteilung in

- durch installierte Systeme hervorgerufene Investitionen (Folgeinvestitionen),
- Ersatzinvestitionen für veraltete Systeme sowie
- innovative Investitionen

vorzunehmen. Problematisch ist hierbei gelegentlich die Zuweisung auf die einzelnen Arten, da sie kaum überschneidungsfrei dargestellt werden können: So würde z.B. das Ersetzen einer veralteten Telefonanlage durch sog. Servicetelefone und ein Ersetzen dieser durch Multifunktionsgeräte sowohl Ersatzinvestition als Innovationsinvestition sein.

2.3. Budgetierung und Budgetkontrolle

Neben den im Kapitel 2.4. charakterisierten Investitionsbudgets sind laufende Jahresbudgets zu erstellen. Auch hier wird von der Voraussetzung ausgegangen, daß unterschiedliche Teilbudgets für den laufenden Betrieb und solche für Sondervorhaben aufgestellt werden. Bei der Budgetierung können verschiedene Verfahren gewählt werden, und zwar:

- Budgetierung durch Zentralbereich,
- Budgetierung durch Fachbereiche,
- Mischbudgets sowie
- Zentralbudgets mit innerbetrieblicher Verrechnung.

Bei der Budgetierung durch Zentralbereiche, z.B. dem Zentralbereich Informationssysteme oder aber als Subbudget im Bereich Controlling, werden sämtliche Kosten und Erlöse bzw. Aufwendungen und Erträge in einem zentralen Budget zusammengefaßt. Hierbei haben die Fachbereiche auf die zentralen Budgets wenig Einfluß. Eine Verfügung geschieht z.B. einerseits durch die in der Vergangenheit erfolgten Installationen und organisatorischen Lösungen, andererseits durch u.U. gemeinsam zwischen Zentralbereich und Fachbereich erarbeitete und verabschiedete Vorhaben. Bei diesem System erfolgt keine Weiterbelastung für in Anspruch genommene Leistung an die Fachbereiche.

Bei der Budgetierung durch die Fachbereiche müssen diese ihr eigenes Budget aufstellen, über das entweder durch Weiterbelastungen aus dem Bereich Informationssysteme oder aber durch direkte Dispositionen des Fachbereichs verfügt werden kann. Typisch für direkte Dispositionen sind z.B. Käufe von Hard- bzw. Software oder die Untervertragnahme von Fremdpersonal für Softwareerstellung.

In manchen Unternehmen sind Mischbudgets vorhanden, bei denen die Planung aller durch das laufende System zu erwartenden Kosten und Erlöse vom Zentralbereich vorgenommen wird. Sondervorhaben, insbesondere auch Projekte, werden vom Fachbereich budgetiert. Diese Form hat den Nachteil, daß durch die Budgetierung an mehreren Stellen die Übersicht verlorengeht und darüber hinaus in den Fachbereichen zum Teil Kosten "versteckt" werden können.

Die Budgetierung durch Zentralbudgets mit innerbetrieblicher Verrechnung ist nicht unproblematisch. Vordergründig scheint es sich hierbei um eine gerechte Form zu handeln. De facto ergeben sich jedoch immer wieder Schwierigkeiten, eine generell akzeptierte Basis für die Weiterbelastungen zu finden. Die Verrechnungsmöglichkeiten sind im Hinblick auf ihre Rechtfertigung und Akzeptanz unterschiedlich: So lassen sich bestimmte Kosten und Erlöse, wie z.B. solche, die durch Softwareprojekte und Wartung von dezentral installierten Geräten und anderem entstehen, unmittelbar zurechnen. Andere Kosten wiederum, wie z.B. solche der Weiterbelastung bei Erweiterungen der Hardwarekonfiguration oder der Erstellung von bereichsübergreifenden Softwarepaketen, dürften auf geringe Akzeptanzbereitschaft stoßen. Eine mögliche Lösung läge in der zentralen Budgetierung, aber gespaltenen Weiterbelastung: Weiterbelastet würden nur solche Kosten, die direkt zurechnungsfähig sind. Alle anderen würden im Zentralbudget unverrechnet verbleiben. Das hieraus entstehende Problem ergibt sich aus der vielfach nicht eindeutigen Zurechnungsfähigkeit. Wie sollen z.B. Kosten für ein Softwarepaket, was von zwei oder mehreren Bereichen genutzt wird, verteilt werden? Die Basis der Nutzung dürfte wenig akzeptabel sein, da sie sich erst im Zeitverlauf erweisen wird und dann kaum noch geeignet ist, gerechte Verteilung zu ermöglichen.

Eine Anzahl von Weiterbelastungsmodellen basiert auf der Nutzung der zentralen Datenverarbeitung durch einzelne Fachbereiche oder Arbeitsplätze. Hier gelten die in Anspruch genommenen Zeiten des Rechners als Grundlage für Kostenbelastungen, was zu höheren Belastungen für diejenigen Bereiche führt, die rechenintensive Programme fahren. Dieses Verfahren dürfte jedoch bei der Ausweitung der Dezentralisation und der Zunahme von Arbeitsplatzgeräten mit BK-Fähigkeiten weniger praktikabel werden. Das Problem der Weiterbelastung wird auch dadurch deutlich, daß bei BK-Systemen jeder einzelne Arbeitsplatz im Zweifelsfall als Serviceleister für andere Arbeitsplätze angesehen werden kann. Wenn solche Serviceleistungen in Anspruch genommen werden: Ist es sinnvoll machbar, sie weiterzubelasten? Die durch Kooperationen erreichbaren Synergieeffekte im Unternehmen sind gerade das, was unter organisatorisch-betriebswirtschaftlichen Gesichtspunkten gefordert werden muß. So war es auch in der Vergangenheit kaum üblich, vorgehaltene Leistungen eines Servicebereiches den Servicenutzern in Rechnung zu stellen. Eine Lösung dieses Problems für komplexe BK-Systeme, die einerseits der berechtigten Forderung nach Budgetplanung und -kontrolle, andererseits aber der nach einem ungehinderten Zugang zu den Leistungspotentialen der Fachbereiche gerecht wird, ist nur schwer vorstellbar.

In der Problematik der Budgetierungsverfahren ist die der Budgetkontrolle eingeschlossen. So sind die zentralen Budgets ohne Weiterbelastungsmöglichkeiten am besten kontrollierbar, da "versteckte" Kosten kaum auftreten können und eine Klarheit der gesamten Struktur gegeben ist. Die Probleme der Weiterbelastung wurden bereits diskutiert. Die dezentrale Budgetierung durch Fachbereiche oder in Form von Mischbudgets führt zu Erschwernissen bei der Zusammenstellung der gesamten Kosten des Informationssystems des Unternehmens und macht das Verstecken von Kostenpositionen in Fachbereichsbudgets wahrscheinlich.

Ein Beispiel für den Aufbau einer Budgetrechnung wird in Abbildung 39 dargestellt. Von der Struktur her ergeben sich laufende Kosten, die nach Kostenarten untergliedert werden. Hiermit wird schwerpunktmäßig alles das abgedeckt, was für den laufenden Betrieb anfällt. Die Gruppe der einmaligen oder Sonderaufwendungen besteht aus Projekten, Umstellungen oder anderen nicht periodisch wiederkehrenden Positionen. Weiterbelastungen ergeben sich aufgrund der oben abgehandelten Verrechnungsmodalitäten dann, wenn Zentralbudgets auf Fachbereiche umgelegt werden.

Budgetplan					
Vergleichsdaten / BK-Aufwand	Vorjahr	Lfd.-Jahr			
		Soll	Ist	S-I-Vgl. %	Vorjahr %
Summe					

Abb. 39: Budgetplan

Erlöse oder Erträge können aus weiterberechneten Leistungen erfolgen, wenn z.B. Zentralbereiche Leistungen für Tochterunternehmen wahrnehmen oder der Zentralbereich Informationssysteme als Profitcenter geführt wird. Diese Art der Weiterberechnung dürfte mit der Ausweitung der Bürokommunikation zunehmend schwerer zu rechtfertigen und durchzuführen sein. Erlöse/Erträge aus Verkäufen ergeben sich, wenn z.B. Hardware abgestoßen wird oder Softwarepakete an Dritte veräußert werden können.

Weiterhin sollte ein Budgetsystem Vergleichsdaten enthalten, wobei einerseits der Vergleich zum Vorjahr und andererseits Soll/Ist-Vergleiche die Hauptstrukturmerkmale bilden. Ein so oder ähnlich beschaffenes Budgetplanungs- und Kontrollsystem kann durch Kennzahlen ergänzt werden, die aus Budgetrelationen zu entwickeln sind.

2.4. Verfahren der Wirtschaftlichkeitsrechnung und -kontrolle

2.4.1. Grundsätzliches zu den Verfahren

Wirtschaftlichkeitsbetrachtungen lassen sich in zwei Hauptbetrachtungsweisen untergliedern:

1. Wirtschaftlichkeitsrechnungen
2. Nutzenanalysen

Bei Wirtschaftlichkeitsrechnungen wird in den folgenden Betrachtungen vorausgesetzt, daß die zu analysierenden Größen auf der Basis von in Geldwert meßbaren Rechengrößen erfaßt werden können. Dies bedeutet, daß Aufwendungen und Erträge bzw. Einnahmen und Ausgaben nur in derjenigen Form in die Betrachtung eingehen können, wie sie sich aus den Werten des betrieblichen Rechnungswesens oder anderen Statistiken ergeben.

Die zweite Kategorie, die der Nutzenbetrachtung, geht über die in DM-rechenbaren Größen hinaus und versucht auch solche Nutzen zu bewerten, die sich - um bei der obigen Definition zu bleiben - nicht unmittelbar in den üblichen Kategorien des betrieblichen Rechnungswesens niederschlagen. Diese Mittelbarkeit ist das Hauptmerkmal: Zwar werden sich auch Größen, wie "Erhöhung des Zufriedenheitsgrades des Mitarbeiters" oder "Verbesserung des Informationsstandes der Führungskräfte", irgendwie langfristig in den Ergebnissen niederschlagen, nur ist insbesondere ein Kausalbezug und eine Quantifizierung von Maßnahme und Ergebnis nicht feststellbar.

Ein Überblick über die drei Hauptmethoden gibt die Abbildung 40. Die einzelnen Verfahren werden im folgenden näher behandelt.

2.4.2. Kostenvergleichsrechnungen

Das Ziel der Kostenvergleichsrechnungen besteht darin, alternative Lösungen für ein bestimmtes Problem auf der Basis der durch diese Lösungen verursachten Kosten vergleichbar zu machen.

Wirtschaftlichkeitsrechnungen und Nutzenanalysen	
Kostenvergleichsrechnungen:	
Lösung A	Lösung B
Kostenart a_1	Kostenart b_1
Kostenart a_2	Kostenart b_2
.	.
.	.
.	.
Kostenart a_n	Kostenart b_m
Summe Kosten Lösung A	Summe Kosten Lösung B
Kosten-Nutzen-Rechnung:	
Einsparung 1	
Einsparung 2	
.	
.	
.	
Einsparung n	
Summe der Einsparungen	
- Summe der Kosten der Lösung	
Kosten-Nutzen-Differenz	
Kosten-Nutzen-Analyse:	
Einsparung der Lösung	
- Kosten der Lösung	
= in Geldgrößen meßbare Wirtschaftlichkeit	
+ nicht in Geldgrößen meßbarer Nutzen	
= Gesamtvorteil des Systems	

Abb. 40: Wirtschaftlichkeitsrechnungen und Nutzenanalysen

Es können drei Hauptarten der Kostenvergleichsrechnungen unterschieden werden:

- Systemvergleiche,
- Herstellervergleiche und
- Zeitvergleiche.

Kosten des Systems	
Einmalige Kosten	**Laufende Kosten**
Kosten der Systementwicklung Anschaffungskosten Software Installations- und Implementationskosten Kosten der Systemeinführung - Abschlußtests - Aufnahme Stamm- und Bestandsdaten - Mehrfachbearbeitung bei der Umstellung - Dokumentation - Umbau und Mobiliar Ausbildungskosten	Zusätzliche Personal- und Maschinenkosten für - Datenerfassung und -bearbeitung - Systemwartung und Programmentwicklung Datenübertragungskosten Weiterbildungskosten Materialkosten (Zubehör und Verbrauch) Fremdleistungen (Wartung und Entwicklung) Energiekosten Zinskosten

Abb. 41: Kosten des Systems

Beim Aufbau einer Kostenvergleichsrechnung ist es sinnvoll, zwischen einmaligen und laufenden Kosten zu unterscheiden. Die Abbildung 41 gibt einen Überblick über die verschiedenen Kostenarten, die bei der Analyse von BK-Systemen betrachtet werden können. Zweifellos lassen sich auch andere Gruppierungen und Strukturierungen aufstellen, die sich aus den jeweils spezifischen Fragestellungen ergeben. Dies geht aus dem in der Abbildung 42 dargestellten Beispiel, das sich mit einer speziellen Art der Kostenvergleichsrechnung beschäftigt, hervor.

Der Systemvergleich im Rahmen der Kostenvergleichsrechnung kann sich auf das Gesamtsystem eines Unternehmens beziehen und würde also z.B. Kosten des Informationssystems vor und nach der Einführung eines BK-Systems beinhalten. Derartige Gesamtsystemvergleiche sind aufgrund ihrer Komplexität sehr schwer zu handhaben, so daß Vergleichsrechnungen auf der Basis von Teilsystemen die häufiger verwendete und die im Regelfall auch aufgrund der eng umrissenen Aufgabenstellung aussagefähigere Form darstellen. Eine oft genutzte Art des Teilsystemvergleichs ist der Verfahrensvergleich. Hier werden z.B. bisher verwendete Verfahren der Informationsübermittlung mit neueren verglichen (Beispiel: Telex und Teletex). Typisch für die Entwicklung der letzten Jahre waren Verfahrensvergleiche auf dem Sektor Schriftgutbearbeitung mit und ohne Textverarbeitung. Teilsystemvergleiche können auch bei identischen Organisationseinheiten auf regionaler und/oder lokaler Basis durchgeführt werden: Also kann z.B. das Informationsübermittlungssystem von Werk A mit dem von Werk B oder die Textverarbeitung in Abteilung 1 mit der in Abteilung 2 verglichen werden.

Kostenart	Hersteller A	Hersteller B
Hardware-Anschaffungskosten	375.000.-	280.000.-
Betriebssystem- und DB-Software	-.-	30.000.-
Anwendungssoftware (Standardpaket)	125.000.-	165.000.-
Installationskosten	25.000.-	10.000.-
Einmalkosten Datenübernahme	10.000.-	-.-
Kapitalisierte Wartungskosten (4 Jahre)	24.000.	32.000.
Ausbildungskosten	10.000.-	5.000.-
Kosten für Ausbau im Jahr 3 (heutige Kosten)	50.000.-	75.000.-
	619.000.-	597.000.-

Abb. 42: Kostenvergleichsrechnung (Beispiel)

Die zweite große Gruppe der Kostenvergleichsrechnungen beinhaltet Herstellervergleiche. Solche Rechnungen werden insbesondere dann angestellt, wenn Ausschreibungen vorgenommen wurden und Herstellerangebote im Hinblick auf die Angebotskomponenten vergleichbar gemacht werden müssen. Aufgrund von unterschiedlichen Preisstrategien können z.B. Verlagerungen innerhalb der Kostenblöcke stattfinden, so daß höhere oder niedrigere Anschaffungspreise durch niedrigere bzw. höhere Wartungspreise kompensiert werden.

Die dritte Gruppe von Kostenvergleichsrechnungen bezieht sich auf Zeitvergleiche. Der Zeitvergleich ist fast immer mit einem Verfahrensvergleich gekoppelt, da von der Voraussetzung ausgegangen werden kann, daß zu unterschiedlichen Zeitpunkten nahezu immer differierende Verfahren eingesetzt werden. So würde also z.B. das Kostenvolumen eines bestimmten Jahres mit dem der vorherigen oder (prognostizierten) folgenden verglichen werden, wobei insbesondere dann aus der Veränderung der Kostenstruktur Rückschlüsse auf Verfahrensänderungen gezogen werden können.

2.4.3. Kosten-Nutzen-Rechnungen

Kosten-Nutzen-Rechnungen werden in bezug auf die Kostenseite an den dargestellten Grundsätzen orientiert. Die Nutzenseite basiert in diesem Fall auf rechenbaren Nutzen und somit auf Einsparungen an

- Maschinen,
- Material,
- Personal und
- Arbeitszeit.

Hierbei werden die Nutzengrößen Material, Personal und Arbeitszeit die Hauptnutzengrößen darstellen. Von diesen wiederum werden Personal und bewertete Arbeitszeit am meisten zu Buche schlagen. Unabhängig von jeweils spezifischen Zielsetzungen können

- Rationalisierungsziele sowie
- Verbesserungsziele

als die Hauptziele beim Einsatz von BK-Systemen angesehen werden.

Produktivitätsverbesserungen durch Technikanwendungen bei Büroarbeiten (Ergebnisse realisierter Lösungen)				
	Tätigkeit	% Zeitanteil	% Produktivitätsverbesserung	% Nutzen
FK:	Konzept schreiben	14,94	16,67	2,49
	Korrekturlesen	3,20	31,22	1,00
	Informationssuche	16,85	21,66	3,56
	Kommunikation	29,96	9,21	2,76
	Rechnen	6,47	23,96	1,54
	alles andere (22 Tätigkeiten)	28,58		3,56
	Summe	100,00		15,00
SB:	Dokument-Erstellung	45,33	29,05	13,17
	Dokument-Verwaltung	15,30	10,40	1,59
	Informationssuche	7,40	17,30	1,28
	alles andere (16 Tätigkeiten)	31,97	4,28	1,37
	Summe	100,00		17,41
Nutzen = Zeitanteil x Produktivitätsverbesserung				

Abb. 43: Produktivitätsverbesserungen (Quelle: Booz, Allen & Hamilton, eigene Berechnungen)

Das Rationalisierungsziel wird sich in

- Personalfreisetzungen (direkten Personaleinsparungen),
- Produktivitätsverbesserungen oder
- indirekten Personaleinsparungen durch Nichteinstellung

ausprägen. So gelten bei vielen Vorhaben über den Einsatz von BK-Systemen diese zwei Ziele als Hauptrechtfertigung für den Systemeinsatz. Ihre Quantifizierung bildet die Nutzenseite einer Kosten-Nutzen-Rechnung. Häufig beinhalten Investitionsanträge auch für Geräte der Bürokommunikation eine Wirtschaftlichkeitsrechnung, in der diese drei personalkostenbezogenen Größen die Investitionsrechtfertigung darstellen. Die Abbildung 43 - auf der gleichen Studie aufbauend wie die Abbildung 53 und 54 - soll der Verdeutlichung dieser Überlegungen dienen.

Die Produktivitätsverbesserung durch Technikanwendung bei Büroarbeiten beträgt bei Führungskräften 15% und bei Sachbearbeitern 17,4%. Hieraus lassen sich (s. Abb. 44) bei 20 Führungskräften pro Jahr bewertete Produktivitätsverbesserungen von DM 537.840,-- sowie bei Sachbearbeitern in Höhe von DM 1.541.000,-- berechnen.

Rechenbeispiel zur "Produktivitätsverbesserung durch Technikanwendung"				
Produktivitätsverbesserung Führungskräfte (FK) 15%				
Gehaltssatz bei FK DM 15.000,-- bei 180 Std. =		DM	83,--	/Std.
20 FK à 180 Std. mit 15% =			540	Std./Mon.
bewertete Prod.verbesserungen		DM	44.820,--	/Mon.
Produktivitätsverbesserung Sachbearbeiter (SB) 17,4%				
Gehaltssatz bei SB DM 7.500,-- bei 180 Std. =		DM	41,--	/Std.
100 SB a 180 Std. mit 17,4% =			3.132	Std./Mon.
bewertete Prod.verbesserung		DM	128.412,--	/Mon.
Gesamte bewertete Produktivitätsverbesserungen pro Jahr				
	FK	DM	537.840,--	
	SB	DM	1.541.000,--	
		DM	2.078.840,--	

Abb. 44: Rechenbeispiel

Diese Produktivitätsverbesserungen sind rein rechnerisch, können demnach zwar in eine Kosten-Nutzen-Rechnung als rechenbare Nutzen eingehen, sind aber als Einsparungen nur sehr beschränkt zu realisieren. So wird kaum von der Voraussetzung ausgegangen werden können, daß die sich aus der Rechnung ergebende "Einsparung" zu einer Verminderung von 3 Führungskräften und 17 Sachbearbeitern führt. Unabhängig von Fragen des Kündigungsschutzes sowie aus anderen Gründen einzuhaltenden Arbeitsverträgen ist es - von Ausnahmefällen abgesehen - kaum möglich, die Produktivitätsverbesserung in Form von Einsparungen zu realisieren, zumal sie sich nicht notwendigerweise auf bestimmte, einzusparende Arbeitsplätze konzentrieren lassen.

Das in der Abbildung 45 dargestellte Beispiel bezieht sich auf die Ausstattung von Arbeitsplätzen mit PCs und die hierdurch möglichen Einsparungen an Personal. Hier zeigt sich, daß die kumulierten Nutzen (Personalkosteneinsparung) im dritten Jahr die kumulierten Kosten (Investitionen und laufende Kosten für PCs) leicht übersteigen und daß vom 6. Jahr an deutlich höhere Nutzen erwirtschaftet werden. Auch diese aus dem Schaubild hervorgehenden Kosten-Nutzen-Relationen dienten dazu, die Wirtschaftlichkeit einer Investition auf dem BK-Sektor zu belegen. Neben allen anderen Kritikpunkten, die aus dem Zahlenbeispiel "Produktivitätsverbesserungen" hervorgehen, ist hier noch kritisch anzumerken, daß mit hoher Wahrscheinlichkeit bereits vom 6. Jahr an aufgrund der technischen Veralterung neue Investitionen fällig werden, die das Bild beträchtlich verändern.

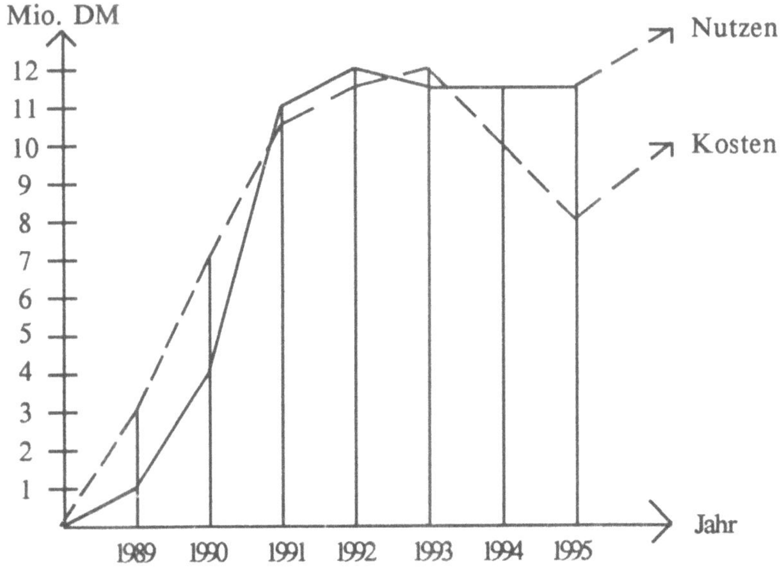

Abb. 45: Gesamtentwicklung Kosten/Nutzen

Aus beiden Beispielen gehen die Grenzen von Nutzen-Analysen sowie der Prognosemöglichkeiten von Einsparungen deutlich hervor. Dies bedeutet keine Absage an derartige Rechnungen, vielmehr soll ihre Relativität aufgezeigt werden und der aus ihnen hervorgehende Zwang, die rechenbaren Größe durch qualitative Argumente auf der Basis von Nutzen nicht rechenbarer Art zu ergänzen. Auf den hier dargestellten Zusammenhang wird unter anderen Aspekten, nämlich den hiermit zusammenhängenden organisatorischen Lösungen - Aufgabenveränderungen und Neustrukturierung von Arbeitsprozessen -, im Kapitel 3. noch näher eingegangen.

Das Problem der Realisierbarkeit von Nutzengrößen ist aber nicht nur eine rein betriebswirtschaftliche Fragestellung. Weitergehende Überlegungen zeigen, daß die Grundvoraussetzung zur Erreichung dieser Produktivitätsverbesserungen zum Teil auf organisatorischen Maßnahmen und Mitarbeiterverhaltensweisen beruhen, die zum gegenwärtigen Zeitpunkt nur schwer oder gar nicht zu verwirklichen sein dürften. So ist z.B. der Einsatz von PCs am Arbeitsplatz von Führungskräften an eine Überwindung von Hemmschwellen und ein Abgehen von bisher gepflegten Statussymbolen gebunden. Dieses ist, abgesehen vom Kenntnisstand, möglicherweise erst über eine neue Generation von Führungskräften realisierbar. Hiermit sind die üblichen Planungs- und Betrachtungszeiträume kaum geeignet, die Produktivitätsverbesserungsprobleme und -möglichkeiten einer Lösung zuzuführen.

2.5. Nutzenanalysen und ihre Bedeutung

2.5.1. Ziele der Nutzenanalyse

Auf der Basis der Ausführungen über Kosten-Nutzen-Rechnungen lassen sich die Ziele der Nutzenanalyse wie folgt darstellen:

Nutzenanalysen sollen

- schwer Meßbares meßbar machen,
- schwer Vergleichbares vergleichbar machen sowie
- Unvollkommenheiten rechenbarer Größen verringern.

Die konkreten Ziele bei der Nutzenanalyse von Bürokommunikationssystemen lassen sich wie folgt darstellen:

1. Der real gegebene Nutzen von BKS ist in den meisten Fällen deutlich höher als die rechenbaren Vorteile. Nutzenanalysen wollen daher den gegebenen Nutzen transparent machen.

2. Auf dem Sektor notwendige, aber nicht immer auf Rechenbasis zu rechtfertigende Investitionen sollen über Nutzenanalysen eine zusätzliche Rechtfertigung erhalten, die insbesondere dem Problem der mangelnden Realisationsfähigkeit von Produktivitätsverbesserungen dienen.

3. Alternative, in ihrer Vorteilhaftigkeit aber nicht rechenbare Lösungen, die z.B. aus dem Vergleich unterschiedlicher Kommunikationssysteme und den mit ihnen verbundenen Konsequenzen bestehen, sollen vergleichbar gemacht werden.

Diese Ziele sowie die Erfahrungen bei der Einführung von BKS haben dazu geführt, daß Nutzenanalysen auf diesem Sektor eine besondere Bedeutung erhalten haben.

2.5.2. Nutzenkataloge von BK-Systemen

Die Überlegungen zum Thema strategische und operative Ziele von BK-Systemen haben gezeigt, daß es eine Vielzahl von Nutzen gibt, die in

Ziele umzuwandeln sind. Die Abbildungen 46 und 48 enthalten zwei Nutzenkataloge. Die Aufstellung der Abbildung 46 beinhaltet eine Auswahl von Nutzenkomponenten, die im allgemeinen als typisch für BK-Systeme angesehen werden. Unter Zielaspekten ist festzustellen, daß es sich hierbei fast ausschließlich um "Verbesserungsziele" handelt. Die Nutzenkomponenten der Abbildung 48 sind für konkrete Nutzenanalysen weiter zu differenzieren und können zu diesem Zweck in Hauptnutzen, Nutzen und Unternutzen gegliedert werden. Die Betrachtung typischer Nutzenkomponenten läßt jedoch einen wesentlichen Schluß zu: Es ist nicht anzunehmen, daß in jedem Unternehmen die betreffenden Nutzenkategorien das gleiche Gewicht haben, noch ist zu vermuten, daß sie für die einzelnen Organisationsebenen und Aufgabenbereiche die gleiche Bedeutung haben. Dies soll an einigen Punkten verdeutlicht werden.

Nutzen von BK-Systemen (Auswahl von Nutzenkomponenten)

- Verbesserung der Arbeitsergebnisse anderer Stellen
- Erzeugung zusätzlicher Informationen
- Erzeugung qualitativ besserer Informationen
  • besser aufbereitet
  • unter Verwendung komplexer Verarbeitungsfunktionen
  • geringere Fehlerhäufigkeit
  • aktuellere Informationen
  • aufgabengerechte Verdichtung
  • entscheidungsgerechte Aufbereitung
- schnellere Reaktionsfähigkeit auf Bearbeitungsanforderungen und Störungen im betrieblichen Ablauf
- Vergrößerung des Leistungsumfangs
- größere Transparenz der Organisation

Abb. 46: Nutzen von BK-Systemen

Wenn bestimmte Nutzen realisiert werden sollen, können sie einerseits unternehmensübergreifend gegeben sein, wie z.B. das Ziel der Verbesserung der strategischen Instrumente. Hieran wird vor allem das Top-Management interessiert sein, und es wird denjenigen Lösungen den Vorzug geben, die geeignet sind, dieses Ziel zu erreichen. Wenn hingegen der Nutzen der "ganzheitlichen Vorgangsbearbeitung und Rücknahme der Arbeitsteilung" betrachtet wird, so wird dies mehr für untere Führungsebenen, insbesondere aber für Sachbearbeiter-Arbeitsplätze von Bedeutung sein. Die Erstellung eines Nutzenkataloges wird daher sinnvollerweise nach solchen Nutzen gegliedert werden, die eine Bedeutung für obere und mittlere Führungsebenen aufweisen und anderen, die für untere Führungsebenen und Sachbearbeiter wichtig sind. Bei einer Tiefenuntersuchung werden für den Vertrieb wiederum andere Nutzenkategorien relevant sein als für das Rechnungswesen oder die Personalabteilung. Hieraus geht die Forderung hervor, Nutzenkataloge je nach Breite und Tiefe der angestellten Untersuchung ebenenspezifisch und funktionsbereichsspezifisch aufzubauen unter Wahrung derjenigen Nutzenkategorien, die als übergreifend erkannt werden.

2.5.3. Verfahren der Nutzwertanalyse

Zur Durchführung der Nutzwertanalyse sollte eine definierte Vorgehensweise gewählt werden. Wichtig ist, daß generell ein bestimmter Weg (Verfahrensweise) festgelegt wird und daß dieses Verfahren auch während der gesamten Analyse eingehalten wird (Abb. 47). Die Einhaltung des Verfahrens ist deswegen von Bedeutung, weil das Abgehen von einer strukturierten Verfahrensweise bei der Nutzwertanalyse durchaus zu möglichen "Mogeleien" und bewußt herbeigeführten Ergebnisverfälschungen führen kann. Festlegung und Einhaltung von Verfahren ist daher als Vorbedingung für aussagefähige Ergebnisse zu sehen. Der Verfahrensweg selbst geht aus der Abbildung 47 hervor. Die Nutzwertanalyse erhält wesentliche Zielinputs aus den strategischen und operativen Zielen. Durch diesen Input lassen sich ihre konkreten Ziele definieren. Hieraus ergibt sich die Folgefrage, ob die NWA die in sie gesetzten Erwartungen erfüllen kann und ob die Ziele zu realisieren sind. Falls diese Frage eindeutig bejaht wird, ist es sinnvoll, in dem betreffenden Prozeß fortzufahren.

Der folgende Schritt besteht in der Bestimmung der Nutzenkomponenten. Hierbei sollte durch eine Arbeitsgruppe eine Liste von Nutzenkomponenten erstellt werden, die den betreffenden Meinungsbildnern im Unternehmen vorgelegt werden sollte. Durch Einsatz eines Rating-Verfahrens mit einer entsprechenden Skalierung ist es möglich, diejenigen Nutzenkomponenten auszugliedern, die ohne oder von extrem geringer Bedeutung sind. Gleichzeitig liefert dieser Prozeß durch die vergebenden Skalenwerte ein Gewicht für die jeweilige Nutzenkomponente im Rahmen des Gesamtverfahrens. Die Schritte "Bestimmung der Nutzenkomponenten" sowie "Übereinkunft über Gewicht jeder Komponente im Vergleich zu anderen" sind daher erhebungsmäßig in einem Schritt durchführbar. Hierbei schließt die Bestimmung der Gewichte noch einen Rechenschritt ein, nämlich den der Berechnung von Mittelwerten, die ggf. gruppenspezifisch im Sinne einer Strukturierung nach Aufgaben und Funktionsbereichen erfolgen sollte. Der nächste Schritt besteht in der Zuordnung von Punktwerten, die sich aus den alternativen Lösungen des Entscheidungsproblems ergeben. So könnte z.B. als Entscheidungsalternative zur Wahl stehen, den Nutzen der Ausstattung von Arbeitsplätzen mit Terminals mit dem durch PCs erreichbaren zu vergleichen oder z.B. Investitionen in BK-Systeme gegen den Status quo zu setzen.

Die Zuordnung von Punktwerten zu den alternativen Lösungen wird durch den Rechenvorgang der Gewichtung ergänzt. Hierbei werden die jeder Lösung zugeteilten Punktwerte mit den in der Vorphase gewonnenen Gewichten der einzelnen Komponenten multipliziert. Hiernach ergeben sich Gesamtpunktwerte durch Aufaddition der Einzelpunkte, die dann die Alternativenwahl ermöglichen. Es soll nicht verkannt werden, daß dieses insgesamt logisch schlüssige und rechnerisch einfache Verfahren durchaus nicht unproblematisch ist.

Als Hauptprobleme ergeben sich

1. Anerkennung der Nutzenkomponenten,
2. Realitätsgehalt der Gewichte,

3. Zuordnung der Punktwerte sowie
4. Schlüssigkeit der Alternativenbewertung.

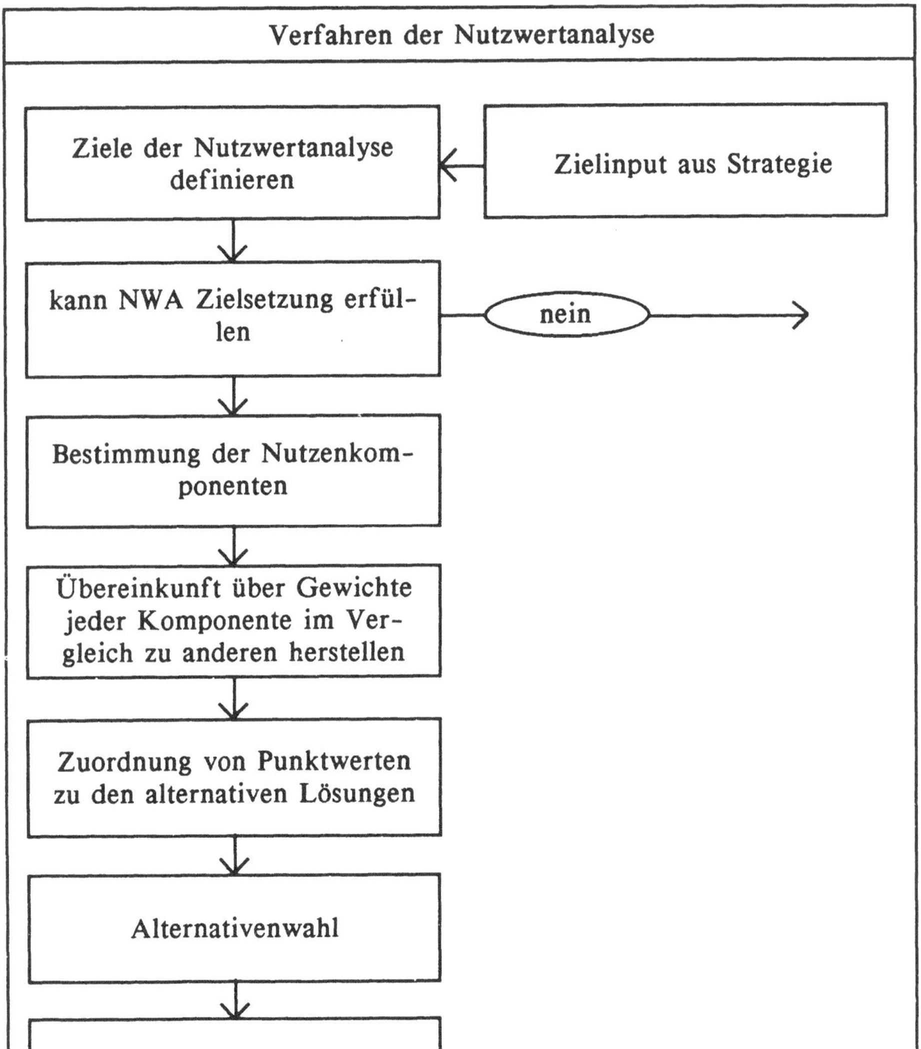

Abb. 47: Verfahren der Nutzwertanalyse (Ablaufschema)

Die Anerkennung der Nutzenkomponenten kann über den Vorgang der Befragung der Meinungsbildner im Unternehmen weitgehend gesichert werden. Zumindest ist es möglich, eine Übereinkunft zu erzielen, die -

wenn sie vom Topmanagement unterstützt wird - später nicht mehr Gegenstand der Diskussion ist.

Qualitative Nutzenkomponenten	Skalierung 0 1 2 3 4 5 6
- Verbesserung der strategischen Instrumente	
- Verbesserung der Arbeits- und Zeitplanung der Führungskräfte	
- schnelle, aktuelle und umfassende Information	
- Erhöhung der Reaktions-/Entscheidungsgeschwindigkeit	
- verbesserte Kommunikation nach innen	
- verbesserte Kommunikation nach außen	
- Rationalisierung der Arbeitsplätze	
- ganzheitliche Vorgangsbearbeitung, Rücknahme der Arbeitsteilung	
- Verkürzung der Durchlaufzeiten	
- Freiräume bei Mitarbeitern, verbesserte Delegationsmöglichkeiten bei Führungskräften	
- Verringerung des Aufwandes für die Erstellung von Verwaltungsprodukten	
- Verbesserung des Outputs (produktiven Ergebnisses) der Arbeitsplätze	

Abb. 48: Qualitative Nutzenkomponenten

Der Realitätsgehalt der Gewichte ist rein rechnerisch unproblematisch, da er sich als Mittelwert aus der Feststellung der relevanten Nutzenkomponenten ergibt. In manchen Fällen ist es jedoch sinnvoll, nicht zu viele differierende Teilgewichte zu verwenden, sondern z.B. bestimmte Nutzenkomponenten, zu Gruppen zusammengefaßt, mit jeweils gemeinsamen Gewichten zu versehen.

Skalierungen der Nutzenkomponenten
0 = unwichtig, bedeutungslos 1 = kaum wichtig, von geringer Bedeutung 2 = wenig wichtig, von gewisser Bedeutung 3 = wichtig, von einiger Bedeutung 4 = recht wichtig, von beachtlicher Bedeutung 5 = sehr wichtig, von hoher Bedeutung 6 = lebens-/überlebenswichtig, von sehr hoher Bedeutung

Abb. 49: Skalierung der Nutzenkomponenten

Die Zuordnung der Punktwerte sollte durch ein Team erfolgen. Die Zusammensetzung des Teams muß so beschaffen sein, daß einerseits die Kompetenz nicht in Frage gestellt werden kann, andererseits aber auch eine Akzeptanz auf den Führungsebenen sowie auf den Ausführungsebenen gesichert ist. Problematisch ist die Zuordnung der Punktwerte im Bewertungsprozeß dann nicht, wenn zu starke Uneinheitlichkeit bei der Bewertung der Alternativen "mittlere" Kompromißwerte ergibt.

Beispiel: Vorgehen der Alternativenbewertung

Merkmals-kenn-ziffer	Gewicht	Alternative A		Alternative B	
		Punkt-wert	Gewichte-ter Wert	Punkt-wert	Gewichte-ter Wert
1	5	7	35	5	25
2	3	5	15	5	15
3	7	5	35	8	56
4	3	8	24	8	24
5	4	5	20	5	20
6	3	10	30	8	24
7	5	6	30	6	30
8	7	10	70	8	56
9	7	5	35	10	70
10	4	7	28	8	32
11	2	8	16	8	16
12	2	2	4	2	4
			342 ===		372 ===

Abb. 50: Beispiel Alternativenbewertung

Die Schlüssigkeit der Alternativenbewertung ist außer an die Frage der Anerkennung des Realitätsgehaltes und der Akzeptanz u.a. auch an die Erzielung hinreichend differierender Punktwertalternativen je Lösung gebunden. So folgt aus dem Beispiel der Abbildung 50 die Frage, ob eine Punktwertdifferenz von ca. 10% ausreichend ist, um eine deutliche Differenzierung zu begründen. Das Instrument der Sensitivitätsanalyse, auf die hier nicht näher eingegangen werden soll, ermöglicht es prinzipiell, die Veränderungen von Endergebnissen in Abhängikeit von Einzelwerten und Gewichten zu untersuchen.

Das vorgestellte Bewertungssystem kann noch durch folgende Varianten bereichert werden. Es können z.B. einzelne der Komponenten zu K.-o.-Kriterien erklärt werden, so daß eine Zuordnung von null Punkten zum Ausscheiden dieser Alternative führt. Eine andere Möglichkeit besteht in der "Muß-Soll-Kann-Variante", bei der der Kriterienkatalog entsprechend gruppiert wird: Die Muß-Kriterien haben den Charakter von K.-o.-Werten, die Soll-Kriterien dürfen ein bestimmtes Mindestniveau (Mindestpunktzahl) nicht unterschreiten, und die Kann-Kriterien dürfen beliebige Werte annehmen. Die geschilderten Probleme gelten jedoch - wenn auch mit gewissen Einschränkungen - ebenfalls für die Varianten.

Die Abbildungen 48, 49 sowie 50 bringen ein Beispiel zur Methodik der Nutzwertanalyse.

2.6. Grenzen der Wirtschaftlichkeitsbeurteilung

Bei den einzelnen Verfahren - Kostenvergleichsrechnung, Kostennutzenrechnung sowie Nutzwertanalyse - wurde bereits auf spezifische Grenzen und Probleme hingewiesen. Zusammenfassend können folgende Grenzen der Wirtschaftlichkeitsbeurteilung insgesamt herausgestellt werden:

1. Zielsetzung

Eine unscharf oder überzogen formulierte Zielsetzung kann dazu führen, daß bei Einsatz der Verfahren sowie der jeweils konkreten Durchführung einer solchen Analyse Ergebnisse entstehen, die entweder nicht der Zielsetzung entsprechen oder aber zu ihrer Erreichung manipuliert und verfälscht werden.

2. Qualität der Daten

Planungs-, Prognose- und Analysemethoden sind im Hinblick auf die von ihnen zu erwartenden Ergebnisse grundsätzlich nur so gut wie die Qualität der Daten, die zu ihrer Berechnung verwendet werden. So sind Aussagen über Kosten-Nutzen-Rechnungen nur insoweit als Entscheidungsgrundlage einsetzbar, als alle Datenprojektionen nicht mit zu großer Unsicherheit behaftet sind oder zu subjektive Schätzungen beinhalten. Der Einsatz von präzisen Rechenverfahren täuscht oft über die Qualität der verwendeten Daten hinweg.

3. Akzeptanz der Komponenten

Nicht nur bei Nutzwertanalysen, sondern auch bei Kosten-Nutzen-Rechnungen ist es notwendig, daß die berechneten oder verwendeten Komponenten von den Entscheidern akzeptiert werden. Nur dann besteht eine Chance, daß sie die vorgelegten Ergebnisse zur Grundlage ihrer Entscheidung nehmen.

4. Prognosefähigkeit der Beurteiler

Es wurde bereits darauf hingewiesen, daß insbesondere bei mehrjährigen Entwicklungsprojekten eine Prognose der Technologie und der organisatorischen Umgebung, in die diese Technologie plaziert werden soll, vorgenommen werden muß. Hierbei wird die Prognosefähigkeit der Beurteiler stark gefordert: Je ungewisser die Prognose der technischen Entwicklung ist, desto weniger wahrscheinlich werden die organisatorischen Auswirkungen realisiert werden können. Wenn aber Ziele und Nutzen verwirklicht werden sollen, ist es notwendig, eine einigermaßen sichere Ausgangsbasis und zuverlässige Projektionen zur Verfügung zu haben.

5. Relevanz der Komponenten

Die Entwicklung zeigt, daß bestimmte Komponenten, die innerhalb einer Entscheidungssituation für wesentlich angesehen werden oder deren Projektion für zukünftige Entwicklungen für wichtig gehalten wird, ihr Bedeutungsgewicht im Verlauf der Zeit ändern können. So ließe sich vorstellen, daß arbeitsmarktpolitische Überlegungen zu verschiedenen Betrachtungszeitpunkten zu einer anderen Beurteilung von Produktivität, Personaleinsparungen und Freisetzungen führen könnten. Sofern die Bedeutung der Merkmale nicht weitgehend zeitinvariant ist, sind Fehleinschätzungen nicht auszuschließen.

6. Aufwand für die Erstellung

Es ist kaum in Abrede zu stellen, daß eine Wirtschaftlichkeitsbeurteilung sowohl auf der Basis von Kosten-Nutzen-Rechnungen als auch mit Hilfe von Nutzwertanalysen vor allem dann einen beachtlichen Erstellungsaufwand verursachen kann, wenn die betreffenden Daten und Informationen nicht vorliegen, sondern erst erhoben werden müssen. Dies führt zu der Forderung, daß die Bedeutung eines zu beurteilenden Projektes im Verhältnis zum Aufwand der Wirtschaftlichkeitsbeurteilung stehen muß. So scheint es sinnvoll, Projekte zu kategorisieren und zu klassifizieren, um nur diejenigen Projekte einer detaillierten Beurteilung zu unterwerfen, die von ihrer Größe her einen solchen Aufwand rechtfertigen. Die Vorkategorisierung nach A-, B- und C-Projekten kann dazu beitragen, sich lediglich auf bedeutungsvolle zu konzentrieren.

7. Akzeptanz der Ergebnisse

Die Akzeptanz der Ergebnisse ist an die gewollte Rationalität der Entscheider gebunden. So zeigt sich häufig, daß zwar ausgefeilte Verfahren der Wirtschaftlichkeitsbeurteilung eingesetzt werden, die Entscheidung dann aber doch nach "Intuition" erfolgt. Hier soll nicht einer Rationalität von Managemententscheidungen um jeden Preis das Wort geredet werden. Es erscheint lediglich unter betriebswirtschaftlichen Aspekten nicht sonderlich sinnvoll, mehr oder weniger aufwendige Wirtschaftlichkeitsbeurteilungsverfahren durchzuführen, um dann gegen die von ihnen gelieferten Ergebnisse zu entscheiden. So zeigt sich häufig, daß zwar ausgefeilte Verfahren der Wirtschaftlichkeitsbeurteilung eingesetzt werden, die Entscheidung dann aber doch intuitiv gefällt wird, wenn der Entscheider aufgrund von zu geringer Vorbildung in der Technik des Berechnungssystems, insbesondere aber seiner spezifischen Konstruktionselemente und -strukturen sich dem System mehr oder weniger ausgeliefert fühlt. Die Folge einer solchen Konfrontation kann einmal in der absoluten Ablehnung des Systems und der von ihm vorgeschlagenen Informationen oder Lösungen liegen, oder zum anderen in einer hierdurch hervorgerufenen Streßsituation, der sich der Nutzer auf Dauer nicht gewachsen fühlt. Hierzu werden unter dem Aspekt der Akzeptanz noch weitere Überlegungen angestellt.

Literaturhinweise:

BAUER, W. (1986): S. 84-92 (Kosten-/Nutzenaspekte als Grundlage für die Einführung von PC-Lösungen)

BERENDES, S. (1988): S. 34-42 (Zur Problematik der Wirtschaftlichkeit von Bürosystemen)

HÖRING, K., SPENGLER-RAST, Ch. (1983): S. 49-59 (Wirtschaftlichkeitsbetrachtung)

LESCHKE, H. (1989/I): S. 65-68 (Kosten-/Nutzenanalyse)

LOCKEMANN, P.C. u.a. (1983): S. 26-35 (Kennzahlen im Unternehmen); S. 99-109 (Nutzen Bewertungsmethode)

MUNTER, H. (1982): S. 347-364 (Überlegungen zur Wirtschaftlichkeit und zur Rationalisierung der Textverarbeitung)

SCHERIFF, J. (1986): S. 3-15 (Ermittlung der Wirtschaftlichkeit moderner Informations- und Kommunikationssysteme)

ZANGL, H. (1987): S. 106-142 (Wirtschaftsrelevante Aspekte der Durchlaufzeiten); S. 143-164 (Fallbezogene Kostenanalyse von Büroarbeitsprozessen); S. 193-264 (Rationalisierung der Büroarbeit als betriebswirtschaftliche Aufgabe)

3. DIE ORGANISATORISCHE KONZEPTION

3.1. Betriebsorganisatorische Probleme

3.1.1. Organisationskonzeption

Die Inhalte des organisatorischen Teils der BK-Konzeption werden in Abbildung 51 dargestellt.

Es ist sinnvoll, hierbei zwischen einem betriebsorganisatorischen und einem sozialorganisatorischen Teil zu unterscheiden. Die Betriebsorganisationskonzeption beschäftigt sich mit

- Strukturfragen,
- Aufgaben/Funktionen,
- Ablaufprozessen sowie
- Wissens- und Ausbildungsfragen.

Die Sozialorganisationskonzeption behandelt

- Führungs- und Motivationsprobleme,
- Akzeptanzprobleme sowie
- Kommunikationsprobleme.

Hierbei sind die einzelnen Teile nicht immer überschneidungsfrei. Vor allem Wissens- und Ausbildungsfragen haben sowohl eine betriebsorganisatorische als auch eine sozialorganisatorische Komponente.

Der Zusammenhang der allgemeinen betriebsorganisatorischen Fragestellungen mit denen der Bürokommunikation ergibt sich generell aus folgenden Überlegungen:

Strukturfragestellungen und Bürokommunikation sind durch das Kriterium der Hierarchie miteinander verbunden. Organisations- und Informationshierarchien entsprechen sich in starkem Maße. So bedeutet normalerweise eine höhere Positionierung in der Hierarchie eine größere Verfügung über Informationen. Wenn durch die Bürokommunikation das gesamte Informationssystem verändert und umstrukturiert wird, ergibt sich hieraus die Frage nach den Veränderungen, die sich ggf. über das Instrument der Informationshierarchie auf die organisatorische Hierarchie auswirken.

Funktion und Information hängen noch unmittelbarer zusammen. So bedeutet das Innehaben einer Funktion sowohl die Generierung als auch die Be- und Verarbeitung, vor allem aber die Nutzung von Informationen zur Durchführung einer Aufgabe. Hierbei ist der Arbeitsplatz aufgabenmäßig und in bezug auf die an ihm ablaufenden Prozesse informationell mit einer Vielzahl anderer Arbeitsplätze verbunden. Veränderungen der Aufgabe und der betriebsorganisatorischen Realprozesse müssen sich daher zwangsläufig auf die Informations- und Kommunikationsprozesse an dem und durch den Arbeitsplatz auswirken.

Auch die hierarchie- und funktionsbedingte Kommunikation, die sich in Befehls- und Berichtswegen sowie Kontrollprozessen äußert, kann durch Bürokommunikationssysteme entscheidend beeinflußt werden. So können Befehls- und Berichtswege auf elektronische Kommunikation umgestellt werden, Kontrollprozesse können computerisiert werden. Dies führt zwangsläufig zu einer Veränderung der funktionsorientierten Kommunikation zwischen einzelnen Hierarchieebenen.

Taktische Komponente

Organisatorische Komponente

Betriebsorganisationskonzeption
- Strukturfragen
  • hierarchische Struktur
  • Funktionalstruktur
- Aufgabe/Funktion
  • Führungsaufgaben
  • Fach- und Sachaufgaben
  • Unterstützungsaufgaben
- Ablaufprozesse
  • stellenspezifische Abläufe
  • prozeßspezifische Abläufe
  • Durchlaufzeiten als Ablaufproblem
- Wissens- und Ausbildungsfragen
  • Fachwissen
  • Funktionswissen

Sozialorganisationskonzeption
- Führungs- und Motivationsprobleme
- Akzeptanzprobleme
- Kommunikationsprobleme

Abb. 51: Organisatorische Komponente

Da die Sozialorganisation der Betriebsorganisation gewissermaßen unterlegt ist, müssen diejenigen Vorgänge, die funktions- und aufgabenspezifische Informations- und Kommunikationsprozesse beeinflussen, ebenfalls zu Konsequenzen in der Sozialorganisation führen. Eine computerisierte Kontrolle wirkt sich auf die Führungsprozesse aus, elektronische Kommunikation führt zur Veränderung sozialer Kommunikationsprozesse.

Die Gesamtheit dieser Aspekte soll in den Folgekapiteln 3.1.2. bis 3.1.4. sowie 3.2. behandelt werden.

3.1.2. Aufgaben und Funktionen als Bestimmungsparameter der Bürokommunikation

3.1.2.1. Führungsaufgaben und BK

Der Zusammenhang zwischen Führungsaufgabe und BK läßt sich in drei Hauptfragen fassen:

1. Wie ist die Aufgabe der Führungskraft beschaffen, und welche Unterstützung kann ihr hierbei durch BK gegeben werden?
2. Welche Anforderungen stellt die Führungskraft, und welche Möglichkeiten ergeben sich aus den unterschiedlichen Aufgaben?
3. Welche Produktivitätsverbesserungen sind erzielbar, und wie beeinflußt dies die Aufgabenstruktur?

Die Führungsaufgabe läßt sich durch die polaren Begriffe

- Sachbezogenheit vs. Personenbezogenheit sowie
- Strukturierbarkeit vs. Nichtstrukturierbarkeit

charakterisieren.

Das Merkmal der Sachbezogenheit bedeutet, daß bestimmte Teile der Führungsaufgabe, ebenso wie bei Fachkräften und Sachbearbeitern, durch Ressort- oder Funktionsbereichszugehörigkeit bestimmt werden. Andere Teile ergeben sich aus den spezifischen Menschenführungsfunktionen und sind damit personenbezogen. Zu den personenbezogenen Aufgaben gehören

- Motivation,
- Coaching (Anleiten, Steuern) sowie
- Pflege zwischenmenschlicher Beziehungsstrukturen.

Die sachbezogenen Aufgaben sind teilweise strukturierbar, und zwar in Abhängigkeit vom Aufgabentyp in Zusammenhang mit der hierarchischen Ebene: Die Top-Führungskraft hat normalerweise einen größeren Anteil nicht strukturierbarer Führungsaufgaben als die der unteren Ebene. Zu den nicht oder schlecht strukturierbaren Führungsaufgaben gehören

- strategische Aufgaben,
- Planungsaufgaben,
- Entscheidungsaufgaben,
- Kontrollaufgaben sowie
- Kommunikationsaufgaben.

Der strukturierbare Teil dieser Aufgaben - z.B. bei strategischen Aufgaben das Sammeln der Basisinformationen oder bei Planungsaufgaben das Berechnen von Planvarianten - wird durchweg nicht von der Führungskraft selbst, sondern von Unterstützungskräften oder Sachbearbeitern ausgeübt. Dies schließt allerdings nicht aus, daß auch bestimmte Bestandteile dieser Aufgaben teilweise strukturierbar und damit durch

Computerunterstützung lösbar sind. Eine Übersicht über die Computerunterstützung schlecht oder nicht strukturierbarer Aufgaben von Führungskräften gibt die Abbildung 52. Die als Werkzeuge aufgeführten Unterstützungsmöglichkeiten sind stark an BK-Systemen ausgerichtet. So sind Spreadsheets, Verfolgungs- und Abfragesysteme sowie Kontrollsysteme zwar auch auf Großcomputern oder entsprechenden Terminals verfügbar, wesentliche Impulse zu ihrer Verbreitung in diesem Sektor erhielten sie jedoch bereits seit Jahren durch die Möglichkeit, solche Unterstützungen über PCs nutzen zu können. Der Charakter der Computerunterstützung läßt u.a. erkennen, daß sie sich schwerpunktmäßig auf diejenigen Teile der Aufgabe von Führungskräften bezieht, die möglicherweise in den Arbeitsbereich von Unterstützungskräften fallen.

Computerunterstützung von Führungsaufgaben				
	Computerunterstützung hoch	 mittel	 gering	Werkzeuge
Strategische Aufgaben			x	Expertensysteme
Planungsaufgaben	x	x		Spreadsheets
Entscheidungsaufgaben		x		Abfragesysteme
Kontrollaufgaben	x			Verfolgungs- und Abfragesysteme
Kommunikationsaufgaben		x		Vernetzung
Personalführungsaufgaben		x		Abfrage- und Kontrollsysteme

Abb. 52: Computerunterstützung von Führungsaufgaben

Die Möglichkeiten der Computerunterstützung bei schlecht strukturierten Aufgaben lassen sich wie folgt zusammenfassen:

1. Zurverfügungstellung von relevanten Informationen
2. Anbieten von Entscheidungsalternativen in bezug auf Wege/Regeln sowie Ergebnisse
3. Vorstrukturierung bzw. Empfehlung von Informationsalternativen, Befreiung von Suchaufgaben
4. Zurverfügungstellung von Warn-/Frühwarnsystemen

Für die Aufgaben gibt es eine Anzahl speziell PC-ausgerichteter Softwarepakete.

Diese Möglichkeiten machen deutlich, daß auch hier die Computerunterstützung in den Aufgabenbereich von Unterstützungskräften eingreift. So ist das Zurverfügungstellen oder Vorstrukturieren von Informationen sowie die Befreiung von Suchaufgaben eine typische Arbeit von Unterstützungskräften. Das Anbieten von Entscheidungsalternativen beinhaltet eine höhere Qualifikation und würde in traditioneller Organisationsform durch Unterstützungsstäbe vorgenommen werden. Hierbei darf allerdings die Qualität der Entscheidungsalternativen nicht grundsätzlich gleich hoch eingeschätzt werden, da die meisten zur Verfügung stehenden Systeme (z.Zt. noch) Beschränkungen aufweisen.

Diese Unterstützungsmöglichkeiten wurden im Verlaufe der letzten Jahre qualitativ und quantitativ ständig verbessert. Ihre Verbesserung ist einerseits zu begrüßen, beinhaltet andererseits aber bestimmte Gefahren, und zwar

- Gefahr systembegrenzter Suche,
- Reduzierung der Kreativität sowie
- "Glauben" von Lösungen.

Die Reduzierung der Kreativität ist meist gleichzeitig ein Verlust an Intuition. Die Gefahr einer Computergläubigkeit ist schon seit langem bekannt und diskutiert worden. Durch die Instrumente der Bürokommunikation besteht die Möglichkeit, daß dieser Trend noch verstärkt wird: Die Führungskraft greift auf "eigene" Datenbanken, Informationsfelder und Modelle zurück und versucht nicht mehr, persönliche Kreativität in Lösungen zu investieren und außerhalb des vorgegebenen Systems (systembegrenzte Suche) Informationen und Lösungen zu suchen. Auch sollte die "Anregungsfunktion", die durch zwischenmenschliche Kontakte zustande kommt, nicht unterschätzt werden: Der kritische Frager, der nachdenkende Mitarbeiter hat häufig eine Katalysatorfunktion, die nur im persönlich-zwischenmenschlichen Kontakt zum Tragen kommen kann. Dies kann insbesondere bei schlecht strukturierten Aufgaben von großer Bedeutung sein.

Sofern es sich um strukturierte Sachaufgaben handelt, sind die Anforderungen der Führungskräfte weitgehend identisch mit denen von Fachkräften und Sachbearbeitern. Diese Anforderungen lassen sich summarisch wie folgt darstellen:

Bei Entscheidungsaufgaben werden

- schnelle Informationen über relevante Tatbestände,
- aktuell und problemgerecht aufgearbeitete Informationen,
- Optimierungshilfen durch Standardwerkzeuge sowie
- Hilfen bei der Simulation von Alternativen

zur Unterstützung angeboten und gefordert. Die Aufzählung zeigt, daß auch hier einerseits entscheidungsunterstützende Informationen - schnell, aktuell und problemgerecht aufgearbeitet - verlangt werden sowie andererseits Modelle und Simulationshilfen.

Modelle werden vielfach aufgrund der Komplexität der mit ihnen verbundenen Rechenfunktionen in der Modellbank des Großcomputers liegen, Simulationshilfen - insbesondere solche, die auf das Durchrechnen von Alternativen beruhen - sind arbeitsplatzspezifisch und stehen damit als Werkzeuge der BK zur Verfügung.

Bei Planungsaufgaben werden

- Informationen über Soll-Ist-Daten abgelaufener Zeiträume,
- graphische Hilfen sowie die Verbindung von Daten und Texten,
- flexible Änderbarkeit von Plangrößen,
- Simulation anderer Planbereiche und die Auswirkung von Restriktionen sowie
- Optimierungshilfen und -modelle

sinnvoll einzusetzen sein. Auch hier zeigt sich, daß außer den informationsunterstützenden Aufgaben Simulations- und Optimierungsmodelle eine große Bedeutung haben. Hierfür gelten die gleichen Bedingungen wie bei den Entscheidungsaufgaben. Zusätzlich allerdings sind speziell im Bereich der Planung noch graphische Hilfen und die über integrierte Pakete erfolgende Verbindung von Bildern, Texten und Daten gefordert. Dies wird auf Arbeitsplatz-Computern durch entsprechende Tools angeboten.

Auch bei Kontrollaufgaben sind Unterstützungen, wie

- Abfragbarkeit von Arbeitsergebnissen,
- Darstellung von Vorgängen, auf denen Arbeitsergebnisse beruhen sowie
- Durchführung von Soll-Ist-Vergleichen,

sinnvoll einzusetzen. Auch hier ergibt sich, daß die Anforderungen, die aufgrund von strukturierten und strukturierbaren Sachaufgaben von Führungskräften gestellt werden, solche sind, die üblicherweise von Unterstützungskräften wahrgenommen werden.

Die vorstehenden Ausführungen haben deutlich gemacht, daß Unterschiede zwischen Computerunterstützung durch Groß-Computer und auf der Basis von Bürokommunikationsgeräten (Arbeitsplatzcomputern) in den meisten Fällen kaum sinnvoll getroffen werden können. Die Werkzeuge, die ursprünglich lediglich auf PCs zur Verfügung gestanden haben, sind zunehmend Allgemeingut geworden, werden auch auf Großsystemen eingesetzt und sind arbeitsplatzspezifisch abrufbar. Die Individualität der Be- und Verarbeitung liegt in diesem Fall stärker auf der Möglichkeit, die Tools standardmäßig am Arbeitsplatz abzuwandeln, zu archivieren und in Zukunft entsprechend nutzen zu können. So wird also z.B. ein Spreadsheet-Programm zur Erzeugung von arbeitsplatzspezifischen Spreadsheets eingesetzt, die - als Dateien abgelegt - abrufbar, anpaßbar und mit oder ohne Veränderungen einsetzbar sind. Ziel des Technologieeinsatzes ist auch hier die Verbesserung der Produktivität am Arbeitsplatz. Aus den obigen Ausführungen geht hervor, daß diese Anwendung bei Führungskräften sich vor allem auf strukturierte oder strukturierbare Sachaufgaben bezieht.

Die Abbildung 53 enthält einen Tätigkeitskatalog, der für Führungskäfte und qualifizierte Sachbearbeiter als typisch angesehen werden kann. Der Gesamtkatalog ist in Tätigkeitsgruppen gegliedert, die ihrerseits Einzeltätigkeiten beinhalten.

Tätigkeiten
Dokument-Erstellung - Konzept schreiben - Diktieren - Formulare ausfüllen - Schreiben - Verw. Textautomat - Korrekturlesen - Dokumente sortieren - Dokumente zusammenstellen - Kopieren Dokument-Verwaltung - Eingangspost bearbeiten - Eingangspost verteilen - Ausgangspost bearbeiten - Ablegen Informationssuche - aus Ablage - aus DV-Beständen - Lesen Kommunikation - Telefonieren - Besprechungen - Konferenzen - Reisen Individuelle Tätigkeit - Auswerten von Informationen - Rechnen - Planen - Terminalnutzung - Schulung - in der Schulung - Präsentationen vorbereiten Verwaltung - Terminkalender führen - Termine planen - Wartezeiten - Techn. Ausrüstung nutzen - Sonstiges

Abb. 53: Tätigkeiten (Quelle: Booz, Allen & Hamilton)

Die Gruppentätigkeiten sind
- Dokumenterstellung,
- Dokumentverwaltung,
- Informationssuche,
- Kommunikation,
- individuelle Tätigkeit sowie
- Verwaltung.

Die Struktur der Tätigkeitsgruppen und die aufgeführten Einzeltätigkeiten lassen erkennen, daß die Zusammenfassung von Führungskräften und qualifizierten Sachbearbeitern selbst bei identischer Tätigkeit nicht die gleichen Tätigkeitsinhalte repräsentieren muß. So wird z.B. die Tätigkeit "Konzeptschreiben" bei Führungskräften mit Sekretariatsunterstützung ein völlig anderes Gewicht haben als bei qualifizierten Sachbearbeitern. Andererseits wird die Tätigkeit "Rechnen" - sofern es sich nicht um Ingenieur-Tätigkeiten handelt - bei Sachbearbeitern im Vergleich zu Führungskräften das deutlich höhere Gewicht aufweisen. Eine auf der Basis dieser Tätigkeiten durchgeführte Untersuchung wies tätigkeitsgruppen- und tätigkeitsspezifische Produktivitätsverbesserungen auf, die in der Abbildung 54 dargestellt werden. Aus der Abbildung 54 läßt sich feststellen, daß drei Tätigkeitsgruppen an der Spitze des Produktivitätsverbesserungspotentials stehen, und zwar:

Dokumenterstellung	4,76%
Informationssuche	3,65%
Kommunikation	2,76%

Deutlich niedriger sind für diese Mitarbeitergruppe die Produktivitätsverbesserungen im Bereich
- Dokumentverwaltung,
- individuelle Tätigkeiten sowie
- Verwaltung.

Eine Gruppierung der Tätigkeiten mit einem Produktivitätsverbesserungspotential von über 1% führt zu sechs Tätigkeiten, die kumuliert über zwei Drittel der gesamten Produktivitätsverbesserung ausmachen. Die verbleibenden 26 Einzeltätigkeiten erbringen dann noch knapp ein Drittel der Produktivitätsverbesserung. Dieses Beispiel macht einerseits den Ansatz für Produktivitätsverbesserungen in einzelnen Tätigkeiten deutlich, zeigt andererseits aber auch die Grenzen auf. Sie liegen darin, daß die Gesamtheit der Tätigkeiten nach dem heutigen Stand des Technologieeinsatzes nur zu einem Bruchteil technikunterstützt verbessert werden kann, insbesondere wenn man in Betracht zieht, daß die derzeit kaum unterstützbaren Tätigkeiten über 50% der Arbeitszeit ausmachen. Auch sollte die Gesamtstruktur der hier aufgeführten Tätigkeiten nicht unbedingt als typisch angesehen werden: So weisen andere Studien aus, daß bei Führungskräften die beiden (getrennt aufgeführten) Tätigkeiten Kommunikation und Besprechungen/Reisen deutlich über 50% der gesamten Arbeitszeit ausmachen, was - diese Tätigkeitsstruktur vorausgesetzt - das Produktivitätsverbesserungspotential beträchtlich reduzieren würde.

Produktivitätsverbesserung durch BK-Einsatz			
Führungskräfte und qualifizierte Sachbearbeiter (Gesamtindustrie)			
Tätigkeitsgruppe	% Zeit	% Prod.	Prod.-Verb.
1. Dokument-Erstellung	23,97	5,03	4,76
2. Dokument-Verwaltung	16,56	11,11	1,49
3. Informationssuche	16,85	4,76	3,65
4. Kommunikation	29,96	10,86	2,76
5. Individuelle Tätigkeiten	15,48	8,95	1,73
6. Verwaltung	6,57	9,95	0,65
Total	99,94		15,04
Tätigkeiten mit Produktivitätsverbesserungen über 1%			
Konzept schreiben (1)	14,94	16,67	2,49
Korrekturlesen (1)	3,20	31,22	1,00
aus Ablage suchen (3)	4,07	36,87	1,50
aus DV-Beständen suchen (3)	7,15	28,84	2,06
Telefonieren (4)	11,53	15,74	1,82
Rechnen (5)	6,47	23,96	1,54
Total	47,36		10,41
Sonstige Tätigkeiten (26 Tätigkeiten)	52,24		4,62
Gesamt	99,94		15,03

Abb. 54: Produktivitätsverbesserung durch BK-Einsatz (Quelle: Booz, Allen & Hamilton, eigene Berechnungen)

3.1.2.2. Fach-/Sachaufgaben und BK

Während bei der Führungsaufgabe festgestellt wurde, daß sie einen hohen Anteil an unstrukturierten und personenbezogenen Teilaufgaben enthält, läßt sich bei der Fach- bzw. Sachaufgabe die Strukturiertheit und Bindung an sachliche Prozesse ausmachen. Während Führungsaufgaben einen beachtlichen Anteil an Dispositionstätigkeiten beinhalten, sind Sachaufgaben im wesentlichen Durchführungstätigkeiten. Hieraus lassen sich bestimmte Anforderungen an die Technikunterstützung ableiten, die zunächst einmal sowohl für die Groß-EDV als auch für Arbeitsplatzcomputer zutreffen. Es handelt sich hierbei um

- Unterstützung von Standardarbeitsabläufen,
- Abfragemöglichkeit eines Standardinformationsspektrums,
- Verständlichkeit und Eindeutigkeit der erfragten und erhaltenen Informationen,
- breite Datenbasis zur Reduzierung des Erfassungsaufwandes,
- geringe Wartezeiten bei Such- sowie Be- und Verarbeitungsprozessen,
- einfache Handhabung der Bedienerfunktionen sowie strukturierte, möglichst gleichbleibende Masken für Eingabe, Verarbeitung und Ausgabe
- Regelung von Ausnahmesituationen bei Normierung des Normalfalles,
- Abfragbarkeit von Alternativen der Bearbeitung und Bearbeitungsmöglichkeiten sowie
- Eingabe von Grenzwerten durch den Entscheidungsträger.

Die Anforderungen lassen klar ein bestimmtes Muster erkennen, das sich einerseits auf die Standardisierungsmöglichkeiten bei den Aufgaben und Abläufen bezieht, aber andererseits bedienerfreundliche Normierungen beinhaltet. Die Unterstützung wird damit von vertieften Kenntnissen der Informationsverarbeitungs- und -übermittlungsprozesse unabhängig und reduziert sich auf das perfekte Beherrschen der Bedienerfunktionen. Lediglich der letzte Punkt der Eingabe von Grenzwerten durch den Entscheidungsträger stellt einen fließenden Übergang zu Simulationsvorgängen dar.

Die Unterstützungsmöglichkeiten an Sachbearbeiter-Arbeitsplätzen erstrecken sich im wesentlichen auf

- Textbe- und -verarbeitungsfunktionen sowie
- lokale Auswertungen.

Textbe- und -verarbeitungsfunktionen werden insbesondere dann eine beachtliche Bedeutung haben, wenn an dem betreffenden Arbeitsplatz umfangreiche Texterstellungen anfallen und keine zentrale Textverarbeitung im Unternehmen gegeben ist. Typische Funktionen sind: Texte neu anlegen, überarbeiten, verbessern und strukturieren, Texte unter Einfügen von bestimmten Parametern ausdrucken und mischen sowie Spezialfunktionen, wie Durchsuchen, Sortieren, Indizieren o.ä.

Das typische Funktionsspektrum zur Vornahme lokaler Auswertungen besteht in der Durchführung von

- arithmetischen Operationen (kaufmännischen Operationen),
- logischen Operationen,
- Such-, Ersetzungs-, Duplizierungs-, Änderungsfunktionen,
- Aufbau, Ausschnitt oder Zusammenfügen von Tabellen,
- Eingeben von Texten, Werten und Operationsbefehlen sowie
- Anzeigen, Speichern und Ausgeben von Dateien.

Hiermit wird dem Sachbearbeiter ein Spektrum von unterstützenden Tools zur Verfügung gestellt, das ihn in die Lage versetzt, spezifische Standardauswertungen selbst vorzunehmen, Variationsrechnungen durchzuführen und Kontrollprozesse zu organisieren.

Produktivitätsverbesserung durch BK-Einsatz			
Strukturierte Sachbearbeiter-, Schreib- und Sekretariatsdienste (Gesamtindustrie)			
Tätigkeitsgruppe	% Zeit	% Prod.	Prod.-Verb.
1. Dokument-Erstellung	45,02	2,80	16,06
2. Dokument-Verwaltung	14,09	3,98	3,54
3. Informationssuche	8,99	3,40	2,64
4. Kommunikation	16,17	10,64	1,52
5. Individuelle Tätigkeiten	7,21	11,26	0,64
6. Verwaltung	7,52	15,35	0,49
Total	99,01		24,88
Tätigkeiten mit Produktivitätsverbesserungen über 1%			
Konzept schreiben (1)	7,86	23,68	1,86
Schreiben (1)	20,81	42,54	8,85
Korrekturlesen (1)	3,98	37,30	1,49
Kopieren (1)	5,72	44,54	2,55
Eingangspost bearbeiten (2)	5,67	20,90	1,18
Ablegen (2)	4,56	34,86	1,59
aus Ablage suchen (3)	4,89	42,44	2,07
Telefonieren (4)	11,11	12,15	1,35
Total	64,69		20,94
Sonstige Tätigkeiten (24 Tätigkeiten)	34,32		3,94
Gesamt	99,01		24,88

Abb. 55: Produktivitätsverbesserung durch BK-Einsatz (Quelle: Booz, Allen & Hamilton, eigene Berechnungen)

Der Ansatz zu Produktivitätsverbesserungen beginnt wiederum bei den Tätigkeiten und Tätigkeitsgruppen. Die Ausgangsbasis wird durch die Struktur der Abbildung 53 gegeben. Die konkreten Ergebnisse gehen aus der Abbildung 55 hervor. Bei der gleichen Gruppenstruktur ergeben sich für strukturierte Sachbearbeiter-, Schreib- und Sekretariatsaufgaben nahezu 25% Produktivitätsverbesserungspotential. Die Anzahl der Tätigkeiten mit Produktivitätsverbesserungsmöglichkeiten über 1% steigt, insbesondere aber steigt ihr Anteil am gesamten Produktivitätsverbesserungspotential. Die sonstigen Tätigkeiten beinhalten nur noch 4% Produktivitätsverbesserung und damit entfallen nahezu 80% der Produktivitätsverbesserungen auf einzelne Tätigkeiten, was die Möglichkeiten der Realisierung von Produktivitätsverbesserungen deutlich erhöht. Auch zeigt sich, daß die Struktur der Tätigkeiten mit hohem Verbesserungspotential überzeugender ist, da nahezu 12% auf Dokumenterstellungsprozesse entfallen. Dieses sind 50% des gesamten Verbesserungspotentials.

Der Dokumenterstellungsprozeß beruht auf

- Sekretariatsdiensten sowie
- Assistenzfunktionen.

Die Sekretariatsdienste wurden in der diskutierten Untersuchung nicht separat ausgewiesen. Es gibt jedoch eine Anzahl von Sekretariatsdiensten, die stärker zum Bereich der Assistenzfunktionen hin neigen als zu Schreibarbeiten. Es handelt sich hierbei um Zuarbeitungsaufgaben für die übergeordnete Instanz sowie solche, die sich aus der unmittelbaren Zusammenarbeit mit höheren Hierarchieebenen ableiten lassen. Hieraus ergeben sich einerseits Gemeinsamkeiten mit Fach- und Sachbearbeiteraufgaben, andererseits aber mit den Führungsaufgaben selbst. Die Unterstützungsaufgabe ist somit recht heterogen, und es hängt von ihrer konkreten Ausprägung ab, welche Technikunterstützung realisierbar ist. Hierbei kann aber auf die gleichen Anforderungs- und Unterstützungskategorien zurückgegriffen werden wie in den vorausgegangenen zwei Teilkapiteln.

3.1.3. Ablaufprozesse

3.1.3.1. Die Analyse von Abläufen als organisatorische Problemstellung

Ein Ablauf ist durch eine Anzahl von Vorgängen definiert, die zu einem Ergebnis führen sollen und auf der Basis dieses Begriffes unterschieden werden.

1. Vorgangsspezifische Abläufe sind solche, bei denen Teilvorgänge, ggf. sogar Arbeitselemente zu Abläufen komplexer Art zusammengefügt werden. In der Organisationsliteratur wird dieser Ablauf auch als Arbeitsgang bezeichnet. Da jedoch der Begriff des Arbeitsganges stark mit produktionswirtschaftlichen und/oder mechanischen Gangstufen und Elementen besetzt ist, soll für Abläufe im Büro möglichst der Begriff des "Vorganges" verwendet werden, der jedoch von seinen Strukturelementen her mit denen des Arbeitsganges weitgehend übereinstimmt.

2. Stellenspezifische Abläufe sind auf Vorgänge bezogen, die im Zeitverlauf an einer Stelle vorgenommen werden. Hierbei können die einzelnen Vorgänge zusammenhängend sein, können allerdings auch ergebnisfremd hintereinander abgewickelt werden. Diese stellenspezifischen Ab-

läufe sind bei Büroprozessen von besonderer Bedeutung, da die meisten Stellen im Büro auf eine Aufgabenvielfalt ausgelegt sind und im Gegensatz zu Produktionsbereichen nicht lediglich monoton einen und nur einen Vorgang wahrnehmen. Dieses Problem der Hintereinanderschaltung von heterogenen Arbeitsvorgängen wird noch einer besonderen Betrachtung unterzogen.

3. Prozeßspezifische Abläufe beziehen sich auf ein bestimmtes Arbeitsergebnis, bei dem die Vorgänge auf mehrere Stellen verteilt sind. Ein Prozeßablauf in dem hier gemeinten Sinn berührt also jeweils mehrere Stellen, führt zu Transportproblemen zwischen diesen und ggf. zu "Lagerproblemen". Der Gesamtprozeß besteht aus Arbeits-, Transport- und Liegevorgängen. Prozeßspezifische Abläufe sind ebenfalls ein bedeutungsvolles Betrachtungsobjekt in Büroprozessen und haben eine besondere Bedeutung für die Bürokommunikation.

Das Problem der Durchlaufzeit hängt mit sämtlichen dieser drei Ablaufarten zusammen. Das Organisationsprinzip der Minimierung der Durchlaufzeit, das sich als besonders beachtetes Problem für Büroprozesse erwiesen hat, muß demnach im Hinblick auf diese drei Ablaufspezifika untersucht werden.

Es wurde bereits festgestellt, daß eines der Ziele der Bürokommunikation darin besteht, arbeitsteilige Prozesse im Büro rückgängig zu machen und zur sog. "integrierten Vorgangsbearbeitung" zu kommen. Wenn dieses Ziel verwirklicht werden soll, setzt es Mischarbeitsplätze als Organisationsnorm voraus und führt dazu, daß insbesondere den stellenspezifischen Abläufen eine beträchtliche Bedeutung zukommt. Die Durchsetzung dieses Ziels als Organisationsnorm bringt eine Komplexitätsanreicherung an den einzelnen Arbeitsplätzen und wirkt sich aufgrund von personalen Synthesen auch auf die prozeßspezifischen Abläufe aus. Diese Fragefeststellungen sollen in den folgenden Kapiteln näher untersucht werden.

3.1.3.2. Stellenspezifische Abläufe

Da der einzelne Arbeitsplatz die Grundlage der stellenspezifischen Abläufe ist, muß sein jeweils typisches Profil als Ausgangspunkt für Überlegungen im Rahmen der Bürokommunikation dienen. In der Abbildung 56 wird ein Modell zur Typisierung von Stellen auf der Basis der Aufgaben vorgestellt. Hierzu ist die Aufgabencharakteristik sowie eine hiermit verbundene Ausprägung bestimmend. Sie wird - obwohl andere Skalierungen möglich wären - nach stark, mittel und schwach differenziert. Die Aufgabencharakteristik wird im Hinblick auf die durch die Aufgabe verursachte Beziehungsstruktur in Innen- und Außenbeziehung unterschieden. Weiterhin kann die Stelle, beeinflußt durch die an ihr wahrgenommenen Aufgaben, durch die Zugangsmöglichkeit zum Stelleninhaber gekennzeichnet werden.

Das Merkmal Fremdbestimmung bestimmt die aufgabenmäßige Unabhängigkeit des Stelleninhabers. Die folgenden drei Charakteristika

- Variabilität der Aufgabe,
- Heterogenität der Aufgabe sowie

- Teilaufgabengröße

beschreiben die Struktur der wahrgenommenen Aufgaben.

Typisierung von Stellen auf Basis der Aufgaben			
Aufgabencharakteristik	Ausprägung stark (3)	mittel (2)	schwach (1)
Innenbeziehungen Außenbeziehungen			
freie Zugangsmöglichkeit			
Fremdbestimmtheit			
Variabilität der Aufgaben Heterogenität der aufgaben Teilaufgabengröße			
Problemgehalt Innovationsgehalt Komplexitätsgehalt			

Abb. 56: Stellentypisierung nach Aufgaben

Die Merkmale

- Problemgehalt,
- Innovationsgehalt und
- Komplexität

kennzeichnen wesentliche Einflußparameter einer Technikunterstützungsmöglichkeit.

Auf der Basis dieser Typisierungsmerkmale können Stellen charakterisiert werden, wobei die Ausprägung dieser Merkmale kennzeichnend für hierarchische Positionierung und die Ausübung bestimmter Funktionen sind. Die Abbildung 57 gibt eine tabellarische Übersicht über eine Anzahl von Stellen und das hierzu gehörige Ausprägungsprofil. Hierbei darf nicht verkannt werden, daß die individuellen Gestaltungsmöglichkeiten vor allem beim Stellenprofil von Führungskräften zu bedeutenden Verschiebungen in den Profilgrößen führen können. So würde z.B. ein introvertierter Geschäftsführer aufgrund seiner Positionsmacht einen wesentlichen Teil seiner Außenbeziehungen möglicherweise anderen Führungskräften des Unternehmens übertragen. Ein anderer Topmanager, der ein sog. "offenes Büro" liebt, wird z.B. das Merkmal "freie Zugangsmöglichkeit" im Vergleich der möglichen Merkmalsausprägungen aufweisen.

Typisierung von Stellenaufgaben und deren Ausprägung für bestimmte Funktionen

	Führungskraft			Sachbearb.		U.kraft		Fach-kraft
	Top	mittl.	unt.	I	II	I	II	
Innenbeziehungen	3	3	2	2	2	3	2	2
Außenbeziehungen	3	1	3	1	3	3	1	1
freie Zugangsmöglichkeiten	1	1	3	3	3	3	3	1
Fremdbestimmtheit	1	2	2	3	3	3	3	2
Variabilität der Aufgaben	3	2	2	1	3	3	2	3
Heterogenität der Aufgaben	3	3	2	1	2	2	2	3
Teilaufgabengröße	2	1	2	1	1	1	3	3
Strukturierbarkeit	1	2	2	1	2	2	1	1
Problemgehalt	3	2	1	1	2	1	3	3
Innovationsgehalt	3	2	1	1	1	1	2	1
Komplexität	3	2	1	1	1	1	2	3

Top-Führungskraft (Geschäftsführer)
mittlere Führungskraft (Abteilungsleiter)
untere Führungskraft (Gruppenleiter)
Sachbearbeiter I (Rechnungswesen-Mitarbeiter)
Sachbearbeiter II (Vertriebsmitarbeiter)
Unterstützungskraft I (Sekretärin)
Unterstützungskraft II (Assistent)
Fachkraft ohne Führungsverantwortlichkeit (Revisor)

Ausprägung: 1 = schwach
2 = mittel
3 = stark

Abb. 57: Ausprägung von Stellenaufgaben

Die Abbildung 57 stellt somit lediglich Beispiele dar und zeigt die Vielfalt der möglichen Merkmalsausprägungen auf. Die Verfolgung der Zeilen gibt Auskunft darüber, wie die entsprechenden Merkmale bei typischen Stellen variieren: So sind in bezug auf das Merkmal "Komplexität" starke Ausprägungen lediglich beim Geschäftsführer und der

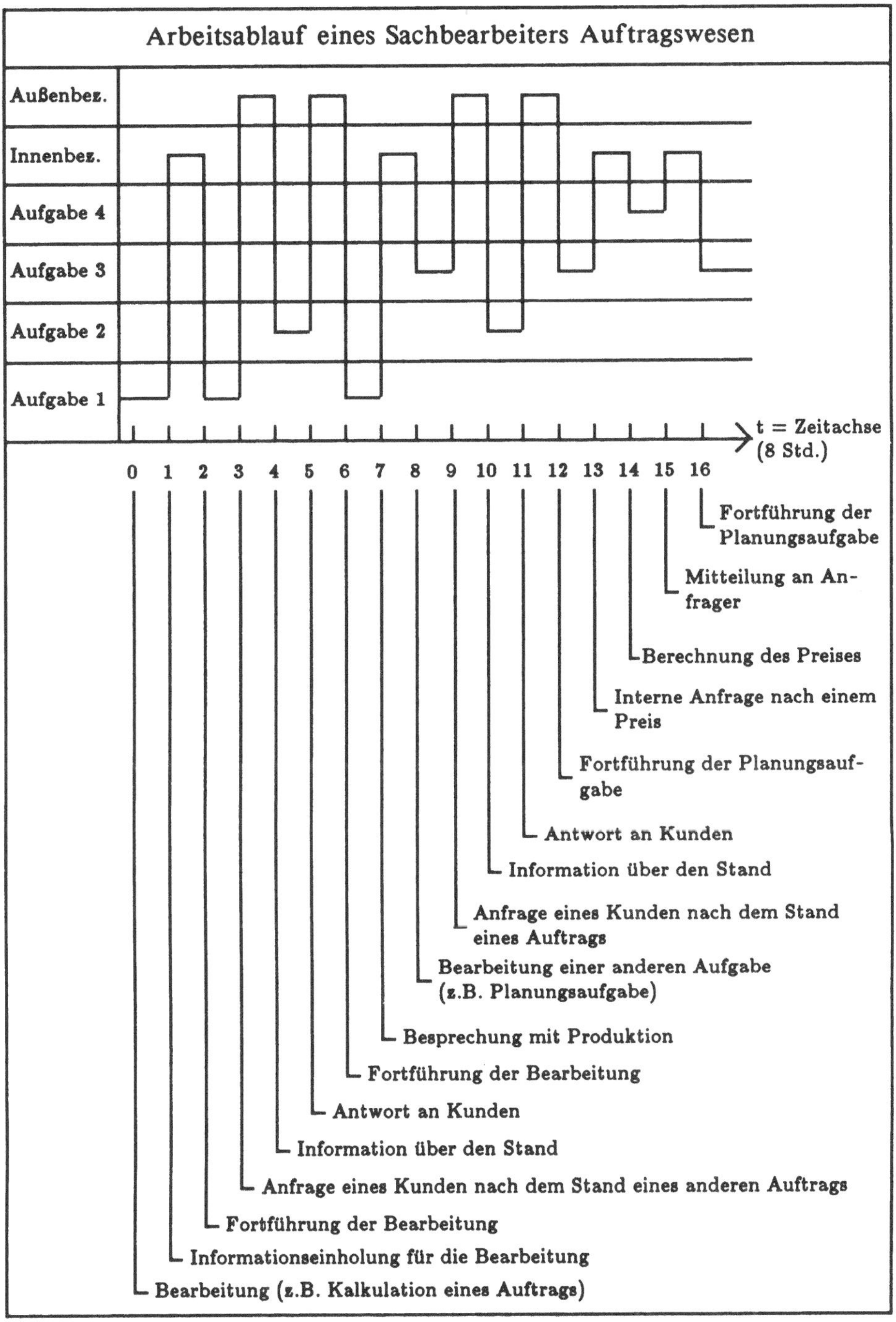

Abb. 58: Stellentypischer Arbeitsablauf (Beispiel)

Fachkraft gegeben, mittlere beim Abteilungsleiter und der Unterstützungskraft Assistent. Untere Führungskräfte, Sachbearbeiter und Unterstützungskraft Sekretärin weisen lediglich eine schwache Komplexitätsausprägung auf.

In bezug auf das Kriterium "Bürokommunikation und Technikunterstützung" lassen sich einige kritische Merkmale feststellen. So sind zum Beispiel starke Beziehungen ein Merkmal für ausgeprägte kommunikative Verflechtungen und führen zu der Notwendigkeit, elektronische Kommunikationsmittel möglicherweise in einem frühen Stadium zu nutzen. Das Merkmal Strukturierbarkeit der Aufgabe führt bei mittlerer und starker Ausprägung zur verstärkten Möglichkeit der Technikunterstützung und Produktivitätsverbesserung durch Technikeinsatz.

Wie sich die Merkmale Heterogenität der Aufgaben und Fremdbestimmtheit in Verbindung mit der Beziehungsstruktur auswirken, soll am Beispiel des Arbeitsablaufes eines Sachbearbeiters im Auftragswesen ausführlicher dargestellt werden. Einen Überblick über das Problem der hiermit verbundenen stellenspezifischen Abläufe im Sinne charakteristischer Profilkomponenten gibt die Abbildung 58. Der Sachbearbeiter nimmt in dem beobachteten Zeitraum vier verschiedene Aufgaben wahr und ist bestrebt, die Aufgabe 1 "Kalkulation eines Auftrages" bis zu ihrer Beendigung durchzuführen. Hierzu holt er intern bestimmte Informationen ein, wird im Verlaufe der Zeit durch die Beantwortung der Anfrage eines Kunden nach dem Stand eines anderen Auftrages (Aufgabe 2) unterbrochen und fährt nach der Beantwortung dieser Anfrage mit der Bearbeitung fort. Er nimmt dann an einer Besprechung mit der Produktion teil und ist aufgrund der Beendigung der Aufgabe 1 anschließend in der Lage, eine neue Aufgabe, z.B. eine Planungsaufgabe (Aufgabe 3), in Angriff zu nehmen. Auch hier finden wieder Unterbrechungen in Form einer Kundenanfrage sowie einer internen Informationsanforderung statt. Die interne Informationsanforderung veranlaßt ihn dazu, die Aufgabe 3 zu unterbrechen, zur Beantwortung der Anfrage einen Preis zu berechnen und diesen dem Anfrager mitzuteilen. Dieser durchaus typische Arbeitsablauf an einem Sachbearbeiter-Arbeitsplatz macht klar, daß das Nebeneinanderlaufen verschiedener Vorgänge zwar möglicherweise nicht wünschenswert, aber kaum vermeidbar ist. Wenn jetzt durch ganzheitliche Vorgangsbearbeitung eine Anreicherung der Arbeitsplätze mit weiteren Aufgaben (job enlargement) aufgrund der Technikunterstützung stattfindet, werden sich eine Vielzahl von solchen "Normalarbeitsplätzen" ergeben. Anders ausgedrückt: Je "tayloristischer" ein Arbeitsplatz organisiert ist, desto weniger werden aufgabenbedingte Unterbrechungen stattfinden, je stärker die Aufgabenvielfalt ist, desto größer wird das Unterbrechungsproblem.

Dies führt dazu, daß Arbeitsplätze mit heterogenen Aufgaben, Fremdbestimmtheit der Aufgabenerledigung und starken Innen- sowie Außenbeziehungen eine Technikunterstützung erfahren müssen, die es ihnen gestattet, dieses "Multitasking" effizient technikunterstützt abzuwickeln. Die Anforderung an den Arbeitsplatz-Computer bzw. die Groß-EDV beinhaltet daher, daß die betreffenden Mitarbeiter in der Lage sein müssen, für alle von ihnen abgewickelten Aufgaben komplikationslos eine Technikunterstützung zu erhalten. Dies ist z.B. bei modernen Arbeitsplatz-Computern nur durch echte Multitasking-Betriebssysteme möglich. Multitaskingfähigkeit mit den entsprechenden dahinterstehenden Betriebssystemen und Anwendungssoftwarepaketen muß daher für alle Arbeitsplätze als bedeutungsvoll angesehen werden, die die oben genannten Merkmalsausprägungen im Arbeitsplatzprofil aufweisen: variable, heterogene, fremdbestimmte Aufgaben mit wechselnder Komplexität und mindestens mittleren internen und externen Kommunikationsbeziehungen. Hieraus wird ersichtlich, daß im Rahmen der Bürokommunikationsanalysen nicht nur die Technikunterstützung an sich als Ergebnis erarbeitet, sondern daß vielmehr auch die arbeitsplatzspezifische Art von Anforderungen an Hardware, Software und Kommunikationsware untersucht werden muß. Die vorher angestellten Überlegungen bezüglich der Typisierung von Arbeitsplätzen erhalten durch dieses Beispiel ein besonderes Gewicht. Sie ermöglichen, für jede Organisation bestimmte Prototypen von Arbeitsplätzen herauszuarbeiten, denen jeweils entsprechende Technikunterstützungslösungen zugeordnet werden können.

3.1.3.3. Prozeßspezifische Abläufe

Die typischen Kriterien prozeßspezifischer Abläufe sind arbeitsteilige Prozesse mit

- Verteilung auf verschiedene Stellen,
- Transportnotwendigkeiten zwischen diesen Stellen,
- einer oder mehreren Liegezeiten sowie
- unterschiedlichen Vorgängen (Teilaufgaben).

Wenn man das Kriterium der Durchlaufzeit eines komplexen Vorganges zum Gegenstand der Betrachtung macht, können Maßnahmen zur Reduzierung der Durchlaufzeit mit Hilfe von Technikeinsatz an mehreren Stellen ansetzen:

1. Die Anzahl der arbeitsteiligen Prozesse kann durch Komplexitätsanreicherung teilweise oder ganz rückgängig gemacht werden.
2. Mit der Reduzierung der Arbeitsteilung werden die Transportvorgänge und -zeiten verringert.
3. Im Zusammenhang mit den Punkten 1 und 2 werden mit hoher Wahrscheinlichkeit auch Liegezeiten reduziert.
4. Die Technikunterstützung wird bei sorgfältiger organisatorischer Planung und Synthese zu kürzeren Be- und Verarbeitungszeiten bei den einzelnen Teilvorgängen führen.

Ein einfaches Durchlaufzeitenmodell wird in der Abbildung 59 dargestellt. In ihm finden 4 Transportvorgänge, 6 Liegevorgänge sowie 3 Bearbeitungsprozesse statt. Die Liegevorgänge werden durch den Bearbeitungsprozeß sowie durch die Transportvorgänge hervorgerufen. Dieses einfache Durchlaufzeitenmodell wird von Zangl (Zangl, 1985, S. 96f.) stärker differenziert durch Einführung von Rüstzeiten sowie durch eine Unterscheidung der gesamten Bearbeitungszeiten in reine Bearbeitungszeiten, Transformationszeiten sowie Kontroll- und Abstimmzeiten. Das Modell von Zangl (Abb. 60) wird dann einer Durchlaufzeitenminimierung unterworfen. Dies wird dadurch erreicht, daß bei einem relativen

Maximum der reinen Bearbeitungszeiten alle anderen Zeiten minimiert werden.

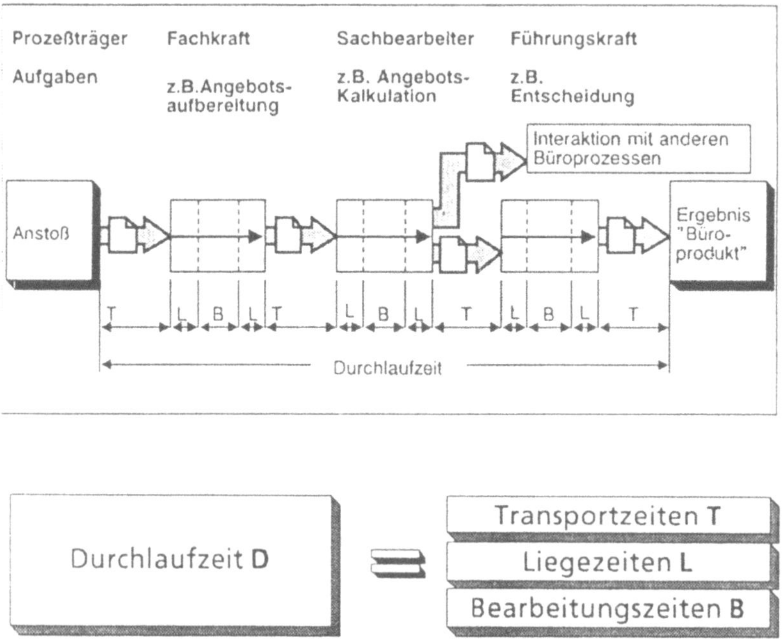

Abb. 59: Einfaches Durchlaufzeitenmodell (Quelle: Siemens, o.J.a, S. 5)

Das Beispiel in Abbildung 58 zeigt jedoch deutlich, daß auch das Durchlaufzeitenmodell von Zangl den Prozeßbearbeitungsvorgang nicht hinreichend genau abbildet, wenn stellenspezifische Abläufe mit in die Betrachtung einbezogen werden. Das der Realität angenäherte Modell muß demnach eine größere Komplexität aufweisen sowie mehr und differenziertere Vorgänge enthalten. Im folgenden wird ein komplexes Modell vorgestellt, welches die gesamte Vorgangsbearbeitungszeit in vier Basiszeiten unterteilt, nämlich

- Bearbeitungszeiten,
- Informations- und Kommunikationszeiten,
- Nebentätigkeitszeiten sowie
- Rüstzeiten.

Hierbei besteht die Bearbeitungszeit aus der Summe aller Einzelvorgangsbearbeitungszeiten und die Informationszeit aus der Summe aller

- Einzelinformationszeiten,
- Kommunikationszeiten und
- Transportzeiten.

Durchlaufzeitenminimierung	
1) Bearbeitungszeiten	t_B
2) Transformationszeiten	t_{Tf}
3) Kontroll- und Abstimmungszeiten	t_{KA}
4) Transportzeiten	t_T
5) Rüstzeiten	t_R
6) Liegezeiten	t_L

$$D_{min} = (t_B + t_{Tf} + t_R)_{min} + t_{T,min} + t_{KA,min} + t_{L,min}$$

$$D_{min} = (t_{B,max} + t_{Tf} + t_R)_{min} + t_{Z,min} + (t_B + t_{Tf} + t_R)_{min} + t_{T,min} + t_{KA,min} + t_{L,min}$$

Abb. 60: Durchlaufzeitenminimierung (Quelle: in Anlehnung an Zangl, 1985, S. 97)

Die Nebentätigkeitszeit ergibt sich aus der Summe aller
- Unterbrechungszeiten,
- Abstimmungszeiten,
- Wartezeiten sowie
- Störzeiten.

Die Rüstzeit wird in
- Grundrüstzeiten sowie
- Einarbeitungszeiten

untergliedert.

Hieraus ergeben sich elf selbständige Vorgangsarten, die noch jeweils - siehe einfaches Durchlaufzeitenmodell Abbildung 60 - eine Vielzahl von Einzelvorgängen der gleichen Vorgangsart beinhalten können. Wenn das Ziel der Durchlaufzeitenminimierung beibehalten wird, muß bei den einzelnen Vorgangsarten untersucht werden,
- auf welche Vorgangsarten sich Technikunterstützung auswirkt und
- ob und in welchem Umfang hierdurch Zeitenverringerungen zu erzielen sind.

Unter Einbeziehung der stellenspezifischen Abläufe können die Vorgangsarten anders gruppiert werden. Aus dieser Umgruppierung geht die Möglichkeit der Technikunterstützung stärker hervor, und es kann insbesondere ausgesagt werden, welcher Art die Technikunterstützung sein muß, um zur Verringerung von Durchlaufzeiten zu führen.

Vorgangs-/Prozeßbearbeitungsanalyse	
Vorgangsbearbeitungszeiten	T_V
Rüstzeiten	T_R
Bearbeitungszeiten	T_B
Informations- und Kommunikationszeiten	T_I
Nebentätigkeitszeiten	T_N
reine Einzelbearbeitungszeit	t_b
Kommunikationszeit	t_k
Informationszeit	t_i
Einarbeitungszeit	t_e
Unterbrechungszeit	t_u
Abstimmungszeit	t_a
Wartezeit	t_w
Störzeit	t_s
Transportzeit	t_{tr}
Grundrüstzeit	t_r
Liegezeit	t_l

$$T_V = T_B + T_I + T_N + T_K$$
$$T_B = t_b$$
$$T_I = t_k + t_i + t_{tr}$$
$$T_N = t_l + t_u + t_a + t_w + t_s$$
$$T_R = t_r + t_e$$
für alle t gilt, $t \geq 0$

Abb. 61: Vorgangs-/Prozeßbearbeitungsanalyse

So lassen sich die Vorgangsarten

- Einzelbearbeitung,
- Einarbeitung sowie
- Rüstvorgänge

zu einer Gruppe zusammenfassen, bei denen der Hauptansatzpunkt zur Verkürzung und Rationalisierung im Einsatz von Datenverarbeitunsgsanlagen als Arbeitsplatzrechner liegt. Hier werden die Einzelbearbeitungszeiten durch die Qualität der Programme sowie die Verfügbarkeit von Datenbanken, Modellen und Anwendungslösungen erreicht. Rationalisierung auf dem Gebiet der Einarbeitungszeiten wird durch benutzerfreundliche und einheitliche Arbeitsoberfläche - verstanden als die Gesamtheit aller dem Benutzer zur Verfügung stehenden Mittel und Hilfen, wie Masken, Bedienerführung durch das Programm, Verfügen über Funktionstasten o.ä. - erreicht. Die Rüstzeiten werden ebenfalls durch die verfügbaren Tools und die Arbeitsoberfläche beeinflußt. Auf die Problematik der Rüstzeiten wird im folgenden noch gesondert schwerpunktmäßig eingegangen.

Die Vorgangsartengruppe

- Informationszeiten sowie
- Kommunikationszeiten

wird durch die eingesetzten Arbeitsplatzcomputer einschließlich ihrer Software, Kommunikationsware sowie Datenbanken bestimmt. Von Bedeutung sind hier Tools, wie z.B. Abfragesprachen, beim Zugriff auf Datenbanken und deren Struktur. Zusätzlich zur Art der Technikunterstützung wird die Kommunikation noch mitbestimmt durch das Merkmal der Fremdbestimmtheit der eigenen Aufgaben. Dieses kann kommunikative Zwänge hervorrufen, die der Mitarbeiter auch durch Technikeinsatz nicht abzustellen in der Lage ist. Typisch hierfür sind Anrufe von Kunden, die einen Sachbearbeiter im Vertrieb bei anderen Arbeiten "stören".

Die Vorgangsartengruppe

- Transportvorgänge sowie
- Liegevorgänge

wird durch den Einsatz von Bürokommunikation stark unterschiedlich beeinflußt. So werden Transportvorgänge durch elektronische Übermittlung auf eine im praktischen Betrieb gegen null gehende Transportzeit zu kennzeichnen sein. Liegevorgänge hingegen ergeben sich aus dem Arbeitsanfall am Arbeitsplatz und sind - eine stapelweise Abarbeitung durch den Mitarbeiter vorausgesetzt - ausschließlich über Veränderungen und Verkürzungen der Bearbeitungszeiten reduzierbar. Zwar wird die Form des "Liegens" ggf. insofern entscheidend verändert, als nicht mehr papiergebundene Vorgansstapel am Arbeitsplatz liegen, sondern vielmehr elektronische "Warteschlangen" aufgebaut werden. Es ist wohl auch eine elektronische Prioritätenvergabe möglich, jedoch dürfte das kein entscheidender Unterschied im Vergleich zur Kennzeichnung von Vorgängen mit den Merkmalen "eilt" oder "dringend" darstellen. Eine prioritätengerechte Abarbeitung kann möglicherweise dadurch verbessert werden, daß über elektronische Speichermedien einem kontrollierenden Vorgesetzten ein leichterer Einblick in unbearbeitete Vorgänge gegeben ist.

Die Vorgangsarten

- Abstimmungsprozesse sowie
- Wartevorgänge

sind durch Technikunterstützung nur in geringem Maße beeinflußbar, wenn sie fremdbestimmt sind. So wird - um dieses an einem Beispiel zu verdeutlichen - eine Wartezeit nicht dadurch verkürzt, daß man statt auf das persönliche Erscheinen eines Sitzungsteilnehmers auf sein Erscheinen in einer Video-Konferenzzentrale wartet oder dadurch, daß ein auf elektronischem Wege vorgelegtes Entscheidungsproblem auf einen ebensowenig entscheidungsfreudigen Vorgesetzten stößt wie ein auf Papier niedergelegtes Problem. Ein geringer Einfluß könnte auch hier durch die elektronische Wiedervorlage insofern ausgeübt werden, als der Mitarbeiter die Möglichkeit hat, elektronisch Dringlichkeitsstufen in bezug auf zu fällende Entscheidungen im Vorlagesystem zu verändern.

Die letzte Gruppe schließlich besteht aus den Vorgängen

- Vorgangsunterbrechung sowie
- Störung.

Hier ist ausschließlich der Umfang der Fremdbestimmtheit maßgebend dafür, wieweit durch Technikeinsatz Verkürzungen der betreffenden Zeiten erreichbar sind.

So läßt sich vorstellen, daß schon mit den Mitteln des Komforttelefons (Registrierung von Anrufen für sog. "störungsfreie" Zeiten) eine gewisse Erleichterung gegeben sein kann, da der Mitarbeiter nicht mehr in einen unmittelbaren Kontakt mit dem Störenden zu treten braucht. Voraussetzung hierfür ist jedoch, daß der Einsatz dieser die Störungen und Unterbrechungen reduzierenden Technologie im Rahmen des gesamten Aufgabenbereiches gestattet wird: Kunden werden sich aus Servicegesichtspunkten wohl kaum in "Warteschlangen" abstellen und Vorgesetzte eines bestimmten Types nur selten das Recht der Fremdbestimmung nehmen lassen.

Bei den bisherigen Überlegungen wurde grundsätzlich unterstellt, daß das Prinzip der Durchlaufzeitenminimierung Gültigkeit hat. Während bei Produktionsprozessen dieses Prinzip wegen der Blockierung von maschinellen Kapazitäten eine eigene Bedeutung hat, scheinen in Büroprozessen noch zusätzliche Überlegungen angebracht. So ist bei Büroprozessen nicht einsichtig, warum eine Durchlaufzeit minimiert werden soll, wenn nicht bestimmte Bedingungen vorliegen. Wenn z.B. die Lieferzeit aufgrund von Warteschlangen in der Fertigung vier Wochen nach der Registrierung eines Auftrages beträgt, ist nicht ersichtlich, warum im Anschluß an die Registrierung der gesamte Durchlaufprozeß des Verwaltungsproduktes "Auftrag" minimiert werden sollte. Oder: Wenn die unternehmenstypische und unternehmenspolitisch gewollte Zahlungsfrist für Rechnungen drei Wochen nach Eingang und Registrierung der Zahlungsverpflichtung beträgt, ist nicht einsichtig, warum nach erfolgter Registrierung eine zeitliche Minimierung aller mit dem Zahlungsprozeß zusammenhängenden Vorgänge angestrebt werden sollte. Aus diesen

Überlegungen wird deutlich, daß eine Minimierung der Durchlaufzeiten als Prinzip und Maxime nur dann durchgesetzt werden sollte, wenn hieraus wünschenswerte Konsequenzen hervorgehen. Dies trifft z.B. für eine Verkürzung der Lieferzeiten oder Zahlungseingänge zu, wenn beide Prozesse durch Büroprozesse negativ beeinflußt werden.

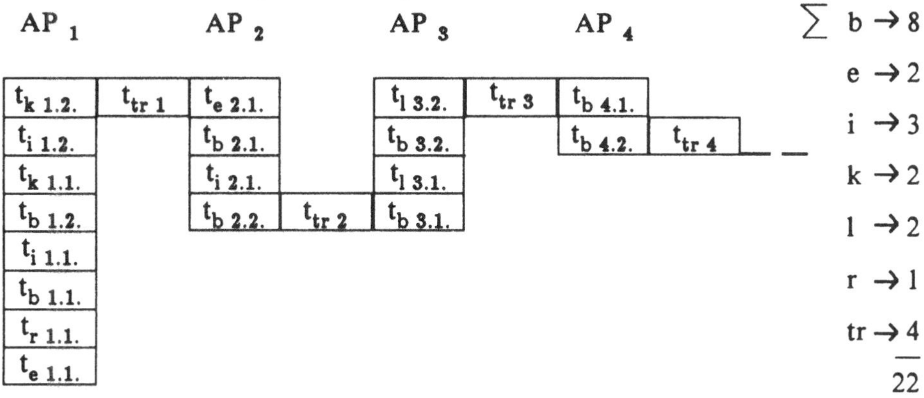

$T_V = T_B + T_E + T_I + T_K + T_L + T_R + T_{TR}$

$T_B = t_{b\,1.1.} + t_{b\,1.2.} + t_{b\,2.1.} + t_{b\,2.2.} + t_{b\,3.1.} + t_{b\,3.2.} + t_{b\,4.1.} + t_{b\,4.2.}$

$T_E = t_{e\,1.1.} + t_{e\,2.1.}$

$T_I = t_{i\,1.1.} + t_{i\,1.2.} + t_{i\,2.1.}$

$T_K = t_{k\,1.1.} + t_{k\,1.2.}$

$T_L = t_{l\,3.1.} + t_{l\,3.2.}$

$T_R = t_{r\,1.1.}$

$T_{TR} = t_{tr\,1} + t_{tr\,2} + t_{tr\,3} + t_{tr\,4}$

Kurzcharakteristik:

Erstellen einer Vorgangsunterlage (AP_1), die ergänzt wird (AP_2), geprüft (AP_3) und nach Abzeichnung versandt wird (AP_4).

Abb. 62: Vorgangsanalyse nach Tätigkeiten (Beispiel)

Die Abbildung 62 stellt abstrahiert dar, wie sich Vorgangsketten aus Subketten und Teilvorgängen zusammensetzen. Hierbei ist sowohl der Gesamtprozeß als auch insbesondere der an einem Arbeitsplatz oder als Teilvorgang ablaufende Prozeß von Bedeutung: Jeder Teilvorgang kann in seiner Substruktur bei gleicher übergeordneter Vorgangsbezeichnung anders aussehen.

Von beachtlicher Bedeutung in dem hier dargestellten Zusammenhang ist noch das Problem der Rüstzeiten. Rüstprozesse werden definiert als Vorbereitungs- und Umstellungsvorgänge für die eigentlichen Aufgaben. Sie sollen dazu dienen, diese Prozesse strukturiert, methodisch und geplant ablaufen zu lassen. Bei computerisierten Büroaufgaben würde im Hinblick auf die eigentliche Aufgabe das Erstellen eines Programmes als Rüstzeit angesehen werden können. Andere Vorgänge, wie z.B. das Einlesen eines fertigen Programmes, das Aufrufen einer Bildschirmmaske, das Einlesen von Dateien u.ä. mehr, stellen ebenfalls Rüstzeiten dar.

Die zweite Kategorie der Rüstzeiten wird durch multitaskingfähige Betriebssysteme entscheidend beeinflußt und reduziert. Dies trifft auch auf die Vorgangsart Einarbeitung zu, die nach jeder Arbeitsunterbrechung wieder erforderlich ist. Das hiermit zusammenhängende Problem auf der Basis der Fremdbestimmtheit des Arbeitsplatzes wurde im Zusammenhang mit der Abbildung 58 diskutiert.

Hier sollen vor allem die Fragestellungen untersucht werden, die sich aus der Programmierung und dem Tooleinsatz als Rüstzeiten im engeren Sinne ergeben. Die Programmierung von Großaufgaben für individuelle Anwendungen unterliegt häufig einer Wirtschaftlichkeitsanalyse, aufgrund derer über die Durchführung solcher Projekte entschieden wird. Auch sie kann daher in dem hier betrachteten Zusammenhang ausgelassen werden. Als spezifisches Problem ergibt sich demnach die Untersuchung derjenigen Rüstvorgänge, die durch die Ausstattung von Arbeitsplätzen mit Computern und deren typischen Einsatzinstrumenten, den Tools, anfallen. Das Problem soll an folgendem Beispiel verdeutlicht werden:

Ein Mitarbeiter hat eine Spezialauswertung zu erstellen, für die die entsprechenden Daten als "Urdaten" unaufbereitet vorliegen. Ihm stehen Tabellenkalkulations- und Graphikprogramme zur Verfügung, mit deren Hilfe er in der Lage ist, die Daten aufzubereiten, Umrechnungen vorzunehmen sowie die vorgenommenen Auswertungen für einen Bericht in graphisch einwandfreier Form darzustellen. Falls es sich bei diesem Bericht um eine einmalige Aufgabe handelt, müßte der Mitarbeiter überlegen, welche "Rüstzeiten" für die Entwicklung eines durch Tooleinsatz zu erstellenden Aufbereitungs- und Auswertungsprogrammes entstehen.

Hierbei wird in einer Vielzahl von Fällen die "manuelle Methode" unter Einsatz eines Taschenrechners sinnvoller und vom Gesamtarbeitszeitaufwand geringer sein. Aber schon das Merkmal der Umarbeitung der Zahlenergebnisse in graphische Darstellungen unter Einsatz eines Graphikprogrammes kann den Ausschlag geben, da diese Vorgänge normalerweise zeitaufwendig und in den meisten Fällen qualitativ deutlich unzureichend sind. Hieraus ergibt sich die Schlußfolgerung, daß unter Beachtung der Rüstzeitenproblematik der Computereinsatz für einmalige Vorgänge, bei denen Aufbereitungs- und Auswertungsprogramme erstellt werden müssen, sorgfältige Zeitüberlegungen in bezug auf die Gesamtzeit erfordern. Wenn hingegen "Dauer-Spreadsheets" erstellt und als Dateien abgelegt werden können, wird die Zeitersparnis bei Mehrfacheinsatz die für die Erstellung der Programme (Dauer-Spreadsheets) erforderliche Rüstzeit meist überwiegen. Eine "Bearbeitungszeitenminimierung" erfolgt in diesem Fall durch eine anteilige Zurechnung der für die Programmerstellung benötigten Zeit auf die Mehrzahl der Einsatzfälle dieses betreffenden Programmes.

Der Einfluß der Technikunterstützung auf die Veränderung von Prozessen soll anhand eines Beispiels aus dem Bereich der Erstellung einer technischen Information gezeigt werden. Der Ablauf weist im Ist 21 Teilvorgänge auf, von denen zwei, die Teilvorgänge 19 und 20, eine Variante darstellen, die bei Betrachtung des Gesamtprozesses außer acht bleiben kann. Im Rahmen der bisherigen Überlegung handelt es sich einerseits um einen atypischen Prozeß, da die stellenspezifischen Abläufe sowie die durch sie bedingten Teilvorgänge nicht eingeschlossen sind, andererseits aber ist der dargestellte Prozeß aufgrund der Verschiedenheit der einzelnen Teilvorgänge gut geeignet, das Verbesserungspotential sowie die hierauf aufbauenden Möglichkeiten zu verdeutlichen. Die Abbildungen 63 und 64 zeigen die Ablaufvarianten im Ist sowie im Soll unter Einsatz von Bürokommunikationstechniken.

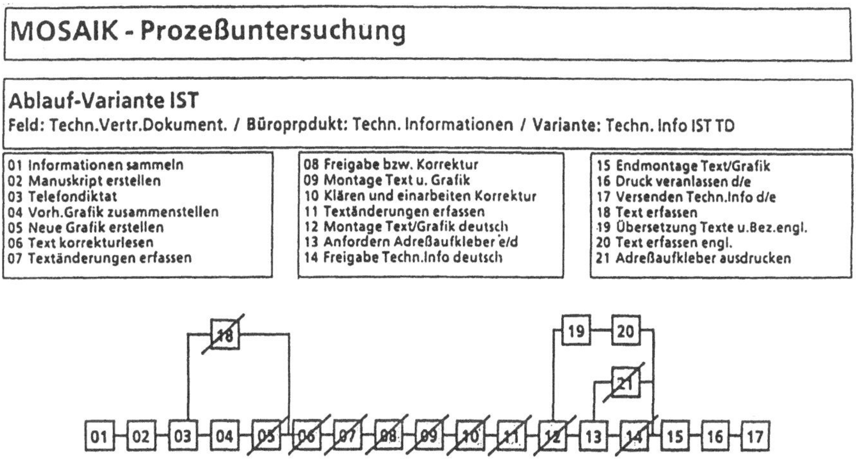

Abb. 63: Prozeßablauf ohne BK/IST (Quelle: Siemens, o.J.b, o.S.)

Es ergibt sich, daß die ursprünglich 21 Teilvorgänge auf zehn reduziert werden können. Die Ausschöpfung des in diesem Vorgang liegenden Verbesserungspotentials besteht nicht nur in einer Durchlaufveränderung als solcher, sondern auch darin, daß die Vorgänge stellenspezifisch neu synthetisiert werden. So zeigen die Schleifen der Ablaufvariante Ist, an welchen Vorgängen andere Stellen eingeschaltet sind. Die neue Synthetisierung führt dazu, daß die Erfassung des Textes (Vorgang 18) in den Vorgang der Manuskripterstellung integriert und zum Vorgang 2 der Sollvariante wird. Hieraus wird deutlich, daß der Sachbearbeiter, dem die Gesamtaufgabe obliegt, mit Hilfe eines Textverarbeitungssystems Konzeption und Erfassung selbst vornimmt. Dieses Kriterium der Vorgangsrationalisierung wird nachstehend noch genauer untersucht.

Die veränderte Prozeßsynthese geht auch aus anderen Einzelpunkten, wie z.B. denen der Vorgänge 4, 5 und 12, hervor, die die Erstellung der graphischen Bestandteile betreffen. Hierzu war es ursprünglich erforderlich, die vorhandenen Graphiken zusammenzustellen, neue Graphiken anzufertigen sowie eine Montage von Texten und Graphiken vorzunehmen.

Diese Vorgänge werden durch DTP-Systeme (Desk-Top-Publishing-Systeme) in einem Arbeitsgang erzeugt, da der betreffende Sachbearbeiter auf gespeicherte Graphiken zugreifen, mit Hilfe der Anlage neue erstellen und durch das System mit den Texten zusammenmontieren kann.

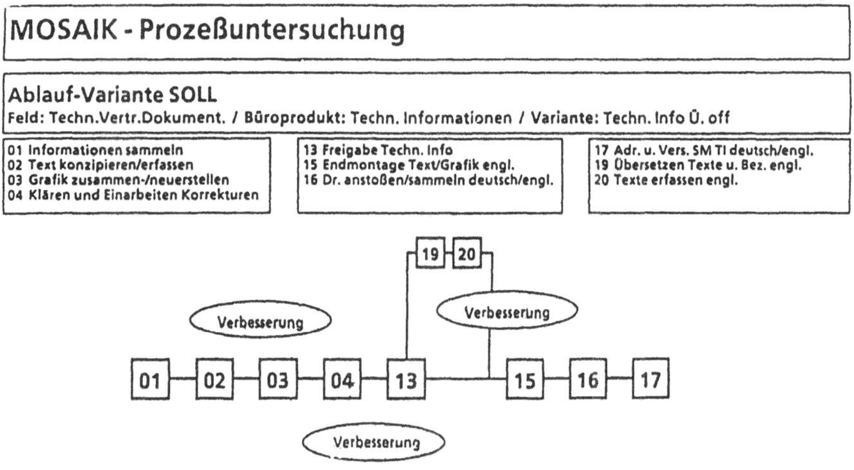

Abb. 64: Prozeßablauf mit BK/Soll (Quelle: Siemens, o.J.b, o.S.)

Der Vergleich beider Abläufe zeigt, daß mit Ausnahme des Vorganges 1 "Informationen sammeln" sowie des fremdbestimmten Vorganges der Freigabe der technischen Information keine Teilaufgabe unverändert bleibt. Dieses Beispiel belegt deutlich, daß der organisatorisch geplante, auf Analyse und Synthese beruhende Vorgang des Einsetzens von Technikunterstützung in Prozessen einschneidende Veränderungen in den Arbeitsplatzinhalten und beim Ablauf solcher Prozesse hervorruft. Die hieraus hervorgehende Konsequenz ist eindeutig: Der Einsatz der Werkzeuge der Bürokommunikation und die Technikunterstützung am Arbeitsplatz ist ohne eine organisatorisch umfassende Konzeption weder sinnvoll noch erfolgversprechend. Nicht sinnvoll wäre ein solches Vorgehen, weil die technischen Möglichkeiten nur über einen organisatorisch geplanten Einsatz voll genutzt werden können; nicht erfolgversprechend, weil das "Aufpfropfen" moderner Technologie auf einen unveränderten Arbeitsplatz mögliche Rationalisierungen verhindert. Dies sollte angesichts der Kostenentwicklung (Teilkap. III.2.4.) nicht außer acht gelassen werden.

Ein weiteres Beispiel für die Veränderung von Durchlaufzeiten, Informationsmengen, erfaßten Stationen und Wegen sowie beteiligten Archiven zeigt die Abbildung 65. Sie verdeutlicht, wie eine "alte" Organisation aussehen kann, und zeigt, wo Gestaltungsansätze durch Technologieeinsatz möglich werden. Die Analyse des Zeitrahmens gibt Ansatzpunkte auf den Gebieten Informationsübermittlung und -bearbeitung. Die geringe Anzahl von Wertschöpfungsprozessen liefert die Grundlage für eine Rationalisierung auf dem Sektor der Texterstellung. Die durchlaufenen Stationen sowie die zurückzulegenden Wege bieten Ansatzpunkte für

Verbesserungen durch Vernetzung, unabhängig von der durch eine ganzheitliche Vorgangsbearbeitung zu erreichenden Veränderung. Die Archive schließlich legen nahe, die Papierablagen durch elektronische Datenbanken mit Zugriffsmöglichkeit für alle Bearbeiter zu ersetzen.

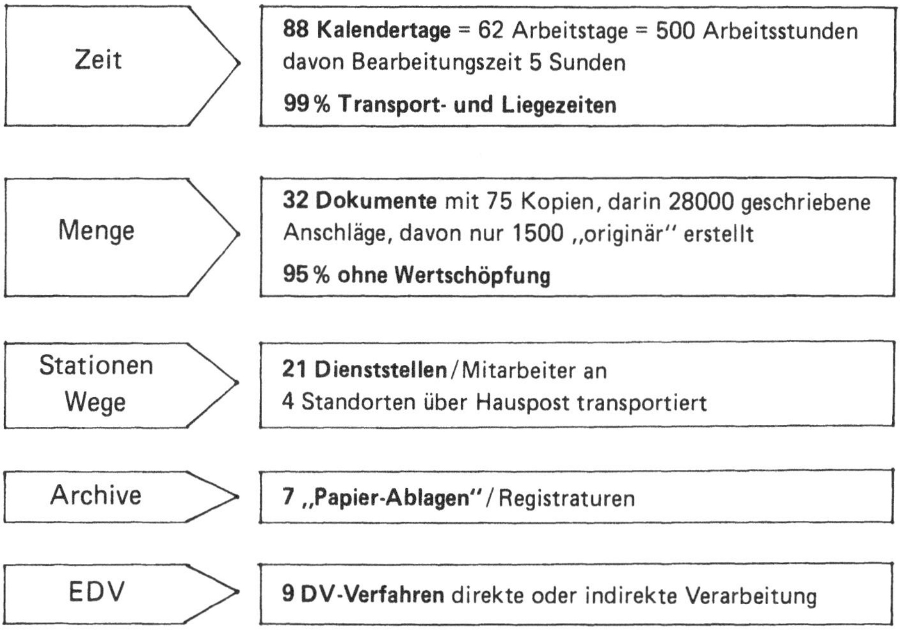

Abb. 65: Beispiel für eine Auftragsabwicklung (Quelle: Siemens, o.J.b, S. 5)

Alle Untersuchungen, einschließlich der gezeigten Beispiele, belegen immer wieder das hohe Rationalisierungspotential bei der Umgestaltung von Prozessen der Texterstellung. Dieses ist eines der ursprünglichsten, plausibelsten und meistuntersuchten Gebiete des Technikeinsatzes im Büro. Zur Verdeutlichung der hiermit verbundenen Problematik sei eine Analyse der in Abbildung 66 dargestellten vergleichenden Übersicht vorgenommen.

Es werden zwei Alternativen zur Erstellung eines Sitzungsprotokolls mit integrierten Bürosystemen behandelt. Die Alternative 1 zeigt diesen Vorgang unter Einsatz von vier Arbeitskräften, von denen jeweils zwei sog. Unterstützungspersonal sind. Der Vorgang beansprucht 420 Zeitminuten, von denen 270 auf die Fachkräfte und 150 auf das Unterstützungspersonal entfallen. Der Vorgang selbst beinhaltet darüber hinaus einen Abstimmungsprozeß zwischen A und B sowie jeweils verschiedene Transportprozesse zwischen dem Fach- und dem Unterstützungspersonal. Die Variante 2 endet mit einem gesamten Zeitaufwand von 300 Minuten, wobei der Anteil von B mit 50 Minuten gleichgeblieben ist. Es würden also 150 Zeitminuten des Unterstützungspersonals eingetauscht gegen 30 Minuten zusätzlichen Zeitaufwand bei der Fachkraft A sowie einen andersgearteten Technikeinsatz. Dieses sehr plausible Rechenbeispiel gibt jedoch Veranlassung zu folgender Überlegung:

1. Lassen sich im Verlaufe der Aufgabenstrukturen von A eine Vielzahl ähnlich gelagerter Fälle finden, die Veranlassung zu einschneidenden Konsequenzen für seine eigenen Arbeitsinhalte wie auch insbesondere für den Einsatz der Unterstützungskraft geben?

Fall 1:		Fall 2:	
A + B + Unterstützungspersonal (U)		A + B	
TECHNIK: integrierte Bürosysteme		TECHNIK: integrierte Bürosysteme	
	Min.		Min.
UA: Ersterstellung	70		
Neuschreiben	30		
Senden			
A: Konzepterstellung	180	A: Konzept + Schreiben	240
Korrigieren	30	Senden	
B: Bearbeitung	30	B: Empf. + Lesen +	
Endabnahme	10	Überarbeiten	40
Senden			
UB: Empf./Drucken	5		
Änderungen	30		
UA: Empf./Drucken	5		
A: Lesen + Bestätigen	10	A: Empf. + Lesen +	
Senden		Bestätigen	10
UB: Drucken + Verteilen	10	Senden	
B: Lesen + Ablegen	10	B: Empf. + Lesen +	
		Ablegen	10
A: 220 B: 50	420	A: 250 B: 50	300
UA: 105 UB: 45			

Abb. 66: Alternativen zur Erstellung eines Sitzungsprotokolls (Quelle: Zangl, 1985, S. 276)

2. Falls die Frage 1 zu bejahen ist: Ist A so schlecht ausgelastet, daß er die durch die Übernahme der Texterstellungsvorgänge erforderlichen Arbeitszeiten im Rahmen seines gesamten Zeitbudgets aufbringen kann?

3. Läßt sich der Verzicht auf eine Unterstützungskraft bei der Durchführung bestimmter Arbeiten (Selbst-Eingeben von Texten) mit dem Selbstverständnis von A vereinbaren, und ist seine Produktivität auf diesem Sektor (Bedienungsfähigkeit einer Schreibmaschinentastatur) groß genug, um diese Vorgänge sinnvoll werden zu lassen?

4. Lassen die Fähigkeiten von A (auf seinem Hauptgebiet, das ja nicht Texterstellung sein dürfte) sowie das ihm gezahlte Entgelt seine stärkere

Belastung zugunsten der Entlastung einer Unterstützungskraft zweckmäßig erscheinen?

5. Da das Beispiel offensichtlich eine elektronische Übermittlung der Texte von A nach B beinhaltet: Ist B gewillt und befähigt, Lesen und Überarbeiten des Dokuments am Bildschirm vorzunehmen, und kann tatsächlich eine Zeitgleichheit für Papier und Bildschirmbearbeitung angenommen werden?

6. Wer übernimmt, nachdem die Unterstützungskraft von B nicht mehr mit den Vorgängen befaßt ist, den (vermutlich elektronischen) Verteilungsprozeß? Wahrscheinlich ein elektronisches Postsystem (el. Mail), was eine vollständige Ausstattung aller Beteiligten voraussetzt.

Die Fragen zu dem angeführten Beispiel machen deutlich, daß die Umgestaltung solcher Prozesse eine Anzahl von Konsequenzen mit sich bringt. Sie beziehen sich auf

- die Arbeitsinhalte der Beteiligten,
- das Selbstverständnis, insbesondere Höhergestellter,
- ihre Fähigkeiten zu stärker manuell ausgerichteten Tätigkeiten,
- mögliche Überlastungen durch Fortfall von Unterstützungskräften,
- Freisetzungseffekte für Unterstützungskräfte ohne Kompensation sowie
- veränderte Formen der Kooperation und Kommunikation zwischen Beteiligten.

Diese Punkte sind deutlich konzeptioneller Art und bedürfen einer grundsätzlichen Klärung im Unternehmen sowie einer speziellen bei den betroffenen Arbeitsplätzen. Wenn z.B. eine Untersuchung ergibt, "daß

- bei den Einzelaufgaben lediglich graduelle Veränderungen auftraten und
- kein Einfluß auf die Einfachheit/Kompliziertheit der Aufgaben sowie
- kein Einfluß auf die Kontakte untereinander"

festzustellen war (Voßbein, 1989/II, S. 104), so läßt sich hieraus schließen, daß die Potentiale des Technikeinsatzes nicht genügend genutzt wurden und damit mit an Sicherheit grenzender Wahrscheinlichkeit keine organisatorische Konzeption zur Grundlage ihres Einsatzes gemacht wurde.

Literaturhinweise:

HÖRING, K., SPENGLER-RAST, Ch. (1983): S. 39-44 (Auswirkungen auf die Aufgabeninhalte unterschiedlicher Hierarchieebenen)

LULLIES, V. u.a. (1988): S. 20-39 (Die Regelung der Systemanwendung und personalpolitische Konsequenzen/Gestaltungsfeld: Arbeitsorganisation)

PETERS, G. (1988): S. 283 ff. (Gestaltungserfordernisse und Auswirkungen des Einsatzes von computergestützten Informationstechnologien auf die Büroarbeitstypen)

TÖPFER, A., LECHELT, F. (1987): S. 48-65 (Einsatzmöglichkeiten auf Ebenen und in Bereichen)

VOSSBEIN, R. (1989/I): S. 102-105 (Organisatorische Probleme der Computerisierung)

VOSSBEIN, R. (1989/II): S. 95-100 (Tätigkeitsprofil der Stelle als Grundlage für den PC-Einsatz)

ZANGL, H. (1987): S. 49-57 (Die Durchlaufzeit als Strukturierungsziel); S. 59-66 (Kommunikationsstrukturen an Büroarbeitsplätzen); S. 85-105 (Bestimmungsgrößen der Durchlaufzeit von Informationen)

3.2. Sozialorganisatorische Problemstellungen

3.2.1. Führungs- und Motivationsprobleme

Informationssysteme sind seit der Existenz computerisierter Informationssysteme im Hinblick auf die Wechselwirkung zwischen ihnen und Führungsfragestellungen immer kritisch gesehen worden. So waren vor allem die Motivationsaspekte von Informationssystemen Gegenstand psychologischer und sozialpsychologischer Überlegungen. Hier waren es vor allem zwei Punkte, die besondere Beachtung fanden:

1. Das rationale Prinzip als Grundlage von computerisierten Informationssystemen sowie
2. die Gefahr der Disfunktionalität durch solche Systeme.

Computerisierte Informationssysteme müssen aufgrund der Speicherungs- und Zugriffstruktur von Computern grundsätzlich rational strukturiert sein. Über die Speichermöglichkeiten und -prozeduren des menschlichen Gehirns ist bisher noch wenig bekannt. Fest steht jedoch, daß assoziative Verknüpfungen von Gedächtnisinhalten als besondere Stärke des menschlichen Gehirns gesehen werden können und daß nach den bisher vorliegenden Erkenntnissen solche Assoziationen nicht grundsätzlich nach den Gesetzen nachvollziehbarer Logik erfolgen müssen.

Ergebnisse der neueren Gehirnforschung (Theorie Linke Hälfte/Rechte Hälfte: vgl. Mecacci, 1986) legen sogar nahe, die a-rationalen (d.h. nicht den strengen Gesetzen der Logik gehorchenden) Fähigkeiten des Menschen zu entwickeln und zu fördern. Vor allem die Führungskraft ist in ihren persönlichen Erfolgspotentialen häufig gerade durch das Ausmaß von Intuition und "Fingerspitzengefühl" bei ihren Entscheidungen positiv charakterisiert. Computerisierte Informationssysteme stehen diesem durch die neuere Gehirnforschung belegten Trend eindeutig entgegen: Sie sind so konstruiert, daß sie selbst unter Einbeziehung benutzerfreundlicher Zugriffs- und Suchsysteme auf der strengen Wenn-dann-Logik der inneren Strukturen beruhen. Dies bedeutet eine Anpassung an die hiermit vorgegebenen Strukturprinzipien und ein Vorherrschen strenger Logik bei der Inanspruchnahme solcher Systeme.

Neueren Konstruktionen in Form von sog. Expertensystemen wird nachgesagt, daß sie in der Lage sind, den Weg strenger Logik zu verlassen und assoziative Verknüpfungen möglich zu machen. Der derzeitige Entwicklungsstand bei Expertensystemen zeigt jedoch vor allem Erfolge auf den Sektoren, wo logische Wenn-dann-Beziehungen vorherrschen. Aus diesem Grund wird insbesondere bei stark von der Intuition und A-Rationalität bestimmten Führungskräften wenig Neigung bestehen, sich streng strukturierten Informationssystemen vorbehaltlos bei der Entscheidungsunterstützung zu bedienen.

Das Argument der Disfunktionalität - Fehlen oder Störung von ordnungsgemäß und richtig ablaufenden Prozessen - von Informationssystemen wird hauptsächlich auf folgende Punkte zurückgeführt:

- Beschränkung der Bewegungsfreiheit bei Entscheidungen,
- emotionale Konfrontation im Mensch-Maschine-System,
- Formalisierung von Such- und Entscheidungsprozessen sowie
- Reduzierung zwischenmenschlicher Kontakte.

Die Beschränkung der Bewegungsfreiheit beim Entscheider ergibt sich aus einer Bindung an das computerisierte Informationssystem. Hierbei besteht insbesondere die Gefahr, daß der Entscheider die im System enthaltenen Informationen als die einzigen, vor allem aber wesentlichsten ansieht und dadurch zu der Auffassung kommt, seine Entscheidungen lediglich in diesem vorgezeichneten Rahmen fällen zu müssen. Noch stärker wirkt das Argument der Beschränkung der Bewegungsfreiheit dann, wenn das System Modelle oder Prozeduren enthält, die "Programmentscheidungen" vorgeben, die der Entscheider seinerseits als ausschließliche Alternativen ansieht. Die Erfahrungen im Umgang mit Modellen - auch solchen hochkomplexer Art - haben gezeigt, daß häufig eine "Modellgläubigkeit" auftritt, die vernünftigem Handeln fast entgegengesetzt ist. So kann von der Voraussetzung ausgegangen werden, daß auch hochkomplexe Systeme kaum sämtliche Randbedingungen einer stark situativ bedingten Entscheidung enthalten und daher also unter Würdigung dieser Randbedingungen kaum mehr als Entscheidungsempfehlungen zu geben in der Lage sind. Auch dies soll sich angeblich durch Expertensysteme ändern.

Die emotionale Konfrontation im Mensch-Maschine-System ist wesentlich eine Akzeptanzfrage. Hier wird davon ausgegangen, daß der Entscheider eine Aversion in sich aufbaut, die dazu führt, daß er dem System letztendlich "feindlich" gegenüber eingestellt ist. Dies wird dann auftreten, wenn der Entscheider aufgrund von zu geringer Vorbildung in der Technik des Systems vor allem aber seiner spezifischen Konstruktionselemente und -strukturen sich dem System mehr oder weniger ausgeliefert fühlt. Die Folge einer solchen Konfrontation kann einmal in der absoluten Ablehnung des Systems und der von ihm vorgeschlagenen Informationen oder Lösungen liegen, zum anderen in einer hierdurch hervorgerufenen Streßsituation, der sich der Nutzer auf Dauer nicht gewachsen fühlt. Hierzu werden unter dem Aspekt der Akzeptanz noch weitere Überlegungen angestellt.

Die Formalisierung von Such- und Entscheidungsprozessen ist in vielen Punkten identisch mit dem Rationalprinzip als Grundlage der Konstruktion solcher Systeme. So sind insbesondere in BK-Systemen durch die zum Teil wenig benutzerfreundliche Struktur der Datenbanken Suchprozesse über mehrstufige Suchbäume vorgegeben. Deren Bewältigung setzt sowohl eine fehlerfreie Bedienung der gesamten Eingabefunktionen (im Regelfall über Tastaturen) als auch eine genaue Kenntnis der Struktur der Suchbäume mit sämtlichen, hierin enthaltenen Pfaden voraus. Dieser Prozeß kann teilweise dadurch bei BK-Systemen etwas vereinfacht werden, daß Datenbank-Management-Systeme eingesetzt werden, die eine benutzerfreundliche Aufbereitung sämtlicher im System enthaltenen, auch in verschiedenen Anwendungssoftwaregebieten eingelagerten Subdateien vornehmen. Bei Großsystemen werden die Suchprozesse durch benutzerfreundliche Abfragesprachen, sog. Query-Languages erleichtert.

Das Problem der Reduzierung der zwischenmenschlichen Kontakte ergibt sich vor allem aus der Vorstellung, daß bisher im zwischenmenschlichen Bereich ablaufende Informationssuch- und -beschaffungsprozesse computerisiert ablaufen und daß damit die Mensch-Mensch-Kommunikation durch eine Mensch-Maschine-Kommunikation abgelöst wird. Die der Struktur solcher Kommunikationsbeziehung zugrunde liegende Logik läßt diese Annahme nicht nur wahrscheinlich, sondern nahezu sicher erscheinen.

Wenn jedoch von der Voraussetzung ausgegangen wird, daß die Komplexität wesentlicher Entscheidungen in modernen Unternehmen Teamarbeit erforderlich macht, ergibt sich hieraus die zwangsläufige Schlußfolgerung nach anderen Formen der Entscheidungsorganisation: Computerunterstützte Teamentscheidungen sollten nicht nach den Prinzipien der noch nicht ausgereiften (und wenig praktizierten) Computerkonferenz abgewickelt werden, sondern in Form von Teamsitzungen, bei denen den Teilnehmern mehrfache Möglichkeiten zur Informationssuche und Entscheidungsvorbereitung durch BK-Systeme geboten werden. Auch erhält bei Überlegungen dieser Art die seit über 50 Jahren bekannte informelle Kommunikation eine neue Bedeutung: Während sie bisher als wesentliche Ergänzung zur formalen, d.h. durch Organisation, Aufgaben und Prozesse bedingten Kommunikation angesehen wurde, könnte die informelle Kommunikation insbesondere unter dem Aspekt der Zunahme von Mensch-Maschine-Kommunikationsprozessen einen erheblich höheren Rang- und Stellenwert in den zwischenmenschlichen Kontakten der Mitglieder eines Unternehmens erhalten als bisher.

Auch das Problem der Wechselwirkung zwischen Information und Führung ist bereits seit längerem Gegenstand der Überlegungen zur Frage computerisierter Informationssysteme. Die Zugriffsmodalitäten in solchen Systemen basieren durchweg auf einer strengen Zugriffshierarchie, bei denen der einzelne nur berechtigt ist, auf diejenigen Informationen zuzugreifen, die zu seinem Aufgabenbereich gehören und die ihm im Rahmen eines Zugriffsberechtigungssystems zugeteilt wurden. Zwar hat es schon immer in Unternehmen Informationshierarchien dergestalt gegeben, daß die Höherstehenden Zugang zu mehr und wichtigeren Informationen hatten als die Mitglieder unterer Organisationsebenen. Durch die fehlende Formalisierung wurde dieser Effekt nie so deutlich wie bei einem computerisierten System, wo der einzelne beim Versuch des Zugriffs eine deutliche Abweisung vom System erfährt.

Dies führt dazu, daß Informationsbesitz deutlicher als früher zum Statussymbol wird und daß der Informationssuchende ggf. zwischenmenschliche Kontakte nutzen muß, um bestimmte Informationen zu erhalten, bei Offenlegung seiner fehlenden Zugriffsberechtigung auf diese Information. Damit wird selektive Informationshergabe stärker als früher zum Machtproblem: Der Besitzer von Informationen wird sich aufgrund der Regeln des Systems kaum bereit erklären, eine großzügige, ungehemmte Informationshergabe zu praktizieren. Er wird sich vielmehr - dem Gedankengang folgend, daß sich eine "weisere" Institution etwas bei diesen Zugriffsbeschränkungen gedacht habe - bei Informationshergaben restriktiv verhalten und so das Frustationsproblem des Nichtbesitzenden verstärken. Daß Informationsverweigerung als Sanktion gewertet werden kann, ist schon seit langem bekannt. Nur erfährt auch dieser Prozeß durch hierarchisch organisierte Zugriffssysteme eine deutliche Verschärfung und Bedeutungszunahme.

Hieraus ergeben sich bestimmte Empfehlungen, die auf dem Zusammenhang zwischen Führungsstil, Vertrauen und Informationshergabe beruhen. Seit der Diskussion um Führungsstilarten gilt grundsätzlich die Tendenz, daß ein autoritär-bürokratischer Führungsstil restriktiv bezüglich der Informationshergabe wirkt. Ein liberaler Führungsstil, der auch auf dem Vertrauen in den Mitarbeiter, seine Fähigkeiten, sein Verantwortungsbewußtsein und sein Selbstverständnis beruht, wird mit freierem Zugang zu Informationen assoziiert.

Damit stellt sich die Frage der Wechselwirkung zwischen Information und Führung auch im Hinblick auf den im Unternehmen praktizierten Führungsstil: Wenn eine Abkehr von autoritativen Stilvarianten zu den Grundprinzipien des Unternehmens gehört, ergibt sich hieraus die nahezu zwangsläufige Schlußfolgerung, daß hiermit ein freierer Zugang zu Informationen verbunden sein muß. Wenn Mitarbeiter selbständig handeln und entscheiden sollen, wenn sie Verantwortung tragen sollen sowie kreativ und innovativ arbeiten müssen, kann der Zugang zu Informationen nicht restriktiv gehandhabt werden. Dies gilt insbesondere für normalerweise stark hierarchisch aufgebaute, zentralisierte Systeme. Die Bürokommunikation mit ihrer Dezentralisierung der Intelligenz, der Verlagerung von Datenbanken an den Arbeitsplatz und der technischen Möglichkeit, durch Vernetzung auf zentral gehaltene Datenbanken zugreifen zu können, bietet damit die besten Voraussetzungen, um auch moderne Führungsformen auf der Informationsseite zu praktizieren.

3.2.2. Akzeptanzprobleme

Es können drei Hauptursachen mangelnder Akzeptanz festgestellt werden

- Nichtwissen,
- Nichtkönnen sowie
- Nichtwollen.

Da sie auf unterschiedlichen Ursachen beruhen, sind jeweils anders geartete Beseitigungsmöglichkeiten anzusetzen. Die Abbildung 67 gibt einen Überblick über die Ursachen sowie die Beseitigungsmöglichkeiten.

Bei vorhandenen Mitarbeitern kann eine fehlende Ausbildungsbasis nur durch verstärkte Fortbildung kompensiert werden. Vor allem in Klein- und Mittelbetrieben ist nach den bisher vorliegenden Erfahrungen nur selten ein konsequentes, auf die sich ändernden Arbeitsbedingungen abgestelltes Fortbildungsprogramm vorhanden. Zwar ist das Angebot auf diesem Sektor durch eine Vielzahl von Institutionen sehr breit und zum großen Teil qualitativ hochwertig, jedoch verhindert die geringe Motivation für Fortbildung eine intensive Nutzung der gegebenen Möglichkeiten, wenn nicht das Unternehmen selbst Fortbildungsmaßnahmen durch entsprechende Programme initiiert und die Mitarbeiter ggf. mit leichtem Druck auffordert, derartige Angebote anzunehmen.

Akzeptanzprobleme	
Ursachen	Beseitigungsmöglichkeiten
Nichtwissen - fehlende Ausbildung - schlechte Fortbildung - keine Nutzung der Möglichkeiten	 bei Einstellung auf Ausbildungsniveau achten Fortbildungswesen verbessern bessere Motivation für das Programm der Fortbildungsverbesserung
Nichtkönnen - Nichtwissen - fehlende Intelligenz	 s. oben Versetzung, Frühpensionierung
Nichtwollen - fehlende Intelligenz - fehlende Einsicht - organisationelles (Fehl-) Lernen	 s. oben Motivation, Aufklärung Verbesserung des org. Klimas, Führungsstilveränderung

Abb. 67: Akzeptanzprobleme

Zweifellos stehen bei vielen Unternehmen kurzfristig ausgerichtete Überlegungen in bezug auf den Produktivitätsausfall der durch Fortbildung bedingten Abwesenheit im Vordergrund, keine Mitarbeiter zu Fortbildungsmöglichkeiten zu entsenden. Abgesehen von dem Motivationsschub, den viele Mitarbeiter durch das Entsenden zu Fortbildungsmaßnahmen erfahren, ist diese Sicht des Ausbildungsproblems ausgesprochen kurzsichtig: In einer sich dynamisch verändernden Arbeitswelt kann nur dasjenige Unternehmen auf Dauer eine führende Stellung erhalten oder behaupten, das über gut ausgebildete Mitarbeiter verfügt.

Beim Nichtwissen ist neben dem Nicht-Wissen vor allem die fehlende Intelligenz ein wesentliches Problem. Wenn der Mitarbeiter nicht in der Lage ist, sein Nichtwissen durch Fortbildung zu kompensieren, bleiben auf die Dauer nur eine Versetzung an Arbeitsplätze mit geringeren Anforderungen oder ein früheres Ausscheiden aus dem aktiven Arbeitsleben übrig. Insbesondere in Klein- und Mittelunternehmen sind Möglichkeiten der Kompensation begrenzt, da die geringe Anzahl von Mitarbeitern in Schlüsselpositionen eine Produktivität auf hohem Niveau unbedingt erforderlich macht.

Das Nichtwollen als Ursache des Akzeptanzproblems beruht häufig auf einer fehlenden Einsicht in die Notwendigkeit, neue Technologien beherrschen zu müssen, um den Arbeitsplatz der Zukunft effizient besetzen zu können. Eine fehlende Einsicht kann nur durch Motivation, Aufklärung und ggf. sanften Druck beseitigt werden. Hier ist eine deutliche Aufgabe der Führung im Unternehmen gegenüber den Mitarbeitern jeder Organisationsstufe gegeben. Noch besser als Aufklärung und sanfter Druck wirkt jedoch das Vorbild: Wenn die eigentliche Führungsspitze des Unternehmens selbst zeigt, daß sie sich durch Fortbildungsmaßnahmen den durch die neuen Technologien auf sie zukommenden Anforderungen stellt und wenn sie darüber hinaus nach erfolgter Fortbildung ein besseres Wissensniveau hat als die nachgeschalteten Mitarbeiter, wird diese Vorbildfunktion im Regelfall bei den Mitarbeitern zur Nachahmung führen.

Im Rahmen des Nichtwollens ist das sog. organisationale Fehllernen von Bedeutung. Hierbei hat der Mitarbeiter im Verlaufe der Zeit durch die Organisation Impulse erhalten, die in ihm das Gefühl des "Sich-nicht-Lohnens" hervorgerufen haben. Hier hilft nur eine Verbesserung des Klimas der gesamten Organisation sowie eine Veränderung des Führungsstils und -verhaltens. In einer beachtlichen Anzahl von Unternehmen dürfte das organisatorische Fehllernen die Hauptursache für mangelnde Dynamik, Innovation, Produktivität und Verbesserungsdenken sein. Die sog. Killerphrasen ("Das haben wir noch nie so gemacht", "Das haben wir schon immer so gemacht" usw.) sind eine oft praktizierte Methode, organisationelles Fehllernen zu fördern und die Organisation in Anpassungsprobleme zu bringen. Sie sind letztlich ein geradezu sicheres Mittel, bei notwendigen Veränderungen Akzeptanzprobleme zu zementieren.

Bei den Maßnahmen zur Akzeptanzerhöhung spielen solche der Aufklärung und Ausbildung eine wesentliche Rolle. Wichtig ist aber noch, daß neue technologische Lösungen die "richtige" Einführungstechnik erfahren. Mitarbeitern muß bei diesem Vorgang ein Lernprozeß zugebilligt werden, bei dem zeitweilig eine geringere Produktivität in Kauf genommen wird, die dem Mitarbeiter nicht angelastet werden darf. Er muß die Möglichkeit haben, sich mit den geänderten Rahmenbedingungen seiner Arbeit vertraut zu machen, was um so bedeutungsvoller ist, je stärker die Veränderungen in seinem Aufgaben- und Arbeitsgebiet sind. Auch soll nicht verkannt werden, daß je nach Einführungsverfahren gelegentlich durch den sog. Parallellauf zwischen alter und neuer Methode eine beträchtliche Mehrbelastung für den Mitarbeiter entstehen kann, die nur bei richtiger Führungsmotivation positiv bewältigt wird. Speziell auf dem Sektor der Einführung von BK-Systemen hat sich das spielerische Herangehen an den Arbeitsplatzcomputer als eine wesentliche Methode zur Überwindung von Hemmschwellen erwiesen. Diese Hemmschwellen müssen vor allem bei älteren Arbeitnehmern mit Akzeptanzproblemen, die auf langen Erfahrungen basieren, beachtet werden.

Neben diesen genannten Maßnahmen spielt die Mitarbeiterselektion eine beträchtliche Rolle. Alle neu einzustellenden Mitarbeiter, alle Umsetzungen und Stellenneubesetzungen müssen unter dem Aspekt des zukünftigen Einsatzes moderner Kommunikationstechnologien gesehen werden. Hierbei ist von der Voraussetzung auszugehen, daß das Gros der jüngeren Mitarbeiter, insbesondere der Absolventen von Fortbildungsinstitutionen aller Art, in Zukunft eine sich ständig verstärkende Ausbildung im Hinblick auf den Einsatz moderner Technologien am Arbeitsplatz erfahren wird. Dieser Aspekt wird im folgenden (Wissens- und Ausbildungsprobleme) noch ausführlicher betrachtet.

Es soll nicht verkannt werden, daß es Grenzen der Akzeptanzbeeinflussung gibt. Diese liegen im wesentlichen bei

- persönlichen Schwachstellen,
- mangelnden Fähigkeiten zu strukturiertem Denken sowie
- mangelnden Fähigkeiten zu methodischen Arbeiten.

Streng genommen lassen sich auch der zweite und dritte Punkt dieser Aufzählung als persönliche Schwachstelle darstellen. Da aber die meisten Führungskräfte und Mitarbeiter nicht nur durch Aus- und Fortbildung, sondern auch durch persönliche Veranlagung ein festes Set an Fähigkeiten und Möglichkeiten mit sich bringen, sollen - da die persönlichen Schwachstellen in Form von Wissen, Können und Wollen bereits abgehandelt wurden - die fehlenden Fähigkeiten zu strukturiertem Denken und methodischem Arbeiten noch im Zusammenhang mit dem Technologieeinsatz am Arbeitsplatz besonders behandelt werden.

Wie bereits festgestellt, erfordert die Zusammenarbeit mit dem Computer ein Können im Bereich des strukturierten, logischen Denkens, letztlich eines Denkens in Modellen. Bereits jede Datenbank stellt das Modell von abzubildenden Informationsinhalten dar. Noch mehr aber erfordert der Einsatz von OR-Verfahren oder anderen, auf mathematischen Grundlagen basierenden Verfahren die Fähigkeit, in abstrakten Modellen denken zu können. Wenn ein Mitarbeiter zur Lösung komplexer Aufgabeninhalte mathematische Verfahren oder Modelle einsetzt, bedeutet dies, daß die entsprechenden, in der Realität vorzufindenden Tatbestände in einem Modell abgebildet wurden. Meist besteht zwischen Modellkonstrukteur und Modellnutzer keine Personengleichheit. Das bedeutet, daß der Nutzer in der Lage sein muß, die wesentlichen Konstruktionsmerkmale des Modells nachzuvollziehen, um die Möglichkeiten und Grenzen richtig abschätzen zu können. Der Einsatz von Modellen, der aufgrund der Computerisierung ständig zunimmt, tritt in dem hier betrachteten Umfeld meist in zwei Formen auf:

1. Strukturmodelle (-abbildungen), wie z.B. Datenbanken (Datenmodelle) oder Prozeßabläufe (Computerisierte Auftragsbearbeitung) sowie

2. Entscheidungsmodelle, die auf der Basis von zugrundeliegenden Tatbeständen und Regeln Handlungen auslösen (z.B. Lagerbestandsüberwachungsmodelle mit automatischer Bestellauslösung).

Erheblich komplexere Modelle, die stärker in gewohnte Führungsprozesse eingreifen, finden sich auf anderen Gebieten, wie z.B. der Außendienststeuerung. Hier werden auf der Basis von Marktanalysen, den Zielsetzungen des Unternehmens sowie bestimmten, für erforderlich gehaltenen Randbedingungen Modelle eingesetzt, die dem Verkäufer Umsatzzahlen, Besuchsfrequenzen, Tourenplanung u.ä. exakt vorgeben. Der Umgang mit diesen Modellen erfordert vom Vertriebschef ein hohes Maß an Kenntnis der betreffenden Modellstruktur, um die Möglichkeiten und Grenzen ausloten zu können.

Aus diesen Beispielen lassen sich folgende generelle Probleme des Modelldenkens ableiten:

- Mangelndes Verständnis der Modellkonstruktion,
- mangelnde Kenntnis der Stärken und Schwächen,

- mangelnde Modellkritik sowie
- Gläubigkeit in Modelle.

Das mangelnde Verständnis der Konstruktion des Modells beruht meist darauf, daß zwischen dem Anwender und dem Konstrukteur des Modells eine Personengleichheit nicht besteht. Dies ist insbesondere dann von Bedeutung, wenn der Nutzer noch nicht einmal Gesprächspartner des Modellkonstrukteurs war. Hieraus resultiert die mangelnde Kenntnis der Stärken und Schwächen des Modells, aus denen sich im Regelfall die Möglichkeiten und Grenzen des Einsatzes ergeben.

Die Grenzen des Einsatzes sind in einer dynamisch sich verändernden Umwelt von großer Bedeutung, da sie aufgrund eines Lernprozesses des Anwenders zur Modellkritik führen können und sollten. Wenn diese Modellkritik ausbleibt, wird sich das Modell nach einer gewissen Einsatzzeit überleben und den veränderten Gegebenheiten und/oder Ansprüchen der Nutzer nicht mehr genügen. Eine Modellkritik ist andererseits aber nur möglich, wenn dem Nutzer die wesentlichen Konstruktionsmerkmale bekannt sind.

Das größte Problem entsteht jedoch dann, wenn der Nutzer die Ergebnisse, vor allem aber Entscheidungsvorschläge des Modells, mit Gläubigkeit unkritisch hinnimmt. Das Vordringen von Bürosystemen bringt durch die Möglichkeit des Filetransfers zum Großrechner Modelle an den Arbeitsplatz mit der gleichzeitigen Möglichkeit, Eingabe, Simulation und Modellvariation vorzunehmen. Die hierin liegende Chance, Modelle zur Entscheidungsunterstützung einzusetzen, kann aber nur sinnvoll genutzt werden, wenn eine kritische Einstellung gegenüber dem Modelleinsatz gewahrt bleibt. Speziell das Beispiel des Einsatzes von Vertriebssteuerungsmodellen ist geeignet, die Probleme aufzuzeigen: Während Techniker gewohnt sind, mathematisch-strukturiert zu denken und Algorithmen als übliche Abbildungen realer Tatbestände anzusehen, beruht die Qualität des "guten" Vertriebschefs sehr häufig auf der Nutzung von Intuition, innovativem Denken und Motivation. Diese Fähigkeiten sind sehr häufig - speziell wenn es sich um hervorragende Mitarbeiter auf diesem Sektor handelt - nicht mit der Fähigkeit zu strukturiertem Denken gekoppelt.

Ähnlich verhält es sich mit der mangelnden Fähigkeit zu methodischem Arbeiten. Die Arbeit mit Computern ist häufig durch strukturierte, klar geplante und ablaufende Prozesse gekennzeichnet. Während der normale Ablauf von Prozessen durch Kreativität, Routinebeherrschung und damit dem Überspringen von bestimmten Stufen eines logischen Ablaufs gekennzeichnet ist, erfordert das Arbeiten mit dem Computer normalerweise den Durchlauf aller wesentlichen Stufen und Phasen eines Prozesses. Dies wird u.U. speziell von hochkreativen, dynamischen Mitarbeitern als langweilig und unnötig empfunden, was zur Ablehnung der Computerunterstützung führen kann. Dies ist so lange nicht von Bedeutung, wie die Computerunterstützung im wesentlichen auf gut strukturierte Sachbearbeiterprozesse beschränkt ist. Wenn insbesondere aber schlecht strukturierte Aufgaben in Entwurfsabteilungen, bei Führungskräften oder hochqualifizierten Fachkräften computerunterstützt ablaufen sollen, kann diese Notwendigkeit, Prozesse methodisch ablaufen lassen zu müssen, zu bedeutenden Akzeptanzproblemen führen. Besonders bei hochqualifizierten Mitarbeitern versagen dann auch die oben angeführten Maßnahmen.

3.2.3. Kommunikationsprobleme

Unter dem Motivationsaspekt von Informationssystemen sowie im Zusammenhang mit den Wechselwirkungen zwischen Information und Führung wurden bereits wesentliche Punkte des technologiebestimmten Kommunikationsproblems behandelt. Mit dem Vordringen der Bürokommunikation lassen sich - systematisch betrachtet - folgende Gebiete der Veränderung kommunikativer Parameter feststellen:

- Mensch/Mensch- vs. Mensch/Maschine-Kommunikation
- face-to-face- vs. face-to-technique-Kommunikation
- verbale vs. zeichenorientierte (schriftliche/elektronische) Kommunikation
- redundante vs. prägnante Kommunikation sowie
- persönlich geprägte vs. sachlich orientierte Kommunikation.

Anders ausgedrückt bedeutet es, daß die bisherige Kommunikation dadurch gekennzeichnet ist, daß sie von Mensch zu Mensch stattfindet, sich bei ihr die Gesprächspartner durchweg kennen, sehen oder gegenüberstehen, sie verbal erfolgt, eine in vielen Fällen positive Redundanz aufweist und stark durch persönliche Aspekte geprägt ist.

Die technisch unterstützte Kommunikation der Zukunft ist durch die Merkmale einer sich zwischen Mensch und Maschine abspielenden, durch Gegenüberstellung mit der Technik stark symbolischen und zeichenorientierten sowie wesentlich redundanzfreien, prägnanten und sachlich geprägten Kommunikation gekennzeichnet. Aus diesen Aspekten geht hervor, daß sich die Kommunikationsverhaltensweisen am Arbeitsplatz durch das Vordringen der Technik verändern werden und verändern müssen. Wenn man von der zwischenmenschlichen Kommunikation zur Pflege der Beziehungen absieht, haben Information und Kommunikation am Arbeitsplatz nahezu ausschließlich die Eigenschaft, zu Entscheidungen in Beziehung zu stehen. Hierdurch sind Information, Kommunikation und Entscheidung nicht voneinander zu trennen. Dabei spielen eine Anzahl von subjektiven und stark persönlich geprägten Aspekten eine große Rolle. Dies betrifft vor allem das Angebot an Informationen, wobei der personale Anbieter durch das Vordringen der Technik zu einem computersystem-orientierten Anbieter wird.

Der zweite wesentliche Aspekt wird durch den Informationsnachfrager und seine spezifischen Nachfrageverhaltensweisen charakterisiert. Insbesondere aber gewinnt das Interaktionsverhalten insofern an Bedeutung, als die Mensch-Mensch-Interaktion durch eine Mensch-Maschine-Interaktion substituiert wird. Die Problematik der Veränderung dieser Interaktionsprozesse soll an der Abbildung 68 verdeutlicht werden.

Es sei ein bestimmter Entscheidungsfall gegeben, der objektiv einen Informationsbedarf aufgrund der spezifischen Problemstellung entstehen läßt. Diesem Informationsbedarf steht ein Angebot an Informationen aus internen und externen Informationsquellen gegenüber.

I. Informationssituation ohne Interaktion und Kommunikation

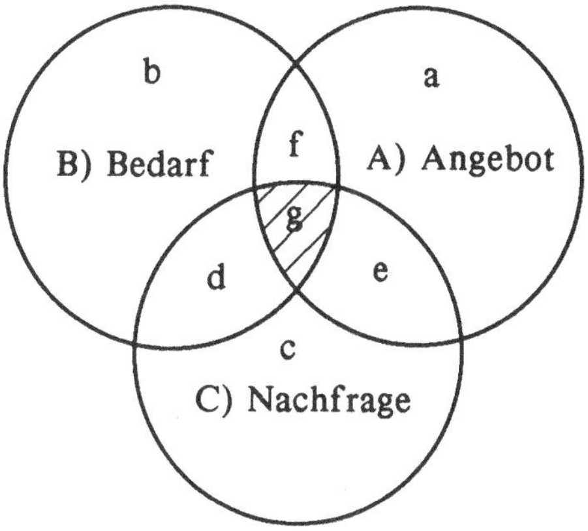

II. mit Mensch-Mensch-Interaktion und Kommunikation

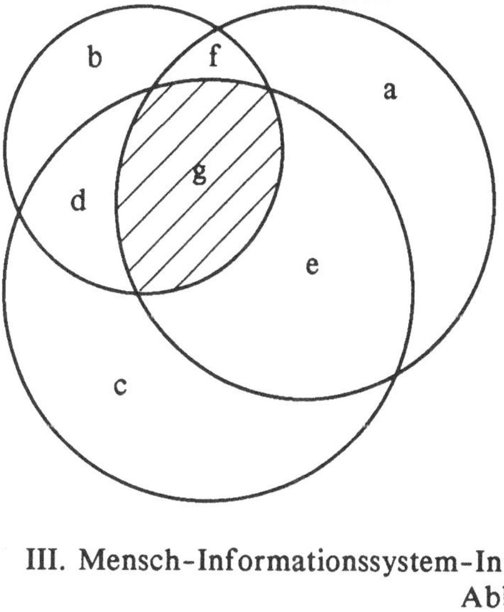

a) irrelevantes Angebot an Informationen, das nicht nachgefragt wird

b) Informationsbedarf aufgrund des Problems, der weder erkannt noch angeboten wird

c) fälschlich für relevant gehaltene Informationen, die nicht angeboten werden

d) als wesentlich erkannte Informationen, die nicht angeboten werden

e) fälschlich für wesentlich gehaltene Informationen, die auch angeboten werden

f) eigentlich notwendige und auch angebotene Informationen, die aber nicht nachgefragt werden

g) Informationen, die notwendig sind, nachgefragt und auch angeboten werden (durch Interaktion zu maximierende, kritische Menge)

A = Informationsangebot insgesamt

B = objektiver Informationsbedarf aufgrund des Entscheidungsproblems

C = Informationsnachfrage des Entscheiders in Kenntnis des Entscheidungsproblems

III. Mensch-Informationssystem-Interaktion und Kommunikation: wie Abb. I

Abb. 68: Struktur des Informationsverhaltens

Der Entscheider seinerseits wird in Kenntnis und in subjektiver Beurteilung des betreffenden, von ihm zu entscheidenden Problems eine Informationsnachfrage starten, die sich in Such- und Orientierungsprozessen ausdrücken wird. Die Darstellung I. der Abbildung 68 kennzeichnet diese Situation. Hierbei besteht das Hauptproblem darin, den Nachfrager zu der Erkenntnis zu bringen, welchen Bedarf er hat oder eigentlich haben sollte und ein entsprechendes Angebot bereitzustellen. Anders ausgedrückt: Die Schnittmenge zwischen Bedarf, Angebot und Nachfrage müßte maximiert werden. Das Diagramm macht jedoch deutlich, daß außer der Nachfrage, dem Bedarf und dem Angebot, noch die Teil- und Schnittmengen a bis g vorhanden sind. Diese werden durch folgende Merkmale charakterisiert:

Die Abbildung 68 soll folgende alternative Prozesse verdeutlichen:

Figur I. stellt die ursprünglich gegebene Sachlage in bezug auf Bedarf, Angebot und Nachfrage dar.

Figur II. stellt den Zustand nach erfolgter Mensch-Mensch-Interaktion und Kommunikation dar, der durch folgende Aspekte gekennzeichnet ist:

- Der Nachfrager (Entscheider) legt dem Anbieter seine Sicht des Entscheidungsproblems dar und erbittet entsprechende Informationen.
- Der Anbieter stellt seine Sicht des entsprechenden Entscheidungsproblems dar und bietet gleichzeitig an Informationen dasjenige an, was er sowohl für relevant als auch für verfügbar hält.

Aufgrund dieses Interaktionsprozesses weitet er ggf. sein Angebot aus, was dazu führt, daß

- der Nachfrager eine geänderte Problemsicht erhält, seine Nachfrage umorientiert und damit im Hinblick auf das Problem besser versorgt wird.

Dieser Mensch-Mensch-Interaktionsprozeß verändert also sowohl das Angebot durch die bessere Kenntnis des Anbieters als auch das Nachfrageverhalten des Entscheiders, der eine bessere Problemsicht gewinnt und letztlich ein größeres Angebot wahrnimmt. Hierbei laufen eine Anzahl von Interaktionsprozessen ab, bei denen die Synergieeffekte vor allem dadurch entstehen, daß dem Nachfrager ein assoziativ-mitdenkender Partner gegenübersteht.

Die Figur III. ist mit der Abbildung I. identisch: Die Mensch-Informationssystem-Interaktion wird im Regelfall durch die fehlende Fähigkeit des Systems, assoziativ mitdenken zu können, ein im wesentlichen starr bleibendes Angebot präsentieren. Der Nachfrager erhält nicht die aus dem Gespräch hervorgehenden Anregungen und wird sich daher wenig in seinem Nachfrageverhalten und in seiner Problemsicht ändern können. Zwar läßt sich vorstellen, daß er bestimmte Anregungen auch dadurch gewinnt, daß er sich das gesamte Informationsangebot vom System vorstellen läßt. Dieser Prozeß kann zweifellos Verbesserungen mit sich bringen, wird aber nicht näherungsweise die Synergieeffekte einer Mensch-Mensch-Interaktion entwickeln. Auch hier läßt die technische Entwicklung zu "mitdenkenden" Expertensystemen Verbesserungen erwarten, die jedoch z.Zt. noch nicht gegeben sind. Möglicherweise wird eine Kombination zwischen menschlichen und maschinellen Interaktionsträgern geeignet sein, eine Verbesserung der derzeitigen Entscheidungssituation zu geben: Wenn Teams als Entscheidungsträger eingesetzt werden, ist zu vermuten, daß sich in ihnen die Synergieeffekte der Mensch-Mensch-Interaktion mit den hochwertigen Eigenschaften maschineller Informationssysteme verbinden lassen. Es ist anzunehmen, daß in den Teams bestimmte Mitarbeiter die Mensch-Maschine-Interaktionsfähigkeiten voll nutzen können und daß andere Teammitglieder vor allem die Mensch-Mensch-Synergieeffekte einbringen werden.

3.2.4. Wissens- und Ausbildungsprobleme

Auf die Fragen von Wissen und Ausbildung im Zusammenhang mit der Akzeptanz wurde bereits eingegangen. Es stellen sich aber zusätzlich noch andere Probleme, die mit der Qualifikationsveränderung durch Technikeinsatz am Arbeitsplatz zusammenhängen. So gibt es heute eine Vielzahl von Anwendungsprogrammen, die einen so hohen Stand an fachlicher Qualifikation beinhalten, daß eine Anzahl von Funktionen einen Wandel im Hinblick auf die Anforderungen am Arbeitsplatz erfährt. Hier gibt es bezüglich des Technikeinsatzes als Ursache des Wandels verschiedene Thesen, die diesen Prozeß kennzeichnen. Es handelt sich um die

- Höherqualifikationsthese,
- Dequalifikationsthese,
- Polarisierungsthese und
- Konstanzthese.

Diese Qualifikationsveränderungsthesen (in Anlehnung an Weißhuhn, 1986, S. 31/32) beinhalten folgende Möglichkeiten:

Die Höherqualifikationsthese behauptet, daß durch den Technikeinsatz generell eine Höherqualifikation am Arbeitsplatz durch die zusätzliche Beherrschung der mit der Technik zusammenhängenden Funktionen erforderlich wird. Hierbei kann unterstellt werden, daß die fachlichen Qualifikationen gleichbleiben und die durch den Technikeinsatz bedingten Qualifikationen "aufgesattelt" werden.

Die Dequalifikationsthese besagt, daß der Technikeinsatz generell zu einem Absinken der Anforderungen führt, die Technik die hochqualifizierten Aufgaben übernimmt und dem Mitarbeiter am Arbeitsplatz vor allem die Bedienungsfunktionen verbleiben.

Die Polarisierungsthese geht davon aus, daß ein Split in Berufsgruppen eintritt, in denen eine höhere Qualifikation erforderlich ist und andere, bei denen eine Dequalifikation eintritt. Hierbei ist nicht notwendigerweise eine Zuordnung dergestalt gegeben, daß die speziell technologieorientierten Berufe die höhere Qualifikation umfassen, während die an betrieblichen Funktionen ausgerichteten Berufe dequalifiziert werden. Es sind auch Mischungen denkbar, bei denen der Technikeinsatz zur Grundstrukturierung der fachlichen Aufgaben höhere Anforderungen stellt, während die reinen Bedienungsfunktionen lediglich auf minderen Qualifikationen aufbauen.

Die Konstanzhypothese beinhaltet, daß keine Qualifikationsveränderungen größeren Stils zu erwarten sind und daß "alles beim Alten" bleibt.

Eine kritische Betrachtung dieser Thesen zur Qualifikationsveränderung läßt die Konstanzhypothese unwahrscheinlich erscheinen. Es fällt allerdings schwer, den anderen drei Thesen uneingeschränkt zuzustimmen. So ist wohl eher damit zu rechnen, daß sich die Qualifikationsanforderungen als solche veränderen, wobei ein Austausch zwischen den unterschiedlichen Qualifikationen zu vermuten wäre. Dieses kommt in dem Modell der Abbildung 69 zum Ausdruck (in Anlehnung an Dostal, 1986, S. 176). Dieses Modell charakterisiert das Verhältnis von fachspezifischen zu nicht fachspezifischen Qualifikationsanforderungen und Wissensbestandteilen. Es geht von einem Qualifikationsniveau im Ist aus, welches durch ein hohes Maß an Fachwissen im Zusammenhang mit alten Techniken und einem geringen Maß an nichtfachlichen Qualifikationen gekennzeichnet ist.

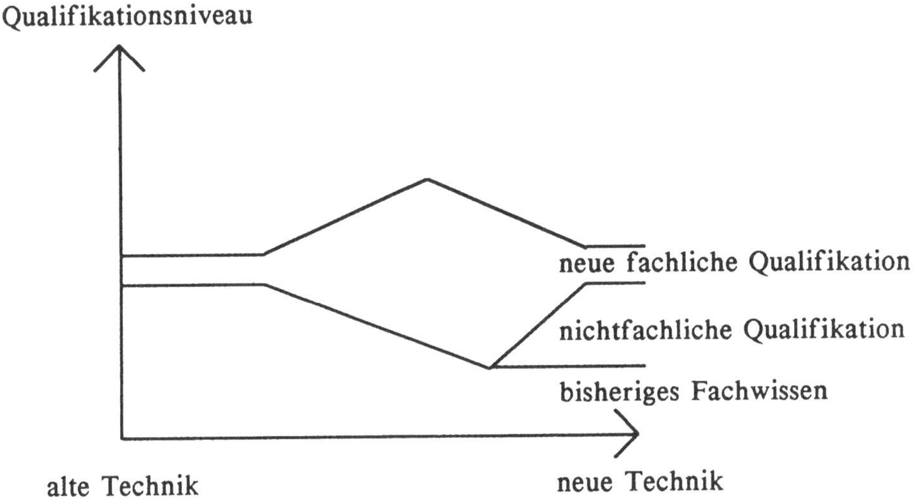

Abb. 69: Qualifikationsveränderungen durch Technikeinsatz

Der Einsatz neuer Techniken führt dazu, daß das bisherige Fachwissen einen Bedeutungsverlust erleidet, während nichtfachliche Qualifikationen - gemessen an den alten Anforderungen - eine starke Zunahme erfahren. Diese werden jedoch nach einem bestimmten Zeitraum in das sich verändernde Qualifikationsbild einbezogen und zu einem von der Fachfunktion nicht mehr loszulösenden Bestandteil. Die neuen fachlichen Qualifikationen beinhalten dann eine beachtliche Menge von früher als nichtfachlich bezeichneten Qualifikationen sowie das bisherige Fachwissen auf einem deutlich geringeren Niveau. Dieser Entwicklungsprozeß scheint im Hinblick auf die bisher abzusehenden Qualifikationsveränderungen wahrscheinlich. Hieraus geht eine deutliche Aufgabe für die Aus- und Fortbildungsinstitutionen hervor: Sie müßten die Lehrinhalte der bisher an fachlichen Qualifikationen ausgerichteten Lehrinhalte verändern, sie den neuen Anforderungen anpassen, vom Niveau her auf das durch die neue Technik bedingte Notwendige reduzieren sowie zusätzliche, technikbedingte fachliche Qualifikationen den Ausbildungsinhalten hinzufügen. Nach dem derzeitigen Stand der Ausbildungsentwicklung werden offensichtlich die neuen technikbedingten Qualifikationen auf das bisherige Fachwissen aufgesattelt, ohne daß eine Reduzierung alter Fachinhalte erfolgt. Dies ist zugegebenermaßen schwierig, da nach wie vor eine (zwar der Anzahl nach geringere) "Wissenselite" mit sehr hohen Fachkenntnissen vorhanden sein muß, die den Input an Wissen in die Computersysteme (Programme und Wissensbanken) eingibt. Deren Ausbildung müßte dann in Spezialinstitutionen erfolgen.

Literaturhinweise:

BERENDES, S. (1988): S. 279-292 (Schulung-, Benutzer- und Systembetreuung); S. 293-316 (Organisatorische Wirkung der Einführung von Bürosystemen)

GERNET, E. (1987): S. 237-243 (Probleme der Akzeptanz neuer Verfahren und Methoden)

HÖRING, K., SPENGLER-RAST, Ch. (1983): S. 45-48 (Veränderung von Motivation und Verhalten)

MÜLLER-BÖLING, D. (1986): (Einstellungen und Akzeptanz)

NIPPA, M. (1988): S. 103-124 (Mitarbeiterorientierte Gestaltungsbedingungen); S. 139-146 (Qualifikationsanforderungen); S. 191-216 (Einfluß von Gruppenbeziehungen auf die organisatorische Gestaltung der Büroarbeit)

SCHÖNECKER, H.G. (1982): S. 49-70 (Akzeptanzforschung als Regulativ bei Entwicklung, Verbreitung und Anwendung technischer Innovationen)

TÖPFER, A., LECHELT, F. (1987): S. 99-105 (Schulungsmaßnahmen der Mitarbeiter) S. 166-169 (Einführungsprozeß und Unterstützung/Akzeptanz)

VOSSBEIN, R. (1989/I): S. 93-102 (Mitarbeiterspezifische Probleme der Computerisierung)

WIEDEMANN, H. (1982): S. 133-142 (Organisationspsychologische Fragen der Akzeptanz)

4. DIE BK-SICHERHEITSKONZEPTION

4.1. Die Struktur des Sicherheitsproblems

Das Thema Datensicherheit hat durch die Entwicklung von der Datenverarbeitung zur Bürokommunikation an Bedeutung gewonnen. Auf der Basis der Initiativen, die allgemein, aber insbesondere auch durch das Datenschutzgesetz (BDSG) entstanden sind, ist für die Groß-EDV das Sicherheitsproblem zwar nicht voll gelöst, wohl aber auf extreme Gefährdungsfälle reduziert, die kaum in eine generelle Schablone passen. Eine neue Dimension erhielt das Problem durch das Vordringen der Arbeitsplatzrechner, die damit verbundene multiplikative Vermehrung der Gefährnisstellen und durch die Beurteilung der Frage, wie sicher eigentlich Netze gegen unbefugtes Eindringen sind. Vom Umfang her wird sich das Datensicherheitskonzept auf

- den Datenschutz,
- die Datensicherung sowie
- die spezifischen Probleme des Zusammenhanges zwischen Groß-Datenverarbeitung und BK-Systemen

erstrecken. Dabei kann für die hier angestellten Überlegungen das Datensicherungsproblem teilweise ausgeklammert werden, da es eine technische Komponente beinhaltet, die sich auf grundsätzliche Fragen der Datensicherung durch die Hardware- und Softwarekonzeption bezieht und nur herstellerseits gelöst werden kann. Die operative Fragestellung ergibt sich aus der Notwendigkeit, bei Datenverlust, Verfälschung oder anderen Änderungen den aktuellen Stand ohne großen Aufwand wieder herstellen zu können. Sie wird im wesentlichen durch das sog. Mehrgenerationenprinzip erreicht. Hierbei wird die Lösung auch wiederum durch Hard- und Software-Maßnahmen realisiert, die hier nicht diskutiert werden sollen. Da aber andererseits die Regel gilt, daß Datenschutz nur durch vernünftige Datensicherung erreicht werden kann, wird das Sicherheitsproblem im Hinblick auf die Ursachen sowie die nicht-technischen Möglichkeiten seiner Lösung in seiner Gesamtheit behandelt.

Die Komponenten der Datensicherheitskonzeption, wie sie sich aufgrund dieser Ausführungen ergeben, sind in der Abbildung 70 aufgeführt.

Die gesamte Struktur des Sicherheitsproblems wird in der Abbildung 71 dargestellt. Es bezieht sich auf Kleincomputer, Großcomputer und Netze und ist aufgrund der bereits vorhandenen und noch weiter zunehmenden Vernetzung für Groß-, Mittel- und Kleinunternehmen von Bedeutung. Hierbei sind selbstverständlich Behörden und andere Institutionen den Unternehmen gleichzusetzen. Von der DV-Sphäre her stellt sich das Problem für einfach DV-Terminals, komplexe Netzanlagen, Mehrplatz- sowie Einplatz-/Stand-alone-Systeme. Die Interessensphäre ergibt sich aus der Zusammenstellung mehrerer Einzelinteressenbereiche. Hierbei handelt es sich um

- die Anforderungen des BDSG,
- andere Gesetze und Rechtsvorschriften,

- Unternehmensinteressen,
- Individualinteressen sowie
- Partnerinteressen.

Taktische Komponente
Datensicherheitskonzeption
- Datenschutz • gesetzlich • unternehmensspezifisch - Datensicherung • technisch • operativ - Groß-Datenverarbeitung/BK-Systeme

Abb. 70: Datensicherheitskonzeption

Der Geltungsbereich des BDSG erstreckt sich auf die Daten natürlicher Personen, die maschinell be- oder verarbeitet werden.

Andere Gesetze und Rechtsvorschriften (HGB, Steuergesetze) beziehen sich z.B. auf Aufbewahrungspflichten sowie Unveränderbarkeit und Revisionsfähigkeit von Vorgängen und setzen damit bestimmte Normen für Speicherung sowie Be- und Verarbeitung.

Die Unternehmensinteressen sind sehr weit gespannt. So gehören z.B. das Vertraulichkeitsgebot in bezug auf Kundeninformationen sowie die Geheimhaltung von Daten aus Forschung und Entwicklung zu den spezifischen Unternehmensinteressen.

Der Bereich der Individualinteressen, also des Interesses einzelner Personen, ist, soweit es sich um natürliche Personen handelt, durch die Anforderung des BDSG und soweit es sich um Geschäftspartner handelt, durch die Unternehmens- oder Partnerinteressen abgesichert.

Die Partnerinteressen sind diejenigen Gebiete, die sich aus den Kooperationen ergeben und bei denen das Sicherheitsproblem durch keines der anderen Gebiete hinreichend abgedeckt ist. Hierzu zählen z.B. vertrauliche Informationen, die das Unternehmen über Geschäftspartner durch mehrjährige Kooperation erhält.

Aus diesen divergierenden Interessensphären, die für das Unternehmen selbst durchaus unterschiedliche Bedeutung haben, ergibt sich die gesamte Sicherheitsproblemstellung. Sie kann nach Datenschutz und Datensicherung unterteilt werden. Aus diesen beiden Gebieten ergeben sich die Gefährdungssphären. Hier kann zwischen den Bereichen

- Hardware,
- Software,
- Orgware,

- Personen (interne und externe) sowie
- Netzen

unterschieden werden.

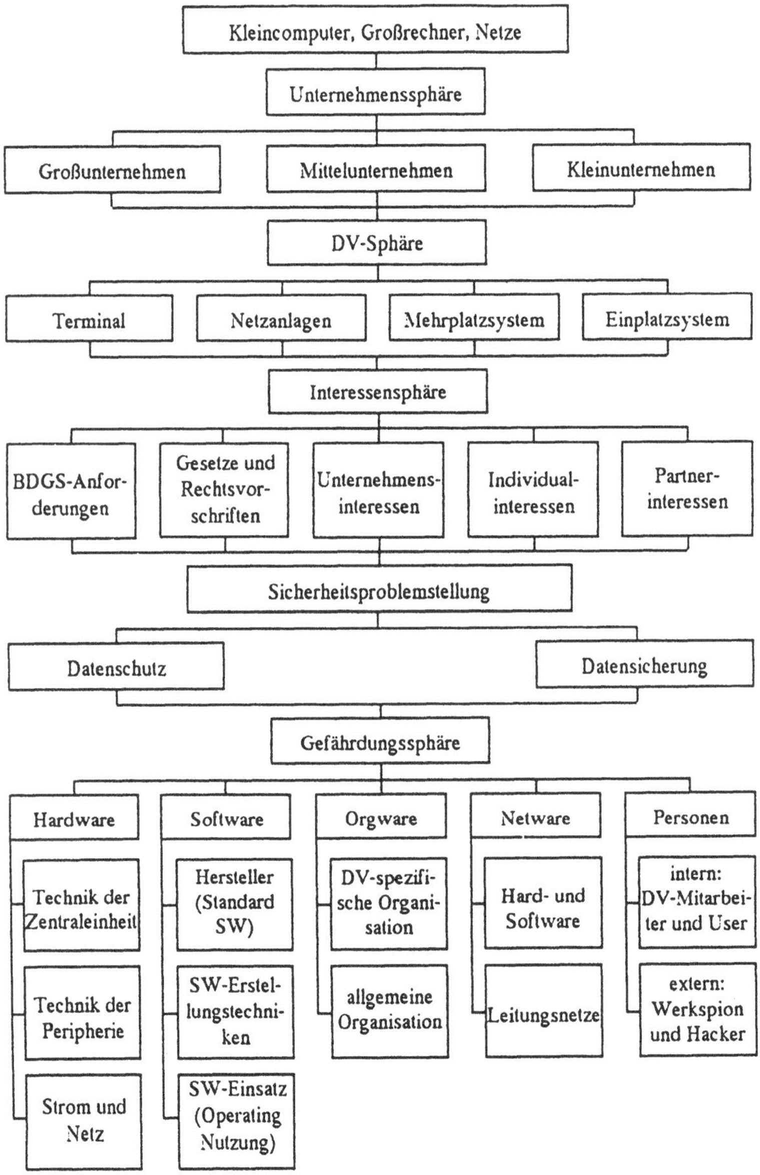

Abb. 71: Struktur des Sicherheitsproblems in der BK

Vom Umfang her lassen sich die einzelnen Teilbereiche der gesamten Gefährdungssphäre wie folgt beschreiben:

Bei der Hardware sind es die technischen Gegebenheiten der Zentraleinheit, der Peripherie sowie solche, die sich einerseits aus der Stromnetzabhängigkeit der Hardware ergeben und andererseits durch ihren Anschluß an Übermittlungsnetze entstehen. Der letztgenannte Bereich ist der der hardwarespezifischen Kommunikationsware (Netware).

Bei der Software ergeben sich Gefährdungsgebiete durch Hersteller, DV-Fachleute und DV-Fans. Herstellersoftware bietet insofern ein Gefährdungsgebiet, da sie aufgrund der weiten Verbreitung allgemein bekannt und damit in ihren Grundstrukturen offengelegt ist und angreifbar wird. DV-Fachleute (s. hierzu auch "interne" und "externe" Personen) können durch die Kenntnis der Softwarestruktur sowie auf der Basis ihrer eigenen Arbeit zu Gefährdungsbereichen werden. Hierbei sei an die Diskussion über Viren in Softwarepaketen erinnert.

Eine weitere Gefährdungssphäre ist in der Organisation zu sehen. Es kann sowohl die DV-spezifische Organisation mit ihren Strukturen und Prozessen als auch die allgemeine Organisation eine Gefährdungssphäre darstellen. So kann z.B. das Fehlen von Regeln zur Softwaresicherung und Dokumentation ebenso Gefährdungen hervorrufen wie die Nichtexistenz von Regeln über die Behandlung vertraulicher Unterlagen sowie das Fehlen von Sicherheitsmaßnahmen beim Transport von Datenträgern, Ausdrucken o.ä.

Bei den internen Personen kann die Gefährdung sowohl von den DV-Fachleuten als auch insbesondere von den Benutzern ausgehen. Während die Benutzer eher aus Mangel an Kenntnis zum Sicherheitsproblem werden, können DV-Fachleute, wie Programmierer und Operator, gerade durch ihre genaue Kenntnis des Systems, der Programme und der Vorgänge Gefährdungen hervorrufen.

Die externen Personen können aufgrund beruflicher Interessen (Computerspionage), die Amateure durch gezieltes Eindringen in Netze (Hacking) zur Gefährdung beitragen.

Die Ausführungen machen den Umfang der gesamten Sicherheitsproblemstellung deutlich und zeigen die große Zahl von Gefährdungsgebieten auf. Das hieraus entstehende Datensicherheitsbedürfnis kann wiederum konkretisiert werden in einem

- Datenschutzbedürfnis sowie
- Datensicherungsbedürfnis.

Teilweise in Abhängigkeit von der Gefährdungssphäre lassen sich bestimmte Gefährdungsursachen feststellen, die unterschiedliche Bewertungen erfahren. Die Abbildung 72 ordnet dem Datensicherheitsbedürfnis die Gefährdungsursachen sowie Wertungen und Ergebnisse zu. Aus den aufgeführten Ursachen und Wertungen sollen nur jeweils einige herausgegriffen werden, die eine besondere Beachtung verdienen. Die aufgedeckten und nachgewiesenen Computerveruntreuungen haben in den letzten Jahren zugenommen. Die Gefährdungsursache Gewinnsucht mit dem Ergebnis der Bereicherung kann hier zugeordnet werden.

Sabotage und Fehlbedienung haben häufig die gleichen Ergebnisse, nämlich Verfälschung, Veränderung, Löschung und Datenverlust. Hierbei wird die Fehlbedienung eher durch den unerfahrenen Anwender, die Sabotage eher vom Fachmann verübt. Vom Ergebnis her handelt es sich hier um Verfälschung und Veränderung. Während beim Löschen die möglicherweise sich ergebenden Lücken auffallen, sind z.B. beim Verändern Informationen vorhanden, deren Verfälschung sich erst bei komplexen und üblicherweise nicht vorgenommenen Prüfprozessen ergibt. Der Datenverlust kann sowohl auf Fehlbedienung als auch auf technische Mängel zurückzuführen sein. So können falsche Befehle ebenso zu diesem Ergebnis führen wie Mängel z.B. im Leitungssystem. Insgesamt gesehen können technische Mängel, Katastrophen und Störungen eine Vielzahl von Ergebnissen einschließlich der Benachteiligung Dritter mit sich bringen.

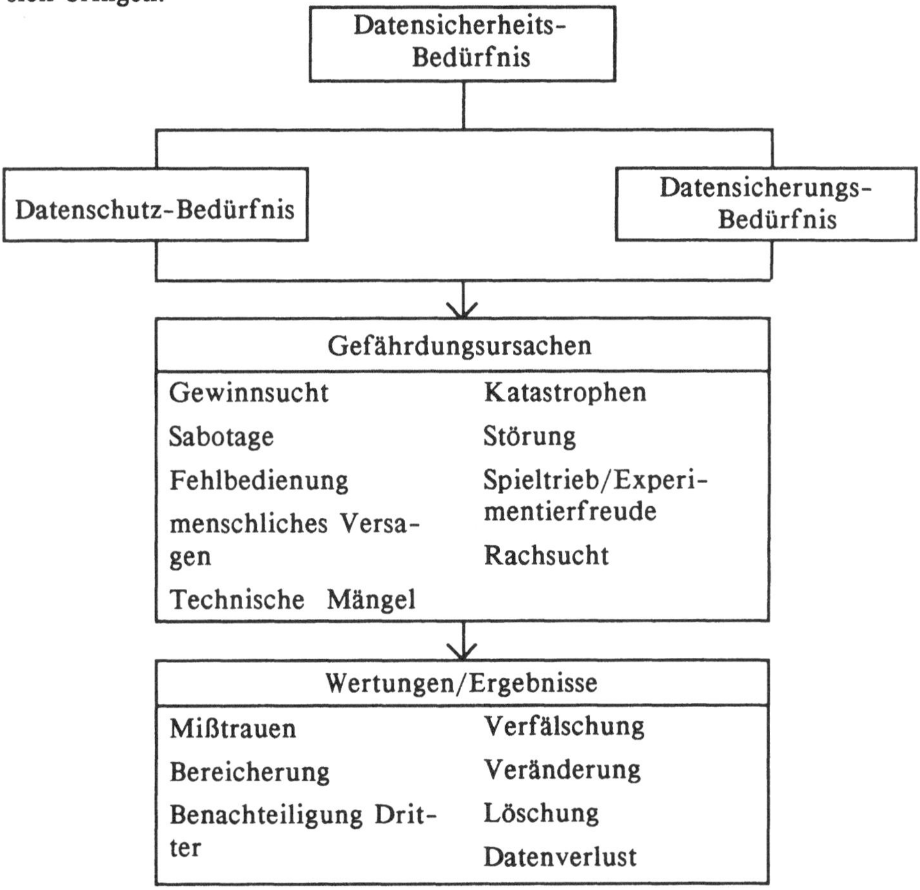

Abb. 72: Analyse der Gefährdungsursachen

Spieltrieb und Experimentierfreude sind die typischen Gefährdungsursachen von Hackern. Sie können, wie Beispiele belegen, zur Bereicherung, Benachteiligung Dritter und insbesondere zu Mißtrauen führen.

Andererseits aber sind Verfälschungen, Veränderungen und Löschungen mögliche Ergebnisse auf der sachlichen Seite.

Rachsucht als Gefährdungsursache wird ebenfalls im Zusammenhang mit Computerviren genannt. Auch hierdurch können eine Anzahl der aufgeführten Ergebnisse eintreten. Die z.Zt. in Entwicklung bzw. auf dem Markt befindlichen Viren-Aufdeck-Programme werden hier auf Sicht möglicherweise Hilfe bringen.

4.2. Sicherheitskonzeptionen im Bereich traditioneller EDV

Die Probleme der Datensicherheit können in drei Punkten zusammengefaßt werden:

1. Erfassung von Gefährdungsursachen
2. Charakterisierung der Sicherheitsbedürfnisse
3. Einsetzen effizienter und adäquater Maßnahmen

Das Erfassen der Gefährdungsursachen bedeutet eine analytische Durchdringung des gesamten Unternehmens auf der Basis der im vorangegangenen Kapitel geschilderten möglichen Ursachen. Hierzu liegen entsprechende Analysehilfen vor, die analytische Verfahren mit Kreativitätstechniken verbinden, um durch die Kombination von Analyse und Imagination die möglichen Gefährdungsursachen zu erfassen (vgl. hierzu auch das Instrument der Sicherheits-Systemanalyse SBA, Security by Analysis, oder andere Systeme).

Ein wesentlicher Punkt ist die Charakterisierung der Sicherheitsbedürfnisse. Hierzu müssen Sicherheitskonzepte entwickelt werden, die dann gleichzeitig das Einsetzen effizienter und adäquater Maßnahmen beinhalten. Ein solches Konzept wird im Teilkapitel 4.3. vorgestellt.

Nach wie vor gelten auf dem Sektor Datensicherheit die durch das BDSG begründeten "zehn Gebote" als gültige Basis für Überlegungen. "Hierbei handelt es sich im einzelnen um

- Zugangskontrollen, die Unbefugten den Zugang zu Datenverarbeitungsanlagen verwehren sollen.
- Abgangskontrollen, die auch mit der Verarbeitung von Daten beschäftigte Personen daran hindern sollen, Datenträger unbefugt zu entfernen.
- Speicherkontrollen, die die unbefugte Eingabe, Kenntnisnahme, Veränderung oder Löschung unterbinden sollen.
- Benutzerkontrollen, die die Benutzung von Datenverarbeitungsanlagen auf hierzu befugte Personen beschränken sollen.
- Zugriffskontrollen, die gewährleisten sollen, daß der Zugriff auf Datenbestände lediglich durch Berechtigte erfolgt.
- Übermittlungskontrollen, die überprüfen und feststellen sollen, an welchen Stellen Daten durch selbsttätige Einrichtung übermittelt werden.
- Eingabekontrollen, die überprüfen lassen, welche Daten zu welcher Zeit von wem in das System eingegeben worden sind.

- Auftragskontrollen, die sicherstellen sollen, daß nur die von den Berechtigten gegebenen Aufträge weisungsgemäß verarbeitet werden.
- Transportkontrollen, die verhindern sollen, daß bei Übermittlung und beim Transport von Datenträgern ein unbefugtes Lesen, Löschen oder Verändern erfolgt.
- Organisationskontrollen, die die Auflage beinhalten, die innerbehördliche/innerbetriebliche Organisation so zu gestalten, daß sie den besonderen Anforderungen des Datenschutzes gerecht wird." (Voßbein, 1987, S. 83)

Die Zielsetzung einer Sicherheitskonzeption ist, Sicherheit soweit wie möglich

- flächendeckend,
- prüf- und kontrollierbar sowie
- nachvollziehbar dokumentiert

zu gewährleisten. Auf der Basis des BDSG und vor allem gültig für den Bereich der Groß-EDV wurden in den vergangenen Jahren eine Anzahl von Regelungen entwickelt, die ein hohes Maß an Sicherheit auf diesen Anlagen erreicht haben. Ohne Anspruch auf Vollständigkeit sollen im folgenden exemplarisch einige Maßnahmen herausgestellt und in bezug auf ihre Gültigkeit für integrierte BK-Systeme untersucht werden. Hierbei wird der Einfachheit halber bei der Beurteilung jeweils ein Großbetrieb mit zentraler Groß-EDV, mehr als 250 Arbeitsplatzrechnern, dezentraler Installation in mehreren Gebäuden sowie zumindest teilweiser Unterbringung der Mitarbeiter in Großraumbüros unterstellt. Diese Bedingungen können für eine Vielzahl von Unternehmen als realistisch angesehen werden.

Als typische EDV-Sicherheitsmaßnahmen gelten

- der Closed-Shop-Betrieb,
- Zugangs- und Abgangskontrollen,
- das Mehrgenerationenprinzip der Datensicherung,
- das Mehraugenprinzip bei der Verarbeitung sowie
- die Revisionsfähigkeit von Programmen.

Der Closed-Shop-Betrieb, der den Verarbeitungsanlagen (Rechnern) sowie wesentlichen peripheren Anlagen, wie Druckern und Lesegeräten, einen abgeschlossenen Bereich sichern will, ist bei stark dezentralen Anlagen auf der Basis von BK-Systemen nicht mehr denkbar. So kann eine große Anzahl von PCs zuzüglich der dazugehörigen Peripherie kaum sinnvoll räumlich abgeschottet werden.

Zugangs- und Abgangskontrollen sind bei Anlagen, die im Closed-Shop-Betrieb arbeiten, leicht zu realisieren. Wenn jedoch eine Vielzahl von Rechnern über das gesamte Unternehmen verteilt ist und eine große Zahl von Druckern den Usern zur Verfügung steht, dann sind Zugangskontrollen zu den Datenverarbeitungsbereichen und Abgangskontrollen, die ebenfalls die Entfernung von Datenträgern und Listen einschließen, kaum noch wirksam zu realisieren.

Die Mehr-Generationen-Datensicherung ist bei vielen Groß-Computern softwaremäßig fest implementiert. Bei Arbeitsplatzrechnern wird vielfach eine Zwei-Generationen-Datensicherung automatisch vorgenommen. (Z.B. wird bei der Abwandlung einer Textdatei die Ursprungsdatei als sog. "BAK-Datei" gespeichert.) Eine reguläre mehrstufige Datensicherung kann jedoch am Arbeitsplatz meist nur über Individual-Software oder bei Realisierung des File-Transfers über und im Zusammenhang mit der Großanlage vorgenommen werden.

Das Mehraugenprinzip basiert auf einer Trennung zwischen Programmierung, Operating und Benutzung. Bei Arbeitsplatzrechnern nimmt jedoch der Mitarbeiter sehr häufig alle drei Funktionen in einer Person wahr: Er erstellt mit den Tools kleinere Programme, setzt sie selbst ein und nutzt ihre Ergebnisse.

Die Revisionsfähigkeit von Programmen ist an die Einhaltung bestimmter Regeln und Normen gebunden. Sie werden auch als Regeln des Software-Engineering bezeichnet. Sie setzen voraus, daß die Programme ordnungsgemäß dokumentiert, getestet und aktualisiert/überarbeitet werden. Hiermit ist die Möglichkeit gegeben, einerseits den Aufbau, andererseits aber auch Befehlsabfolgen und Verarbeitungsprozesse nachzuvollziehen. Bei am Arbeitsplatz erzeugten "Quick-and-Dirty-Programmen" ist die Revisionsfähigkeit nicht gegeben, so daß eventuell vom Programm ausgehende Unregelmäßigkeiten nur schwer entdeckt werden können.

4.3. Lösungen im Bereich IDV/BK durch das Prinzip des MbE

Wenn aufgrund der spezifischen Struktur von BK-Systemen bewährte Sicherheitslösungen nicht mehr oder nur in Ausnahmefällen anwendbar sind, ist es notwendig, ein Lösungskonzept einzusetzen, das diesen spezifischen Gegebenheiten besser gerecht wird und auf die Größe des Gesamtproblems zugeschnitten ist. Dies ist bei einer Datensicherheitskonzeption nach den Prinzipien des MbE (Management by Exception) gegeben. Das Ablaufschema einer solchen Datensicherheit wird in der Abbildung 73 wiedergegeben.

Die einzelnen Schritte stellen sich wie folgt dar:

Die Klassifikation der Arbeitsplatz-(AP)-Funktionen und -Daten führt zur Beantwortung der Frage, wie sensitiv die betreffenden Funktionen im Hinblick auf Sicherungsanforderungen sind und wie hoch ihr Schutzbedürfnis ist. Zu dem Zweck müssen Daten und Funktionen nach Sicherheitsstufen beurteilt und klassifiziert werden. Ein Schema, das auf einem fünfstufigen Sicherheitsprinzip beruht, ist in der Abbildung 74 dargestellt. Hiernach ist eine normale Vertraulichkeitssicherung bei den Stufen 0 bis 2 anzusehen, eine verstärkte Sicherung ist der Stufe 3 zuzuordnen und eine maximale Sicherung sollte in der Stufe 4 gegeben sein.

Als zweiter Schritt ist eine Klassifikation der Möglichkeiten des AP-Computers durchzuführen. Hierbei zählen Merkmale wie

- Stand-alone-Anlage,
- Bestandteil eines vernetzten Systems,

- Verwendung von Individual- oder Standardprogrammen sowie
- Fähigkeiten der peripheren Geräte

zu den zu beurteilenden Faktoren.

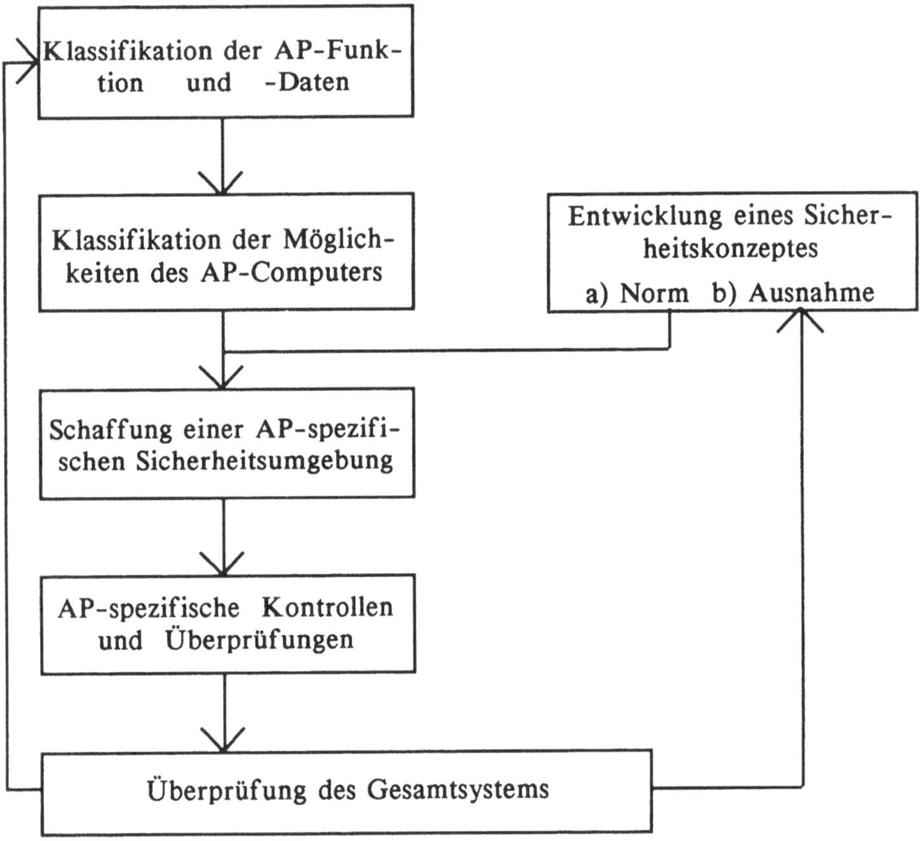

Abb. 73: Datensicherheit nach dem Prinzip des MbE

Aus diesen Merkmalen ergeben sich weitere Punkte, um im Zusammenhang mit der Klassifikation der AP-Funktionen und -Daten den Rechner in ein Sicherheitskonzept eingliedern zu können. Wesentlich ist hierbei auch eine Kategorisierung der Anwendungen in bezug auf die am Rechner verwendeten Verfahren (Batch oder Dialog) sowie die Periodizität sicherheitssensitiver Arbeiten mit den hierzu gehörigen Terminen. Der letzte Punkt der PC-Klassifizierung wird durch eine Benutzerkategorisierung gegeben. So ist es von Bedeutung, ob es sich um ein Einzel-AP-System handelt oder ob mehrere ständige bzw. wechselnde Mitarbeiter sich des Gerätes bedienen. Speziell im letzteren Fall ist die Analyse der Daten und Funktionen auf sämtliche der betreffenden Mitarbeiter auszudehnen.

Parallel hierzu ist die Entwicklung eines Sicherheitskonzeptes vorzunehmen, das Sicherheitsnormen sowie die Regelung von Ausnahmefällen beinhaltet. Die PCs sind dann in das Sicherheitskonzept einzugliedern, um die Möglichkeit der Schaffung einer spezifischen Sicherheitsumgebung zu realisieren. Der Zusammenhang zwischen den Parametern

- Arbeitsplatz/Standort,
- Ausstattung (Software, Kommunikationsware),
- sicherheitsgefährdete Gebiete,
- Sicherheitsstufe,
- Konsequenzen und
- Absicherung

ist für einige typische Beispiele in der Abbildung 75 dargestellt. Insbesondere die Beurteilung der Konsequenzen gibt im Zusammenhang mit den sicherheitsgefährdeten Gebieten Anhaltspunkte dafür, wie stark die Absicherung im Einzelfall vorzunehmen ist. Ein Vergleich zweier typischer aus der Abbildung 75 hervorgehender Fälle macht den Umfang des Sicherheitsproblems deutlich.

Definition von Sicherheitsstufen		
Definition		Stufe
kein Schutz erforderlich		0
bedingt schützenswert		1
vertraulich		2
streng vertraulich		3
Geheimsache		4
normale Vertraulichkeitssicherung	: Stufen 0 - 2	
verstärkte Sicherung	: Stufe 3	
maximale Sicherung	: Stufe 4	

Abb. 74: Definition der Sicherheitsstufen

Die Fachkraft, die in dem Bereich Forschung und Entwicklung einen ggf. spezialisierten Computer im Labor stehen hat und individuelle Software verwendet, kann aufgrund der Stand-alone-Eigenschaft sinnvoll durch räumliche Sicherheitsmaßnahmen, wie abschließbare, einbruchsichere Räumlichkeiten in Verbindung mit bestimmten Hardwaresicherungen (Terminalschloß, im Safe einschließbare Platten), trotz extrem hoher Sicherheitsstufe effizient geschützt werden. Hier wäre wahrscheinlich auf Dauer eine Vernetzung wegen der damit verbundenen Risiken abzulehnen. Völlig anders liegt der Fall des Sachbearbeiters im Rechnungswesen, der in einem Großraum mit seinem AP-Rechner arbeitet. Die von ihm bearbeiteten Daten sind zwar bedingt schützenswert, ihre Verletzung hat jedoch aufgrund der Verfügbarkeit der Daten über den Groß-Computer und der weiten Verbreitung dieser Daten nur geringe Konsequenzen. Hier wären die Groß-DV-üblichen Sicherheitsmaßnahmen mit Paßwort sowie ggf. Terminalschloß als Sicherheitsmaßnahmen angebracht und ausreichend, zumal es noch andere Wege als über diesen PC gibt, um an die betreffenden Daten heranzukommen.

Arbeitsplatz / Standort	Ausstattung: Software	Ausstattung: Kommunikationsware Anschluß an	sicherheitsgefährdete Gebiete	Stufe	Konsequenzen	Absicherung über
SB-Verkauf Großraum	Individual-SW, Tools	LAN und WAN	Kunden-Konditionen	3	Verärgerung bei Kunden, Aktionen der Konkurrenz	Groß-DV-übliche Sicherheitsmaßnahmen
Leiter Produktionsplanung Einzelbüro	Individual-SW	LAN	Produktionsabläufe, Termine	2	Stillstand der Produktion, Verärgerung bei Kunden	Netzsicherheit, physische Sicherheit
FK F+E Labor	Individual-SW	stand alone	Produktforschungsergebnisse	4	kaum bezifferbarer Schaden	räumliche Sicherheit, Hardware-Sicherung
SB Rechnungswesen Großraum	Tools	LAN	interne Kontrollinformationen	1	gering	Groß-DV-übliche Sicherheitsmaßnahmen
SB Personalwesen Großraum	Individual-SW, Tools	LAN	personenspezifische Daten	3	Verstoß gegen BDSG	Groß-DV-übliche Sicherheitsmaßnahmen

Abb. 75: Sicherheitsszenario für Arbeitsplätze (Beispiele)

Die Schaffung einer arbeitsplatzspezifischen Sicherheitsumgebung beruht auf verschiedenen Ansatzpunkten, die in der Abbildung 76 wiedergegeben sind. So sind räumliche Sicherheitsmaßnahmen mit solchen der Hardware-, Software- und Orgwaresicherung zu koppeln. Eine besondere Bedeutung hat nach wie vor das Paßwort, ggf. in Verbindung mit vom System vergebenen Benutzercodes. Auf keinen Fall sollten Orgwaresicherungen vergessen werden, obwohl in vielen Fällen ihre Einhaltung kaum überprüfbar ist. Nicht zuletzt ist im Rahmen der Orgwaresicherung das Wecken eines Sicherheitsbedürfnisses über Schulung und Aufklärung als wesentliche Maßnahme überhaupt zu sehen: Nur der Mitarbeiter, der wirklich sicherheitsbewußt ist, wird entsprechende Maßnahmen einsetzen und gegebene Regeln beachten.

Es ist selbstverständlich, daß innerhalb von bestimmten Zeiträumen von einer Institution arbeitsplatzspezifische Kontrollen und Überprüfungen vorgenommen werden müssen. Hierbei ist hauptsächlich die Frage zu beantworten, ob sich in der Zwischenzeit etwas an der Klassifikation der AP-Funktionen und -Daten sowie an den Merkmalen des eingesetzten

AP-Computers verändert hat. Falls sich andere Einstufungsnotwendigkeiten ergeben, ist die AP-spezifische Sicherheitsumgebung zu modifizieren.

Sicherheitsumgebung für AP-Rechner
- Räumliche Sicherheitsumgebung • Closed-Shop (Einzelbüro) • Abschottung im Großraum • Trennung von Bearbeitungs- und Publikumszonen - Hardware-Sicherung • Terminalschloß • Einschließbare Festplatte - Software-Sicherung • Verschlüsselung • Paßwort • Paßwort mit Benutzercode - Orgware-Sicherung • Auftragserteilung • Software-Sicherheitsprüfung • Regelungen für z.B. Auskunftserteilung • Protokollführung • Personalauswahl und -einsatz • Schulung und Aufklärung

Abb. 76: Sicherheitsumgebung für AP-Rechner

Den Abschluß des betreffenden Prozesses bildet die periodisch durchzuführende Überprüfung des Gesamtsystems. Hierbei wird sich zeigen, ob nicht nur die AP-spezifischen Funktionen, Daten und Möglichkeiten der eingesetzten Computer überprüft werden müssen, sondern auch, ob die gesamte Sicherheitskonzeption noch gültig ist. Da bürokratische Systeme die Tendenz haben, an Regeln und Normen zuzunehmen, sollte bei einer Gesamtkonzeption sorgfältig darauf geachtet werden, daß bei einer Prüfung nicht nur Verschärfungen und Höherstufungen, sondern auch Erleichterungen realisiert werden. Insbesondere bei Sicherheitsfragestellungen ist die Problematik des "tragbaren Risikos" zu erörtern. Wie in jedem anderen Lebensbereich gilt auch bei der Sicherheit von BK-Systemen, daß eine maximale Sicherheit in den meisten Fällen unbezahlbar ist, so daß bestimmte Risiken als zum "Normalbetrieb" gehörig getragen werden müssen. Auch sollte jedes Unternehmen sich dessen bewußt sein, daß von intelligenten Menschen geschaffene Sicherheitsmaßnahmen von ebenso intelligenten umgangen werden können. Keine Konzeption sollte daher auf die maximale absolute Sicherheit ausgelegt werden. Risikobeurteilung, Risikoumgebung und Sicherheitsumgebung müssen sich logisch entsprechen.

Die aufgeführten Überlegungen machen klar, daß bei BK-Systemen andere Sicherheitsprinzipien gelten müssen als bei der Groß-EDV.

Literaturhinweise:

BORNHEIM, W., VOSSBEIN, R. (1986): S. 34-40 (Anforderungen an die Datensicherheit)

DWORATSCHEK, BÜLLESBACH, KOCH u.a. (1985): (Datenschutz)

GROCHLA, E., SCHACHERT, H.R. (1982): S. 100-203 (Datenschutz- und Datensicherungsmaßnahmen)

HANSEN, H.R. (1987): S. 510-513 (Datensicherheit); S. 514-519 (Datenschutz)

VOSSBEIN, R. (1989/III): S. 82-84 (Datenschutz und -sicherheitsprobleme)

VOSSBEIN, R. (1989/V): (Datensicherheit beim PC)

WEYER, H., PÜTTER, P.S. (1983): (Stichwort: Datensicherung)

ZEHNDER, C.A. (1987): S. 175-209 (Datensicherung, -konsistenz und -schutz)

IV. DIE METHODISCHE KONZEPTION VON BK-SYSTEMEN

1. ORGANISATIONSMETHODEN

1.1. Analysemethoden

Die Organisationsanalyse hat die Aufgabe, den derzeitigen Zustand einer Institution mit Hilfe von Informationsgewinnungsmethoden zu erheben sowie diese Feststellungen zu bewerten. Um diese Zielsetzung erfüllen zu können, sollen folgende Teilgebiete zur Charakteristik des Umfangs einer Organisationsanalyse genannt werden:

- Schwachstellenanalyse,
- Analyse der real gegebenen Situation mit Hilfe von Erhebungsmethoden (Informationsgewinnungsmethoden),
- Darstellung der Analyseergebnisse sowie
- Ergebnisinterpretation/-bewertung.

Hierbei wird die Schwachstellenanalyse in den meisten Fällen von der Feststellung der Realsituation kaum zu trennen sein: Zwar gibt es die Methode der sog. intuitiven Schwachstellenanalyse, bei der bestimmte Problembereiche intuitiv-ganzheitlich wahrgenommen werden: Ihr sollte jedoch im Regelfall eine systematische Schwachstellenanalyse folgen, die dann impliziter oder expliziter Bestandteil der Analyse der real vorzufindenden Organisation ist.

Die Informationsgewinnung ist damit der Kernpunkt der gesamten Organisationsanalyse. Eine Übersicht über diese Methoden sowie die spezifischen Anwendungsgebiete im Rahmen der vorbereitenden Analyse für Bürokommunikationssysteme zeigt die Abbildung 77. Es können im Prinzip drei Methodengruppen unterschieden werden, von denen die erste die Methoden

- Befragung,
- Beobachtung,
- Selbstaufschreibung sowie
- Dokumentenanalyse

umfaßt. Diese Methoden sind geeignet, sowohl quantitative als auch qualitative Ergebnisse zu liefern. Die Entscheidung für eine dieser Methoden hängt von der Problemstellung einerseits und den zu erwartenden Ergebnissen aufgrund der Erfahrungen andererseits ab.

Methoden der Informationsgewinnung und Anwendungsgebiete		
Methoden		Beispiele für typische Anwendung im BK-Bereich
Befragung	formalisiert	Durchgeführte Aufgabe mit Zeitstruktur pro Tag/Monat
	unformalisiert	Schilderung eines typischen Arbeitsablaufes
Beobachtung (Multimomentaufnahme)		Zeitliche Nutzung von Geräten, zeitliche Inanspruchnahme durch Telefonieren oder andere Tätigkeiten
Selbstaufschreibung		a) Anzahl der Telefongespräche, Telexe usw. b) Im Verlauf eines Tages durchgeführte Aufgaben
Dokumentenanalyse		a) Stellenaufgaben gemäß Stellenbeschreibung b) Wiederkehrende, typisch konstante Texte für Textbausteinbildung
Messen		a) Temperaturmessungen, Geräuschpegelmessungen b) Messung lfd. m Archivmaterials zur Abschätzung der Mächtigkeit des Archivs
Zählen		a) Anzahl der Rechnungen o.ä. pro Monat b) Seitenzahl der erstellten Dokumente pro Sekretariat
Quantitatives Schätzen		a) Duchschnittl. Anzahl von Telefongesprächen pro Tag b) Zeitliche Inanspruchnahme durch Mitarbeitergespräche
Automat. Datenerfassung		a) Anzahl der Telefongespräche durch Zähler b) Kostensumme der Telefonate durch Kostenstellerzähler

Abb. 77: Anwendung von Methoden der Informationsgewinnung

Die Methoden
- Messen,
- Zählen und
- quantitatives Schätzen

liefern quantitative Ergebnisse und sind gleichzeitig geeignet, genau wie die letzte Methode, die der

- automatischen Datenerfassung,

kombiniert mit den oben genannten Methoden sowie auch untereinander kombiniert angewendet zu werden. So sind alle der angegebenen Methoden einzusetzen, um eine Primärgewinnung von Daten zu erbringen. Andererseits sind aber die quantitativen Methoden auch für den Sekundäreinsatz geeignet, da mit ihnen die Erhebungsdaten der Methoden der ersten Gruppe quantitativ aufbereitet, transformiert und ggf. in veränderte logische Beziehungsstrukturen zueinander gesetzt werden. Diese können dann aufgrund der neuen Zahlenbeziehungen zusätzliche, vorher nicht vorhandene Ergebnisse bringen.

Die in der Abbildung 77 aufgeführten Beispiele sind lediglich exemplarischer Art. Sie wurden soweit wie möglich aus typischen Anwendungsfeldern im Bereich der Bürokommunikation gewonnen. Um die Anwendungsvielfalt auch der einzelnen Methoden zu kennzeichnen, wurde bei den Beispielen möglichst versucht, typische, aber stark unterschiedliche Anwendungsgebiete aufzuführen. Hierauf wird bei der folgenden Darstellung der einzelnen Methoden noch schwerpunktmäßig eingegangen.

1.1.1. Befragung

Bei der Befragung kann zwischen

- persönlicher sowie
- schriftlicher

Befragung unterschieden werden. Die schriftliche Befragung weist je nach Problemstellung und Gestaltung des Befragungsinstrumentes (Fragebogen) gelegentlich stärkere Ähnlichkeiten mit der Selbstaufschreibung auf. Die in den meisten Fällen jedoch vorhandenen Unterschiede ergeben sich aus dem Vergleich sowohl der Methoden als auch der typischen Anwendungsgebiete beider Informationsgewinnungstechniken. Bei der persönlichen Befragung wird ein Fragebogen im Interview abgearbeitet. Der Vorteil der persönlichen Befragung besteht darin, daß je nach verwendeter Methode und Problemstellung auch schwierigere Fragestellungen, die sich nicht in eindeutig strukturierbare Fragen kleiden lassen, erhoben werden können. Außer für die Abarbeitung eines formalisierten Fragebogens eignet sich demnach die persönliche Befragung besonders für schwer strukturierbare Problemstellungen oder solche, bei denen durch das Geschick des Interviewers Widerstände beim Befragten überwunden werden müssen. Grundsätzlich ist für beide Arten der Befragung ein vorformulierter Fragebogen die Grundlage. Bezüglich der Methoden soll zwischen

- formalisierter,
- strukturierter sowie
- unstrukturierter

Befragung unterschieden werden. Bei der formalisierten Befragung sind die Fragen durchweg geschlossen und die Antwortmöglichkeiten vorgegeben. Eine Ausweichmöglichkeit ist im Regelfall nicht vorhanden. Antworten, die nicht in das vorgegebene Schema passen, sind nicht zu bearbeiten.

Bei der strukturierten Befragung ist zwar auch die Fragestellung unmißverständlich, jedoch sind in der Antwort alternative Strukturen möglich. Die zu erwartenden, variierenden Antworten und Ergebnisse lassen sich schlechter auswerten, da in den meisten Fällen ein Auswertungsschema erst nach Vorliegen der Antworten entwickelt werden kann. Strukturierte Befragungen werden häufig in einer Vorphase eingesetzt, um mit ihrer

Hilfe Grundlagen für eine formalisierte Befragung zu gewinnen: So können die in einer strukturierten Befragung gewonnenen Antworten auf die wesentlichen und/oder interessierenden Punkte reduziert und dann in der formalisierten Befragung als Antwortvorgaben eingebaut werden.

Die unstrukturierte Befragung ist von der Frageformulierung her weit gefaßt und ist typischerweise durch sog. offene Fragestellungen gekennzeichnet. Die Antworten sind in den meisten Fällen nur unter Außerachtlassung bestimmter Antwortteile generalisiert auswertbar. Die unstrukturierte Befragung wird üblicherweise eingesetzt, wenn

- die befragte Menge gering ist,
- das Problem möglicherweise erst unscharf formuliert werden kann sowie
- die so gewonnenen Erkenntnisse Grundlage für präzisere Fragestellungen werden sollen.

Beispiele für die genannten Methoden finden sich in der Abbildung 78 "Befragen".

Eine gute Übersicht über die technischen Aspekte sowie die Vor- und Nachteile findet sich bei Schmidt (Schmidt, 1986, S. 78ff.).

Der Ablauf einer Befragung persönlicher Art sollte einem Drei-Phasen-Schema folgen. Die Einführungsphase dient im wesentlichen dem "Warmmachen". Ihr Ziel ist es, eine Atmosphäre des Vertrauens zwischen Befrager und Befragtem herzustellen, bei der dem Befragten die Ziele der Befragung dargelegt werden sollen sowie auf die Bedeutung einer gewissenhaften und ehrlichen Beantwortung der Fragen hingewiesen werden soll. In dieser Phase werden meist keine Fragen großer Bedeutung gestellt, sondern nur solche, die dem Befragten die Möglichkeit geben, sich an die Interviewsituation zu gewöhnen. In der zweiten Phase erfolgt die Erhebung der Sachfragen. Es wird häufig die Auffassung vertreten, daß vor allem kritische Fragen, deren Beantwortung dem Befragten unsympathisch sein könnte oder die in einen persönlichen "Intimbereich" hineingehören, an den Schluß eines Fragebogens plaziert werden sollten. Die Begründung ergibt sich daraus, daß bei einer Antwortverweigerung dann zumindest der Großteil der betreffenden Fragen bereits beantwortet ist und Mißstimmungen, die die Interviewatmosphäre negativ beeinflussen könnten, erst später auftreten. Die dritte Phase ist die des Ausklangs und der Beendigung der Befragung. Hier werden in vielen Fällen Fragen untergebracht, die der Strukturierung der Befragungsergebnisse dienen und z.B. soziodemografische Punkte zum Inhalt haben. Als gute Sitte gilt im allgemeinen, sich nach Beendigung der Befragung beim Befragten zu bedanken.

Der Aufbau einer Befragung schriftlicher Art folgt einem ähnlichen Phasenschema. Hier muß bedacht werden, daß die mündlichen Erläuterungen des Befragers zur Zielsetzung der gesamten Aktion vom Interviewmaterial übernommen werden müssen. Auch hier ist es angebracht, eine Einführung zu geben, die Zielsetzung vorzustellen und "Warmmacherfragen" an den Anfang zu nehmen. Da Befragungen von Mitarbeitern am Arbeitsplatz häufig sensible Themen berühren, ist eine Atmosphäre des Vertrauens wesentlich für qualitativ gute und ehrliche Antworten.

1.	Befragen
	a) Formalisierte Befragung mit Schätzung
	Wieviel Zeit bringen Sie pro Tag am Terminal zu? Weniger als 1 Stunde ☐ Zwischen 1 - 3 Stunden ☐ mehr als 3 Stunden ☐ (Zutreffendes bitte ankreuzen)
	b) Strukturierte Befragung oder Selbstaufschreibung
	Nennen Sie die fünf Haupttätigkeiten Ihrer Stelle mit Zeitanteil in % •••••••••• % Zeit •••••••••• % Zeit •••••••••• % Zeit •••••••••• % Zeit •••••••••• % Zeit
	c) Unstrukturierte Befragung
	Bitte schildern Sie einmal den typischen Ablauf eines Arbeitstages •••••••••••••••••••••••••••••• ••••••••••••••••••••••••••••••
2.	Beobachten
	Es sind die - Einschalt- und - Arbeitszeiten an Bildschirmgeräten durch systematische, nach dem Zufallsprinzip durchzuführende Rundgänge nach der Methode der Multimomentaufnahme zu erheben.
3.	Dokumentenanalyse
	Sämtliche Angebote der letzten 12 Monate sollen nach konstanten, variablen und standardisierbaren Textbestandteilen untersucht werden.

Abb. 78: Methoden der Istanalyse (Beispiele)

Die zweite Phase gilt ebenfalls der Erhebung von Sachfragen und unterliegt den gleichen Gesetzmäßigkeiten bezüglich Aufbau und Ablauf wie die mündliche Befragung. Auch hier werden die strukturspezifischen Fragen an das Ende des Fragebogens gestellt, wobei eine "Beendigungsanweisung" insofern von Bedeutung ist, als dem Befragten mitgeteilt werden muß, was er mit dem ausgefüllten Fragebogen zu tun hat. Es sei noch darauf hingewiesen, daß die gesamte Struktur eines Fragebogens für eine schriftliche Befragung klarer und eindeutiger sein muß als bei einer mündlichen Befragung. Hierzu gehören auch Anweisungen für "Sprünge" im Fragebogen, wenn bei Nichtbeantwortung oder dem Vorliegen bestimmter Antworten unterschiedliche Pfade im weiteren Ablauf eingeschlagen werden müssen.

1.1.2. Selbstaufschreibung

Die Selbstaufschreibung ist in verschiedenen Punkten der schriftlichen Befragung sehr ähnlich. Während jedoch die Befragung normalerweise einem klar vorgegebenen Schema folgt und möglichst in einer "Sitzung" abgehandelt werden soll, wird sich die Selbstaufschreibung häufig mit solchen Problemstellungen beschäftigen, bei denen der Berichtscharakter, d.h. die Erfassung von Daten über einen längeren Zeitraum - Mindestdauer ein Tag -, im Vordergrund steht. Zwar wird auch hier in den meisten Fällen dem Berichtenden eine Vorgabe in Form eines Frage- oder Berichtsbogens gegeben, jedoch sind die Problemstellungen häufig anders. Als typisch hierfür können

- Zeitberichte sowie
- Aufgaben-/Tätigkeitsberichte

gelten. Bei Zeitberichten wird der Berichterstatter aufgefordert, über einen gewissen Zeitraum hinweg eine Analyse seiner Gesamtarbeitszeit nach verschiedenen Kategorien vorzunehmen und - ggf. in Kombination mit bestimmten Aufgaben - Zeitaufwand oder Zeitanteilsmengen festzuhalten. Auch der Häufigkeitsanfall von Tätigkeiten und/oder Störungen kann so ermittelt werden. Wesentlich ist jedoch, daß der Berichtszeitraum geeignet ist, ein repräsentatives Abbild zu geben, was es erforderlich macht, derartige Aufschreibungen grundsätzlich parallel zur eigentlichen Tätigkeit vornehmen zu lassen. Dies führt häufig zu Widerständen, die - wenn sie nicht überwunden werden können - den Einsatz eines anderen Erfassungsinstrumentes erforderlich werden lassen.

Die Durchführung einer Selbstaufschreibungsaktion beinhaltet die Phasen

- Vorbereitung,
- Aufnahme und
- Auswertung

und ist in der Regel an ein streng einzuhaltendes, quantitativ auswertbares Schema gebunden. Die Vorbereitungsphase besteht meist aus einer Testphase, in der exemplarisch durch teilnehmende Beobachtung die informationellen Grundlagen für die eigentlichen Erhebungsformulare gewonnen werden. Wesentlich ist in der Vorbereitungsphase auch das Erreichen der Zustimmung der an der Selbstaufschreibung beteiligten Mitarbeiter, da nur über den Weg einer Akzeptanz des Prozesses aussagefähige Ergebnisse erlangt werden können. In den meisten Fällen ist es wichtig, daß zur Erzielung einer objektiven Grundlage ein genau festgelegter Zeitraum für die Erhebung eingehalten wird.

Die Auswertung stellt bei rein quantitativen Erhebungen keine sehr großen Anforderungen an den Auswertenden. Es ist jedoch gelegentlich üblich, die Tätigkeitsberichte durch die Berichtenden mit qualitativen Kommentaren versehen zu lassen, in denen typische Beobachtungen, die während des Berichtszeitraumes anfallen, niedergelegt werden. Dies betrifft insbesondere auch festgestellte Schwachstellen. In solchen Fällen ist die Auswertung deutlich schwieriger und setzt eine detaillierte Sachkenntnis des Auswertenden in bezug auf die betrieblichen Zusammenhänge und die Person des Ausfüllenden sowie den hiermit verbundenen Realitätsgehalt der Antworten voraus.

Als typische Einsatzgebiete gelten Zeit- und Mengenzuweisungen zu Aufgaben und Teilaufgaben, wobei Zeitaufschreibungen gelegentlich der Gefahr der Manipulation durch die Aufschreibenden unterliegen: Berichtende versuchen häufig, ihre extrem hohe Auslastung über entsprechende Berichte zu belegen, was zu Verfälschungen führen kann.

1.1.3. Beobachtungen

Die Beobachtung stellt eine Erhebungsmethode für optisch wahrnehmbare Tatbestände dar. Sie ist damit von ihrer Aussagefähigkeit daran gebunden, daß die zu beobachtenden Vorgänge "typische" Strukturen aufweisen, die sich im Beobachtungszeitraum sinnvoll abbilden lassen. Von der Art der Beobachtung her kann unterschieden werden nach

- verdeckter/offener,
- strukturierter/unstrukturierter,
- teilnehmender/nichtteilnehmender sowie
- dauerhafter/stichprobenhafter

Beobachtung.

Bei der versteckten Beobachtung würde der Beobachtete sich der Tatsache seiner Beobachtung nicht bewußt sein. Abgesehen davon, daß in unsystematischen Fällen (zufällige Beobachtung) eine solche Beobachtung stattfinden kann, ist diese Art jedoch als Erhebungsmethode aus ethischen Gründen abzulehnen und aus gesetzlichen (Mitbestimmung) kaum zu realisieren. Der Normalfall wird daher in Form der offenen Beobachtung praktiziert werden, bei der dem Beobachteten klar ist, daß er in einem bestimmten Zeitraum als Erhebungsobjekt dient. Meist wird eine Information über Ziele und Erhebungsinhalte gegeben, um Ressentiments gegen die Beobachtung abzubauen.

Bei der strukturierten Beobachtung dient dem Beobachter ein Aufzeichnungs- oder Berichtsbogen als Grundlage seiner Feststellungen. Dies wird normalerweise der Fall sein. Die unstrukurtierte Beobachtung ist nur dann angebracht, wenn lediglich grobe Beobachtungskategorien erhoben werden sollen, bei denen es auf genaue Detailfestellungen nicht ankommt.

Von teilnehmender Beobachtung wird gesprochen, wenn der Beobachter selbst in dem betreffenden Arbeitsgebiet tätig ist; eine nichtteilnehmende liegt dann vor, wenn er nur die Aufgabe des Beobachters wahrnimmt.

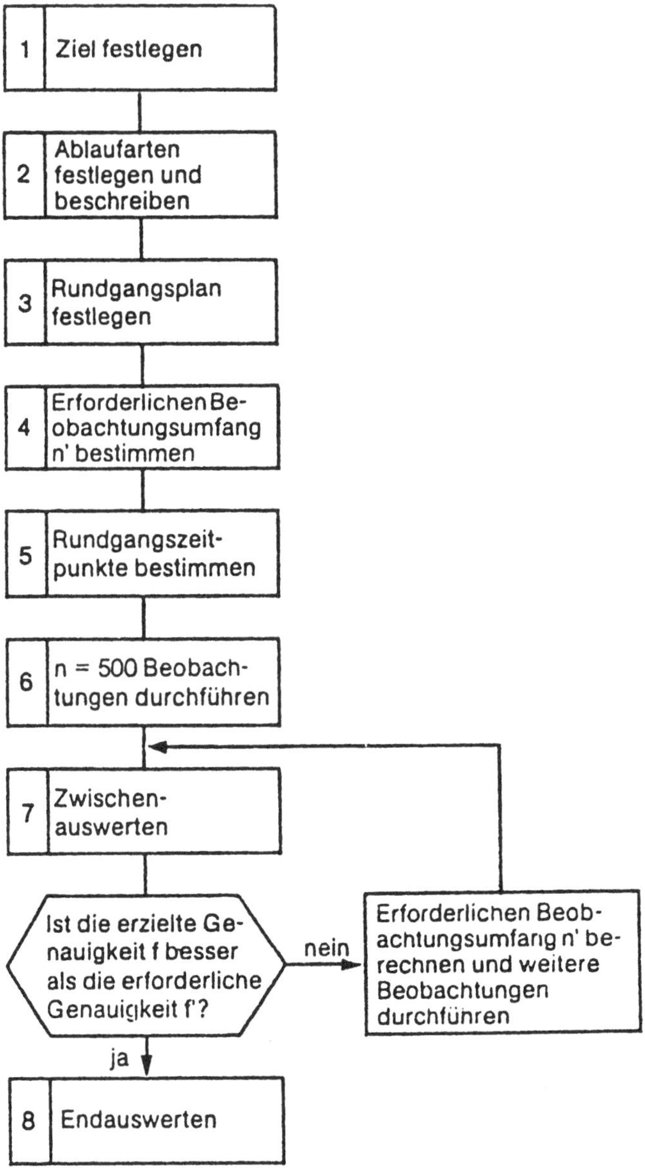

Abb. 79: REFA-Standardprogramm Multimomentaufnahme (Quelle: Refa, 1976, S. 229)

Die Dauerbeobachtung hat eine Tendenz, in den Zustand einer Überwachung überzugehen. Nachteil der Dauerbeobachtung ist, daß auf sie grundsätzlich sehr viel Zeit verwendet werden muß, da lediglich die Kontinuität eine genaue Erfassung der zu untersuchenden Tatbestände garantiert. Aus diesem Grund wird häufig stattdessen eine auf dem Prinzip der repräsentativen Stichprobe beruhende Beobachtung vorgezogen. Eine dieser Methoden ist die sog. Multimomentaufnahme. Eine Multimomentaufnahme ist im Prinzip eine Stichprobenerhebung, die Aussagen über Zeitanteile von Tätigkeiten an einem Arbeitsplatz oder in einem Arbeitsraum zuläßt. Als statistisch repräsentative Erhebung wird sie im Regelfall auf eine Aussagesicherheit von 95% ausgelegt. Der Ablauf einer Multimomentaufnahme ergibt sich aus der Abbildung 79.

Wesentlich bei der Zielfestlegung ist, grundsätzlich nur solche Aufgabenstellungen zur Erhebung vorzusehen, für die dieses Instrument Aussagen zu leisten in der Lage ist. Typisch sind dafür:

1. Zeitstrukturen von einzelnen Aufgaben und Teilaufgaben
2. Auslastungsgrade für Mitarbeiter und eingesetzte Sachmittel
3. Häufigkeiten bestimmter Vorgänge und Störungen.

Die Festlegung der Beobachtungsmerkmale bestimmt, welche spezifischen Sachverhalte erhoben werden sollen. Grundlage für die Festlegung dieser Punkte können aus Vorstudien gewonnene Aufgaben- oder Merkmalskataloge sein.

Die Festlegung der Zahl der Beobachtungen sowie der Rundgänge dient dazu, eine Ergebnisgenauigkeit zu erzielen, die eine Hochrechnung der durch die Beobachtungsstichprobe gewonnenen Ergebnisse gestattet. Wesentlich hierbei ist auch, daß die Beobachtungszeiten zufällig gewählt werden. Die Refa-Methodenlehre enthält ein Instrumentarium für die Berechnung der Zahl der Notierungen auf der Basis einer geschätzten Beobachtungswahrscheinlichkeit des betreffenden Ereignisses. Sie hat zum Ziel, die gewünschte Genauigkeit zu erreichen. (Refa, 1976).

Die Auswertung besteht darin, die durch Erhebung gewonnenen Werte auf die Gesamtzeit hochzurechnen. Falls sich gravierende Diskrepanzen zwischen geschätzten Zeiten und erhobenen Zeiten ergeben, kann es notwendig sein, eine Nacherhebung vorzunehmen mit dem Ziel, die Aussagegenauigkeit der erhobenen Werte zu erhöhen.

Die Vor- und Nachteile der Multimomentaufnahme lassen sich in Anlehnung an Refa (Refa, 1976, S. 255, 256) folgendermaßen formulieren:

1. Es werden keine Meßgeräte benötigt.
2. Die zeitliche Beanspruchung des Erhebenden ist geringer als bei einer Zeitaufnahme herkömmlicher Art.
3. Es können eine Vielzahl von Arbeitsplätzen beobachtet werden; die Hinzunahme zusätzlicher APs erhöht den Erhebungsaufwand nur wenig.
4. Die typische Erhebungsdauer einer MMA liefert durchweg gesichertere Ergebnisse als eine kürzere Beobachtung.
5. Die MMA kann gegebenenfalls unterbrochen und neu begonnen werden.
6. Die Auswertung geht schnell und ist unkompliziert.

7. Einzelne Erhebungsdaten lassen sich praktisch nicht überprüfen, da sie einen einmaligen, nicht wiederkehrenden Vorgang abbilden.

8. Bewußte Beeinflussungen durch den Beobachter lassen sich schwerer als bei einer Zeitaufnahme erkennen.

9. Ursachenfeststellungen für störungsbedingte Unterbrechungen oder Abwesenheiten vom Arbeitsplatz lassen sich normalerweise nicht vornehmen.

Eine im eigentlichen System der Multimomentaufnahme nicht vorgesehene Variante ermöglicht es, die reinen Häufigkeitsbeobachtungen unter bestimmten Bedingungen durch zusätzliche Ergebnisse anzureichern. Dies soll an einem Beispiel verdeutlicht werden: Es sei z.B. die Aufgabe gestellt, den Auslastungsgrad von PCs an den Arbeitsplätzen der Mitarbeiter festzustellen. Hierzu sind im Rahmen einer Multimomentaufnahme die Kategorien

- eingeschaltet/nicht eingeschaltet,
- eingeschaltet/spezielle Maske auf Bildschirm,
  - Mitarbeiter arbeitet nicht am Gerät,
  - Mitarbeiter arbeitet am Gerät

zur Beobachtung geeignet. Außerhalb der reinen Beobachtung kann es aber in diesem Fall noch sinnvoll sein, die (nicht beobachtbare) eigentliche Tätigkeit oder Anwendung festzustellen, was nur durch die Zusatzfrage nach der augenblicklich in Arbeit befindlichen Aufgabe bei Vorliegen des Merkmals "Mitarbeiter arbeitet am Gerät" nötig und möglich ist.

Diese Modifikation ist zwar nach dem "reinen System" der Multimomentaufnahme nicht zulässig, wohl aber im Rahmen von Analyseverfahren zweckmäßig und sinnvoll.

1.1.4. Dokumentenanalyse

Die Dokumentenanalyse dient der Erhebung von Daten, die in Form von schriftlichen Unterlagen vorliegen. Mit ihrer Hilfe können sowohl quantitative als auch qualitative Informationen erhoben werden. Typische Arten der Dokumentenanalyse sind

- die Totalerhebung,
- die gezielte Selektion sowie
- die stichprobenartige Erhebung,

wobei die Art sowohl durch die Problemstellung als auch durch das zur Verfügung stehende Material bestimmt wird.

Spezifische Einsatzgebiete sind in der

- Durchführung von Vorstudien zur Gewinnung genereller Informationen,
- qualitativen Analyse sowie
- Erstellung von Mengengerüsten

zu sehen.

Bei Vorstudien werden z.B. Stellenbeschreibungen, Organigramme und ähnliche Unterlagen in ihrer Gesamtheit ausgewertet, um hieraus Informationen über Aufgabenstrukturen und -verteilungen, organisatorische Zusammenhänge im Unternehmen sowie andere, typische Beziehungen zu gewinnen.

Qualitative Analysen werden häufig durch gezielte Selektion erstellt. So dient z.B. das Angebotswesen dazu, die Angebote nach standardisierbaren Passagen für die Gestaltung von Textbausteinen zu untersuchen. Bei der Erstellung von Mengengerüsten sind Totalerhebungen, gezielte Selektionen und Stichprobenerhebungen einsetzbar. Um z.B. das Mengengerüst für die Fakturierung zu erarbeiten, werden die Rechnungsausgänge eines bestimmten Zeitraums gezählt. Wenn die Anzahl der Positionen pro Rechnung oder Angebot erhoben werden sollen, wird man eine gezielte Selektion vornehmen, und wenn der Gesamtausstoß an Schriftstücken in Sekretariaten festgestellt werden soll, wird man dies durch Stichprobenerhebungen in einzelenen, als typisch anzusehenden Sekretariaten tun.

Dokumentenanalysen dienen im Bereich der Analyse von BK-Systemen auch dazu, typische Kommunikationsvorgänge durch Ersteller und Empfänger von Dokumenten zu erheben. Das Instrument der Dokumentenanalyse wird bei der Erarbeitung von BK-System-Problemstellungen häufig als ausschließliches Mittel eingesetzt. Bei anderen Problemstellungen dient es der Vorbereitung von z.B. Befragungen o.ä. und ermöglicht gelegentlich auch Überprüfungen von festgestellten Ergebnissen. Die Vorteile der Dokumentenanalyse sind vor allem darin zu sehen, daß

- keine Störungen im Betriebsablauf auftreten,
- eine sichere und unverfälschte Basis gegeben ist und
- die Kosten meist recht gering sind.

Ein Nachteil liegt oft in der fehlenden Aktualität und Vollständigkeit. Bei einigen spezifischen Problemstellungen zur Analyse von BK-Systemen gilt die Dokumentenanalyse als das wichtigste und aussagefähigste Analyseinstrument.

1.1.5. Messen, Zählen, quantitatives Schätzen

Die Methoden Messen, Zählen und quantitatives Schätzen kommen sowohl als eigenständige Einsatzgebiete als auch in Kombination mit anderen Methoden vor. Sie sind miteinander kombinierbar. So wird häufig bei Mengengerüsten eine Stichprobe gezählt, die dann "hochgerechnet" wird. Da diese Hochrechnung jedoch nicht nach streng statistischen Gesetzen im Sinne des Hochrechnens einer repräsentativen Teilmenge erfolgt, ist hier der Ausdruck quantitatives Schätzen richtiger angewendet. Messen und Zählen treten darüber hinaus auch im Gefolge von Befragungen und Beobachtungen auf. Vor allem aber stehen sie - wie bereits festgestellt - in Beziehung zur Dokumentenanalyse.

Als eigenständiges Einsatzgebiet wird Messen z.B. zur Feststellung ergonomischer Bedingungen, wie Umgebungstemperatur, Geräuschpegel u.ä., verwendet. Wittlage (Wittlage, 1980, S. 75ff.) faßt diese Gebiete unter dem Titel "Erfassung der Umweltfaktoren des Arbeitsplatzes" zusammen.

Die Methode des Messens wird in dem hier dargestellten Zusammenhang insbesondere verwendet für die Ermittlung der Länge von Leitungswegen für Netze sowie der Tranportwege für Informationen. Auch läßt sich Messen anwenden für Abschätzung der Mächtigkeit eines Archivs, indem bestimmte Aktenordner durchgezählt und dann auf der Basis von laufenden Metern Archivgut hochgerechnet werden. Während Messen und Zählen als eigenständige Methoden genaue, quantitativ verwertbare Ergebnisse erbringen, ist das Schätzen in vielen Fällen zwar die am wenigsten arbeitsaufwendige Methode, jedoch - falls es sich nicht um "Hochrechnungen" im statistischen Sinne handelt - möglicherweise mit Fehlschätzungen verbunden.

1.1.6. Automatische Datenerfassung

Die automatische Datenerfassung gewinnt mit dem Vordringen computerisierter Meßinstrumente zunehmend mehr an Bedeutung. Typische Einsatzarten sind die Erfassung von

- Zeiten sowie
- Mengen.

Zeiterfassungsgeräte werden sowohl im Rahmen der Produktion als auch generell für die Ermittlung z.B. der Anwesenheitszeiten bei Gleitzeitverfahren eingesetzt und dienen dann als Unterlage für die individuelle Arbeitszeitorganisation sowie ggf. für die Berechnung von Überstunden, Fehlzeiten und anderem. Weiterhin ist der Einsatz von Telefongesprächserfassungsgeräten nicht nur für die Kostenkontrolle und -zurechnung geeignet, sondern auch im Rahmen von BK-System-Analysen für die zeitliche Erfassung der arbeitsplatzspezifischen Kommunikationspraktiken.

Mengenerfassungsgeräte treten vor allem im Produktionsbereich auf. Sie lassen sich darüber hinaus aber auch einsetzen für Zählungen von mengenmäßigem Output an Terminals (Drucker). Ein weiteres Gebiet stellt die Erfassung von z.B. CPU-Zeiten dar. Sie dienen, ebenso wie Telefongesprächsregistrierungen, in erster Linie der Weiterbelastung von Kosten und sind ebenfalls einsetzbar bei der Analyse der Nutzung von DV-Anlagen. Auch lassen sich automatische Logbuchaufzeichnungen in bezug auf Zugriffsart und -häufigkeit vom Arbeitsplatz auf die Zentralanlage auswerten. Meist sind jedoch derartige Aufzeichnungen von der Aufbereitung her für solche Auswertungen kaum geeignet.

Weiterhin ist eine automatische Datenerfassung bei Kassen (Registrierkassen, Scannerkassen) gegeben. Hierbei ist die mit Erfassungsstreifen ausgestattete Registrierkasse die geringer automatisierte, die Scannerkasse die höher automatisierte Form der Datenerfassung. Diese letztgenannten Beispiele sind weniger für die Analyse von BK-Systemen, sondern mehr für allgemein automatisierte Datenerfassung typisch.

1.1.7. Darstellungsmethoden

Das Problem der Darstellung von in der Ist-Analyse erhobenen Daten und Informationen besteht vor allem darin, eine kommunikationsfähige

Präsentation dieser Ergebnisse zu erzielen. Die Darstellungsmethoden werden u.a. von folgenden Faktoren bestimmt:

1. dem darzustellenden Tatbestand,
2. dem Empfängerkreis und seiner Struktur,
3. dem Darstellenden und seinen Fähigkeiten,
4. dem Darstellungs- und Verwendungszweck sowie
5. den Darstellungshilfen und -möglichkeiten.

Diese Einflußparameter sind nicht unabhängig voneinander. So ist der Darstellungs- und Verwendungszweck an den Empfängerkreis gebunden. Hierbei ist die Kenntnis typischer kommunikativer Eigenheiten des Empfängerkreises von Nutzen für die Wahl der richtigen Darstellungsmethode. Der Darstellende und dessen Fähigkeiten sind beim Einsatz von typischer BK-System-Software in einem engen Zusammenhang mit den Darstellungshilfen und -möglichkeiten der eingesetzten Software zu sehen. So helfen Graphikprogramme und DTP-Anwendungen, eine empfängeradäquate Darstellung vorzunehmen.

Die Informationsdarstellungsmethoden lassen sich in

- mathematische,
- graphische,
- tabellarische sowie
- verbale

Methoden gruppieren. Hierbei hängt die Wahl der jeweils einzusetzenden Methode von den genannten fünf Einflußparametern ab. Die Abbildung 80 gibt einen Überblick über diese verschiedenen Darstellungsmethoden und ordnet ihnen jeweils ein Anwendungsbeispiel zu, das exemplarischen Charakter hat. Aus der Vielzahl der möglichen Methoden und ihren Anwendungen sollen im folgenden nur diejenigen herausgegriffen werden, die für die Darstellung von Analyseergebnissen auf dem BK-Sektor von besonderer Bedeutung sind.

Bei den mathematischen Darstellungsmethoden sind Matrizen in Form der sog. Adjazenz-Matrix und Entfernungsmatrix besonders geeignet, kommunikative Zusammenhänge darzustellen (vgl. hierzu auch Voßbein, 1987, S. 177ff.). Diese Art der Darstellung ist der häufig angewendeten in Form von Kommunikationsdiagrammen (Acker, 1975, S. 62) durch die Klarheit der Darstellung deutlich überlegen. Insbesondere gestattet die Art der Darstellung durch Matrizen Weiterrechnungen, Gewichtungen und andere Transformationen.

Relationen und Kennziffern sind insgesamt im betriebswirtschaftlich-organisatorischen Bereich anerkannte Analyseinstrumente (vgl. hierzu auch Kap. II.2.1.).

Symboltabellen haben sich seit langem in der Darstellung organisatorischer Tatbestände einen festen Platz erobert. Durch die Einführung neuer Symbole im Zusammenhang mit der EDV lassen sich neue, verbesserte Einsatzmöglichkeiten feststellen.

Informationsdarstellungsmethoden	Anwendungsbeispiele
Mathematische Darstellungsmethoden	Algorithmierbare Zusammenhänge
Gleichungs- und Ungleichungssysteme	OR-Probleme
Matrizen	a) Funktionen b) Mathematische Darstellungen von Digraphen
Relationen und Kennziffern	Betriebswirtschaftliche Kennziffersysteme
Tabellarische Darstellungsmethoden	Strukturierbare Zusammenhänge
Zahlentabellen	Erhebungsergebnisse
Symboltabellen	Funktionale Darstellungen
Verbale Tabellen	Synopsen
Verbale Darstellungsmethoden	Textliche Aufbereitung anderer Darstellungsmethoden
standardisiert	Formulare
formalisiert	Schematisierte Darstellungen
frei	Textliche Auswertungen in einem Bericht
Graphische Darstellungsmethoden	Visualisierung
Funktionsdarstellungen	Jegliche Art von Kurven
mathematische	Nutzungszeitenverteilungen
modellhafte	Kommunikationskosten-Minimum
Profile	Merkmalsausprägungen
Rating-Systeme	Nutzenbewertung von BK-Systemen
Semantische Differentiale	Zufriedenheit der Mitarbeiter mit BK
Graphen und Netze	Gerichtete Strukturzusammenhänge
Netzplan	Projektplanung
Digraphen	Kommunikationsstrukturen
Diagramme	Visualisierung
Ablaufdiagramme	Prozeßabläufe
Strukturdiagramme	Organisationsabbildungen
Ringdiagramme	Kommunikationsstrukturen
Kreisdiagramme Balkendiagramme Säulendiagramme	Visualisierung statistischer Zusammenhänge
Sonstige Darstellungsmethoden	
Gantt-Diagramme	Zeitendiagramme
Spinnenmonogramme	wie Profile

Abb. 80: Methoden der Informationsdarstellung

Rating-Systeme, semantische Differentiale und Spinnenmonogramme eigenen sich für die vergleichende Darstellung z.B. von Nutzenbewertungen beim Einsatz von BK-Systemen. Sie überzeugen vor allem durch die in ihnen gegebenen optischen Visualisierungsmöglichkeiten.

Graphen und Netze sowie Netzpläne haben große, wenn auch unterschiedliche Bedeutung. So sind Graphen geeignet, Kommunikationsstrukturen abzubilden und die strenge Darstellung von entsprechenden Matrizen durch Netzwerke zu illustrieren. Netzpläne selbst sind als typische Organisationsmittel im Rahmen von Projekten der Bürokommunikation zu sehen. Hierauf wird im folgenden noch eingegangen.

Das große Gebiet der Diagramme kann nur in seiner Gesamtheit abgehandelt werden. So gibt es die verschiedenen Möglichkeiten, Prozesse durch Ablaufdiagramme darzustellen, wobei das Instrumentarium auf diesem Sektor durch die DV-spezifischen Diagrammformen noch deutlich bereichert wurde.

Strukturdiagramme sind bewährte Instrumente zur Darstellung organisatorischer Zusammenhänge hierarchischer, personeller und aufgabenspezifischer Art. Auf die typischen Visualisierungsdiagramme zur Darstellung statistischer Zusammenhänge soll nicht weiter eingegangen werden.

Als letztes sei noch auf Gantt-Diagramme zur Darstellung von zeitspezifischen Aufgaben hingewiesen. Sie werden bei den Möglichkeiten der Projektorganisation noch ausführlicher behandelt.

1.1.8. Ergebnisinterpretation und -wertung

Zur Vervollständigung der durch die Informationsgewinnungsmethoden erhobenen und die Wahl adäquater Darstellungsmethoden präsentierten Daten wird in der Organisationsanalyse eine Ergebnisinterpretation und -wertung vorgenommen. Dies kann unter verschiedenen Aspekten erfolgen. Typisch sind Wertungen in Relation

- zur Zielsetzung,
- zu objektiven Kriterien,
- zu einem Optimum sowie
- zu realisationsfähigen Möglichkeiten.

Wenn nach der geschilderten Methode vorgegangen wird, an den Anfang eines Konzeptes Zielsetzungen zu stellen, ist es machbar, die in der Analyse erhobenen Fakten in eine Beziehung zu den betreffenden Zielen zu setzen, um so die Grundlagen für einen Soll-Ist-Vergleich zu gewinnen.

Falls es möglich ist, bestimmte objektive Kriterien durch Betriebsvergleiche oder andere akzeptierte Normen zu erhalten, ist es sinnvoll, die durch Ist-Analyse festgestellten Daten in Relation zu diesen objektiven Kriterien zu setzen. Dies trifft insbesondere für das Instrument der Kennziffer zu, bei der durch einen Kennziffernvergleich Wertungen der eigenen Kennziffern mit den verobjektivierten vorgenommen werden können.

Ähnlich ist die Methode, die Daten der Ist-Analyse in eine Relation zu einem Optimum zu setzen. Dies bedingt, daß ein solches Optimum entweder gegeben ist oder berechnet werden kann. In der Organisationslehre sind Optimumkriterien in Form der sog. Organisationsprinzipien seit langem bekannt und dienen zur Grundlage organisationalen Handelns. Diese Optima sind jedoch meist logisch-plausibler Art und nicht als mathematische Extremwerte unter Nebenbedingungen wie bei OR-Modellen zu sehen. Hier ist in den meisten Fällen ein breiter Raum für subjektive "Optimierungsvorstellungen" gegeben.

Besondere Bedeutung hat in dem vorliegenden Fall eine Wertung festgestellter Daten und Fakten in Beziehung zu realisationsfähigen Möglichkeiten. Speziell im Bereich der Bürokommunikation ergeben sich die Möglichkeiten aus dem technischen Fortschritt, so daß als Meßlatte des Ist-Zustandes sinnvollerweise die gemäß technischem Fortschritt verwirklichungsfähigen Alternativen genommen werden können. Hierzu ist allerdings eine bestimmte Einstellung zur Innovation notwendig, die auf der Basis von strategischen Konzepten mit einer Wertung in Relation zu Zielvorstellungen zusammenfallen kann. Speziell in etablierten, verfestigten Organisationen kann und muß die Realisationsfähigkeit auch an den durchsetzbaren Veränderungsmöglichkeiten der Organisation gemessen werden.

Da Soll-Konzeptionen grundsätzlich mit dem Ziel der Veränderung und Verbesserung aufgestellt werden, ist eine wertende Beurteilung der in der Ist-Analyse gewonnenen Fakten als Vorbedingung für die Erarbeitung einer Soll-Konzeption anzusehen.

Literaturhinweise:

ACKER, H.B. (1978): S. 13-39 (Methoden der Ist-Aufnahme)

BERENDES, S. (1988): S. 95-106 (Erhebungs- und Darstellungstechniken der Aufgaben- und Kommunikationsanalyse)

GERKEN, W. (1988): S. 153-162 (Erhebungstechniken)

LESCHKE, H. (1989/I): S. 42-53 (Systemerhebung, Auswertung und Dokumentation)

SCHMIDT, G. (1986): S. 131-155 (Technik der Aufgabenanalyse); S. 195-255 (Darstellungstechniken des Ablaufs)

SCHÖNECKER, H.G., NIPPA, M. (1987): S. 143-165 (Analyse von Kommunikationsstrukturen im Büro)

VOSSBEIN, R. (1989/I): S. 23-35 (Ist-Analyse); S. 36-42 (Ergebnisdarstellung)

VOSSBEIN, R. (1989/III): S. 90-96 (Methoden der Informationsgewinnung); S. 177-187 (Graphentheoretie)

WITTLAGE, H. (1980): S. 43-97 (Technik der Informationsgewinnung); S. 98-177 (Darstellungstechniken)

1.2. Synthese/Soll-Konzeption

1.2.1. Begriff und Arten der Synthese

Die Analyse hat letztlich zum Zweck, eine nachfolgende Synthese vorzubereiten. Diese erfolgt in der Absicht, die gesamte Organisation oder wesentliche Teile von ihr unter neuen Gesichtspunkten zu verändern, sie zu gestalten und zu verbessern. Hierbei stellt die Synthese mehr den technisch-instrumentellen Teil dar, während die Soll-Konzeption die Zuordnung von Maßnahmen, Realisationszeiträumen sowie die Realisationsmethoden beinhaltet. Es kann zwischen der

- funktionalen,
- personalen,
- lokalen sowie
- temporalen

Synthese unterschieden werden. Diese vier Hauptgebiete beziehen sich demnach auf die Gestaltungsdimensionen der Organisation in Form von Aufgaben, Aufgabenträgern sowie Raum und Zeit.

Organisationssynthese - Sollkonzeption		
Synthesegebiet	Soll	konzeptionelle Ziele der BK
funktionale Synthese	Aufgaben-Soll	Neugestaltung der Aufgabenzusammensetzung (Job enlargement/enrichment) Jobverarmung
personelle Synthese	Stellen-Soll	Neugestaltung der stellenspezifischen Arbeitsgebiete (job enrichment, Humanisierung) Jobverarmung
lokale Synthese	Raum-Soll	Neugestaltung der lokalen kommunikativen Beziehungen/Vernetzung
zeitliche Synthese	Ablauf-Soll	Neugestaltung der Abläufe mit Durchlaufzeiten-Optimierung

Abb. 81: Zusammenhang Organisationssynthese - Sollkonzeption

In Anlehnung an Schmidt (Schmidt, 1986, S. 70ff.) sollen folgende Phasen der Gestaltung einer Soll-Konzeption unterschieden werden:

1. Konzeptentwurf,
2. Konzeptanalyse sowie

3. Konzeptentscheidung.

Der Konzeptentwurf beschäftigt sich mit der Generierung von Lösungsalternativen und ist stark kreativ ausgerichtet. Die Konzeptanalyse arbeitet mit rationalanalytischen Methoden und bewertet die in der Entwurfsphase gewonnen Alternativen im Hinblick auf die Vorteilhaftigkeit der einzelnen Alternativen sowie ihre Umsetzungsmöglichkeiten. Die Konzeptentscheidung schließlich wählt aus den bewerteten und analysierten Alternativen diejenigen aus, die den Zielvorstellungen entsprechen sowie finanziell und organisatorisch machbar sind.

Eine Übersicht über den Zusammenhang zwischen Synthesegebieten, hieraus hervorgehenden Soll-Entsprechungen sowie den zugeordneten konzeptionellen Zielen der BK gibt die Abbildung 81. Sie zeigt, daß die organisatorischen Aspekte dominieren: Die Soll-Konzeption im Sinne der Integration mit BK-Systemen erfordert die Zuordnung der entsprechenden Organisationsmittel, wie Hardware, Software und Netware.

1.2.2. Gebiete der Soll-Konzeption

Die funktionale Synthese innerhalb der Soll-Konzeption hat die Neugestaltung der Aufgabenzusammensetzung zum Ziel mit den hieraus hervorgehenden Möglichkeiten des job enlargement und job enrichment. Die gleichzeitige Berücksichtigung der BK-Möglichkeiten erfordert eine Optimierung des Technikeinsatzes unter

- Hardware-/Software-/Kommunikationsware-Gesichtspunkten,
- Wahrung der Organisationsprinzipien (Abbildung 4),
- Realisierung der Zielsetzungen der Organisation sowie
- Beseitigung der organisationellen Schwachstellen.

Von den Einsatzprinzipien der Abbildung 4 gelten insbesondere die Prinzipien:

1. Reduzierung arbeitsteiliger Prozesse durch Integration,
2. Schaffung von Freiräumen durch Computerisierung,
3. Verringerung von Fehlern, Beseitigung von Fehlerquellen sowie
4. Verbesserung der informationellen Entscheidungsbasis.

Die Grenzen sind im organisatorischen, finanziellen und personalen Bereich zu suchen. Sie betreffen letztlich die Durchsetzbarkeit der Änderungen sowie vor allem die Leistungsfähigkeit der zur Verfügung stehenden Hard- und Software.

Die personale Synthese hat die Neugestaltung der Stelle bzw. des Aufgabenbereiches zum Ziel, wobei einerseits hier die BK-Möglichkeiten einen entscheidenden Einfluß ausüben, andererseits aber auch das intellektuelle Potential der Mitarbeiter berücksichtigt werden muß. Die Optimierung der Stelleninhalte ist unter

- Berücksichtigung der funktionalen Syntheseergebnisse sowie
- der Mitarbeiterfähigkeiten und Potentiale,
- der Wahrung der entsprechenden Prinzipien gemäß Abbildung 4,

- Realisierung der unternehmensspezifischen Zielsetzungen sowie
- der Beseitigung personaler Schwachstellen

zu realisieren.

Von den Einsatzprinzipien der Abbildung 4 sind hauptsächlich folgende von Bedeutung:

1. Die unter "funktionaler Synthese" genannten Prinzipien,
2. Humanisierung der Arbeit,
3. rationellere Gestaltung von Bearbeitungszeiten sowie zusätzlich
4. Schaffung einer benutzerfreundlichen Arbeitsatmosphäre.

Die Grenzen der Neugestaltung des personalen Aufgabenbereichs ergeben sich auch hier wieder aus der organisatorischen und personellen Machbarkeit, vor allem aber aus der Akzeptanz der technischen Lösung durch den Mitarbeiter. Zum Problem der Akzeptanzschwelle und der Möglichkeiten ihrer Beeinflussung wurde bereits Stellung genommen.

Die räumliche Synthese, die ursprünglich darauf abzielte, eine Arbeitsplatzanordnung innerhalb des zur Verfügung stehenden Raumes zu gewährleisten, die einen optimalen Arbeitsfluß mit sich brachte, wird bei Einführung von BK-Systemen tendenziell unter diesem Aspekt unwichtig. Da die Bürokommunikationstechniken einen "zeitlosen" Transport von elektronischen Dokumenten und Informationen gestatten, könnte dieser Ablauf beim organisatorischen Syntheseaspekt außer acht gelassen werden. Die räumliche Synthese wird daher besonders die Notwendigkeiten der Vernetzung berücksichtigen und - falls nicht eine totale Vernetzung des Unternehmens in Betracht gezogen wird - als Synthesemerkmal eher gerätespezifische Cluster bilden. Hier sind von den Einsatzprinzipien der Abbildung 4 vor allem folgende von Bedeutung:

1. Vermeidung unnötiger Informationsumsetzungen und -transporte,
2. Reduzierung der Informationsmengen, Aktualisierung und transparentere Gestaltung von Informationen,
3. Vermeidung technischer Insellösungen sowie
4. Reduzierung von Personal- und Sachkosten (Arbeitsteilung, Informationsumsetzung, Papier-, Kopierkosten).

Die Grenzen ergeben sich aus der regionalen Anordnung von Gebäuden, wenn spezifischen Netzstrukturen in Form von LAN-Netzen der Vorzug gegeben werden soll. Hier kann der Aspekt, den Eintritt in öffentliche Netze vermeiden zu wollen, gelegentlich zu speziellen Synthesenotwendigkeiten führen.

Die zeitliche Synthese hat die Neugestaltung der Abläufe unter Einsatz der BK-Technologien zum Ziel. Die hier zu verwendende Methode besteht in der Optimierung der Durchlaufzeiten unter

- funktionalen sowie
- personalen Gesichtspunkten,
- Einhaltung der Prinzipien gem. Abbildung 4,
- Realisierung der unternehmerischen Zielsetzungen sowie

- Beseitigung der organisatorischen und personellen Schwachstellen.

Die entsprechenden Einsatzprinzipien gem. Abbildung 4 wurden durchweg bereits unter den Stichworten der funktionalen, personalen und räumlichen Synthese genannt. Hinzu kommen noch die Prinzipien:

1. Priorisierung von Leistungen und
2. rationellere Gestaltung von Bearbeitungszeiten.

Auch hier ergeben sich wiederum die Grenzen aus den Hardware- und Softwaremöglichkeiten, die zum Zeitpunkt der Veränderung zur Verfügung stehen. Allerdings soll auch das Akzeptanzproblem nicht unterbewertet werden, da die Lösung des Durchlaufzeitenproblems grundsätzlich an eine Akzeptanz der veränderten Arbeitsbedingungen gebunden ist.

Untersuchungen realisierter BK-Systeme zeigen, daß Installationen, die nicht vorher einer sorgfältigen organisatorischen Konzeptionierung unterworfen wurden, nur ein geringes Veränderungspotential aufweisen (Voßbein, 1989/II, S. 104f.). Ergebnisse von Untersuchungen dieser Art machen klar, daß der Einsatz der BK-Techniken zwar durchaus die Mitarbeiterzufriedenheit erhöhen kann, auf generelle Akzeptanz stößt, aber die Möglichkeiten, die durch den Technologieeinsatz gegeben sind, nur unzureichend nutzt. Ohne ein auf sorgfältiger Analyse aufbauendes Synthesekonzept kann nach den derzeit vorliegenden Erfahrungen keine Veränderung erzielt werden, die den durchgeführten Investitionen unter betriebswirtschaftlich-wirtschaftlichen Aspekten gerecht wird.

1.2.3. Phasen der Soll-Konzeption

Ein Überblick über die Phasen der Soll-Konzeption wird in der Abbildung 82 gegeben.

Der Konzeptentwurf wird untergliedert in

- Definieren der Problembereiche,
- Alternativengenerierung und
- Alternativenzuordnung.

Die Definition der Problembereiche ergibt sich aus den Ergebnissen der Ist-Analyse, den Zielsetzungen sowie den offengelegten Schwachstellen. Auch Aspekte, wie hohe Dringlichkeit, zukunftsorientierter Lösungsbedarf o.ä., können Problembereiche bedingen.

Die Alternativengenerierung sollte, wenn die Innovationskomponente hoch sein soll, unter Einsatz von Kreativitätsmethoden erfolgen. Hierbei ist die Leistungsfähigkeit der Kreativitätsmethoden aufgrund der spezifischen Problemstellungen durchaus unterschiedlich zu beurteilen. Vor allem das morphologische Verfahren ist für Probleme, bei denen eine systematische Problemdurchdringung und -bearbeitung von großer Bedeutung ist, gut einsetzbar. Es weist eine hohe analytische Lösungsqualität auf bei einer systematischen Abdeckung des Suchraumes.

Ein Beispiel für den Einsatz der morphologischen Analyse in dem hier behandelten Zusammenhang geht aus dem in der Abbildung 83 aufgeführten morphologischen Kasten hervor. Das Beispiel macht deutlich, daß diese Methode auch geeignet ist, visuell das Ist einem möglichen Soll gegenüberzustellen.

Phasen der Soll-Konzeption

- Konzeptentwurf
  - Definieren der Problembereiche
  - Alternativengenerierung
  - Alternativenzuordnung
- Konzeptanalyse
  - Aussonderung von Alternativen
  - Analyse der Lösungsbeiträge
  - Nebenbedingungs-Fit
  - Bewertung
- Konzeptentscheidung
  - Bewertungsergebnis
  - Zielerfüllungsgrad
  - Machbarkeit

Abb. 82: Phasen der Sollkonzeption

Die systemanalytischen Methoden der Alternativengenerierung basieren mehr auf der Einbringung von Erfahrungswerten, bekannten, möglicherweise in anderen Unternehmen bewährten Lösungen sowie der systematisch-methodischen Informationsbeschaffung für Lösungen dieser Problemart, z.B. in Veröffentlichungen, auf Messen u.ä. Hier wird der Kreativitätsgehalt im allgemeinen geringer sein, die Sicherheit aufgrund der Bewährung der betreffenden Lösungen wahrscheinlich aber größer.

Die Zuordnung der so gewonnenen Alternativen auf die zu lösenden Probleme ist die Vorstufe zur Konzeptanalyse.

Die Konzeptanalyse unterzieht die im Konzeptentwurf gewonnenen Alternativen einer rationalen Beurteilung. Sie beinhaltet die Stufen:

- Aussondern von Alternativen,

- Untersuchung des Lösungsbeitrags der Alternativen,
- "Nebenbedingungs-Fit" der Alternativen sowie
- Bewertung der Alternativen.

Ausprägungen / Einflußgrößen	1	2	3	4	5
Lieferschein-erstellung	Manuell	Schreib-maschine	Ziehkarte	On-Line	
Vercodung	auf Lieferschein (LS)	separater Beleg	nicht mehr nötig	On-Line	keine
Aufbereitung zur Übermittlung	keine Auf-bereitung nötig	schon erledigt parallel z. LS-Erstellung	Lochstreifen	Karten	Magnetband
Übermittlungsart	Briefpost	Kurier	Telex-leitung	Telefon-leitung	Breitband-leitung
Senden	Manuell	Post Terminals	Spezielle Terminals	On-Line	
Empfangen	Manuell	Post Terminals	Spezielle Terminals	On-Line	
Eingabe in System	Karte	Lochstreifen	Magnetband	On-Line	Optischer Belegleser

Abb. 83: Morphologischer Kasten (Quelle: Schmidt, 1986, S. 279)

Bei der Aussonderung wird zunächst eine grobe Vorsortierung vorgenommen. Hier steht eine Abwägung zwischen Machbarkeit und Innovationsgehalt im Vordergrund. Häufig sind stark innovative Lösungen in der Organisation nicht durchsetzbar, durchsetzbare haben aber nur eine geringe Innovationskraft. Die Alternativen sollen zu den vorhandenen Problemen bzw. den gesetzten Zielen einen Lösungsbeitrag leisten. Nach einer groben Aussonderung der Alternativen wird untersucht, welchen Lösungsbeitrag die einzelnen Möglichkeiten leisten können. Hierbei ist auch zu prüfen, wieweit die zur Verfügung stehenden Alternativen bestimmte Nebenbedingungen erfüllen, die sich sowohl aus Außenbeziehungen (zu berücksichtigende Forderungen von Lieferanten oder anderen Geschäftspartnern an eine zu findende Lösung) als auch aus internen Forderungen ergeben können (Nebenbedingungs-Fit). Zu den internen Forderungen kann z.B. gehören, daß Freisetzungen nicht mit Entlassungen verbunden sein dürfen oder bestimmte Basisstrukturen der Organisation nicht verändert werden sollen.

Die Bewertung der Alternativen kann nach den Methoden der

- Kostenvergleichsrechnung,
- Kosten-Nutzen-Rechnung oder
- Nutzwertanalyse

erfolgen. Diese Bewertungsverfahren wurden bereits im Kapitel II.2. behandelt.

Zusätzlich zu diesen quantitativ oder methodisch ausgerichteten Formen der alternativen Bewertung kann noch der argumentative Vergleich zur Beurteilung herangezogen werden. Beim argumentativen Vergleich werden mögliche Lösungsvorschläge argumentativ gegeneinander abgewogen und im Hinblick auf eine eher synthetische Vorteilhaftigkeit miteinander verglichen. Hierbei ist insbesondere die Schlüssigkeit der vorgetragenen Argumente für Lösungen oder Teillösungen von Bedeutung.

Auf der Basis der rechnerischen, methodischen oder argumentativen Bewertung der Lösungsalternativen kann dann vom Management des Unternehmens die definitive Entscheidung gefällt werden.

Die Konzeptentscheidung wird außer nach den genannten Kriterien wesentlich davon beeinflußt werden, wie die Durchsetzbarkeit der Alternativen von den Entscheidern beurteilt wird. Dieses Kriterium wird von sog. situativen Faktoren, wie Größe, Dynamik, Struktur des Managements und der Mitarbeiter sowie Unabhängigkeit des Entscheidungsgremiums von übergeordneten Instanzen (z.B. Muttergesellschaft), mitbestimmt. Die Feststellung, daß ein Realisationsspielraum gegeben sein muß, ist schon fast trivial. Nichtsdestoweniger ist aber gerade die Abschätzung dieses Spielraums für die konkrete Entscheidung von besonderer Bedeutung.

Nach erfolgter Entscheidung muß der Soll-Vorschlag formuliert werden. Er enthält idealtypischerweise folgende Teile:

1. Problembeschreibung,
2. verabschiedete Zielsetzungen,
3. Schlüsselergebnisse der Analyse,
4. Soll-Vorschläge mit Begründung,
5. benötigte personelle Mittel und Sachmittel,
6. Phasenplan für die Durchsetzung sowie
7. Bewertungs- und Kontrollkriterien.

Diese Dokumentation ist von entscheidender Bedeutung. Sie dient nicht nur als Arbeitsgrundlage für das an der Realisation beteiligte Team, sondern hat gleichzeitig eine Leitfunktion für alle Mitarbeiter des Unternehmens wie auch für das Management.

Literaturhinweise:

REFA (1976): (Stichwort: Synthese)

SCHMIDT, G. (1986): S. 276-280 (Techniken der Synthese)

TÖPFER, A., LECHELT, F. (1987): S. 79-136 (Realisierung eines BK-Konzeptes)

VOSSBEIN, R. (1989/I): S. 43-92 (Erarbeitung und Umsetzung der organisatorischen und DV-Soll-Konzeption)

VOSSBEIN, R. (1989/III): S. 56-57 (Prozeßsynthese); S. 110-113 (Soll-Vorschlag als Gestaltungsplan)

WITTLAGE, H. (1980): S. 189-219 (Methoden und Techniken der Entwicklung einer Sollkonzeption)

1.3. Projektorganisationsmethoden

1.3.1. Projekte als Organisationsobjekt

Unter Projekt wird eine einmalige oder nur selten wiederkehrende Aufgabe verstanden, die durch einen festgelegten Anfang sowie ein definiertes Ende gekennzeichnet ist. Hierbei sind in den meisten Fällen mehr die wohldefinierten Start- und Endtermine als die Größe der Aufgabe maßgebend dafür, ob ein Vorhaben als Projekt bezeichnet wird. Dies führt dazu, daß es aus Gründen der Handhabung von Projekten sinnvoll ist, sie der Größe nach zu kategorisieren. In Anlehnung an die A/B/C-Analyse wird häufig von A/B/C-Projekten gesprochen. A-Projekte sind Großprojekte, die besondere Aktivitäten in Planung, Durchführung und Kontrolle erfordern, während C-Projekte normalerweise unter Einsatz relativ geringer Planungs- und Organisationsanstrengungen abgewickelt werden. Bei B-Projekten hängt das Ausmaß der Bemühungen von dem Organisationsgrad des betreffenden Unternehmens ab, wobei im Regelfall zwar eine exakte Planung und Organisation durchgeführt wird, die jedoch nicht den Umfang der A-Projekte hat. Die Zuordnung zu den Kategorien A, B und C wird entweder nach einer Grobschätzung des zu erwartenden Projektaufwandes in Geldgrößen oder aber - und dies ist speziell auf dem DV-Sektor üblich - nach der zu erwartenden Beanspruchung in Form von Arbeitszeit (Manntage oder Mannmonate) vorgenommen. Hierbei sind mit der Zuordnung zu den betreffenden Kategorien meist auch entsprechende Zuweisungen auf Entscheidungsgremien verbunden: So können A-Projekte in den meisten Fällen nur von der Unternehmensleitung selbst genehmigt werden, B-Projekte laufen genehmigungsmäßig häufig über die Bereichsebene und C-Projekte über Bereichs- oder Abteilungsebene. Hierbei bedeutet die entsprechende Zuordnung, daß es durchaus mehrere Bereiche und/oder Abteilungen sein können, die für die Projektentscheidung zuständig sind. Gelegentlich werden auch Kriterien, wie geplanter Mehrumsatz (bei Projekten der Produktentwicklung) oder geplante Einsparungen, zur Einstufung in die Klassen A, B und C genommen. Für BK-Projekte bieten sich die Kategorien Gesamtkosten, Einsparungen und Personalaufwand als geeignet an.

Die Stadien im Ablauf eines Projektes können durch folgende Phasen gekennzeichnet werden:

- Projektkategorisierung,
- Projektbeantragung,
- Projektgenehmigung,

- Projektplanung,
- Projektverlaufsorganisation sowie
- Projektkontrolle und -berichtswesen.

Die Abbildung 84 gibt eine Übersicht über die Phasen bei der Organisation von Projekten sowie deren Unterstruktur. Die eigentlichen Vorphasen der Kategorisierung, Beantragung und Genehmigung setzen einen Grobplan voraus, der ohne die in den späteren Phasen folgende Detaillierung alle wesentlichen, in diesem frühen Stadium erhältlichen Angaben enthalten muß: Die in den Phasen Planung, Organisation und Kontrolle enthaltenen Merkmale und Aufgaben sind damit Gegenstand der Vorplanung, deren Ergebnis der Projektantrag ist.

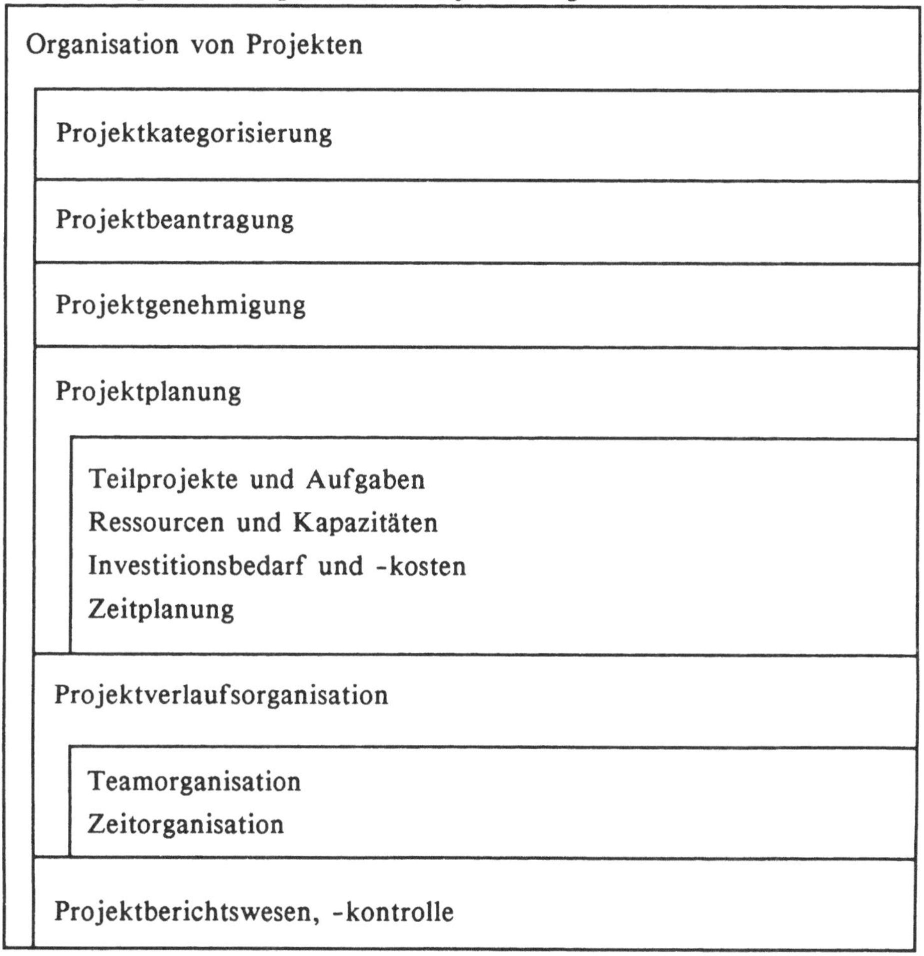

Abb. 84: Phasen der Organisation von Projekten

1.3.2. Projektplanung

Die Aufgabe der Projektplanung enthält folgende Bestandteile:

1. Beschreibung des Gesamtprojektes,
2. Definition der Teilprojekte,
3. Festlegung der Aufgaben mit
   - Tätigkeitsliste sowie
   - Zeitschätzung der Tätigkeiten,
4. Mittel- und Ressourcenzuordnung,
5. Bewertung und Kostenschätzung.

Die Beschreibung des Gesamtprojektes müßte in diesem Stadium bereits aus dem Projektantrag vorliegen. Weiterhin werden in den meisten Fällen die Strukturen der ersten Ebene in Form der Teilprojekte 1 bis n Gegenstand des Projektantrages gewesen sein. Weitere Unterteilungen, die eine genaue Definition dieser Teilprojekte durch Unterprojekte und Aufgaben beinhalten, sind Gegenstand dieser Phase. Die Abbildung 85 zeigt, wie solche Strukturierungsprozesse vorgenommen werden. Hierbei ist es nicht notwendig, daß für alle Teilprojekte die gleiche Gliederungstiefe verwendet wird.

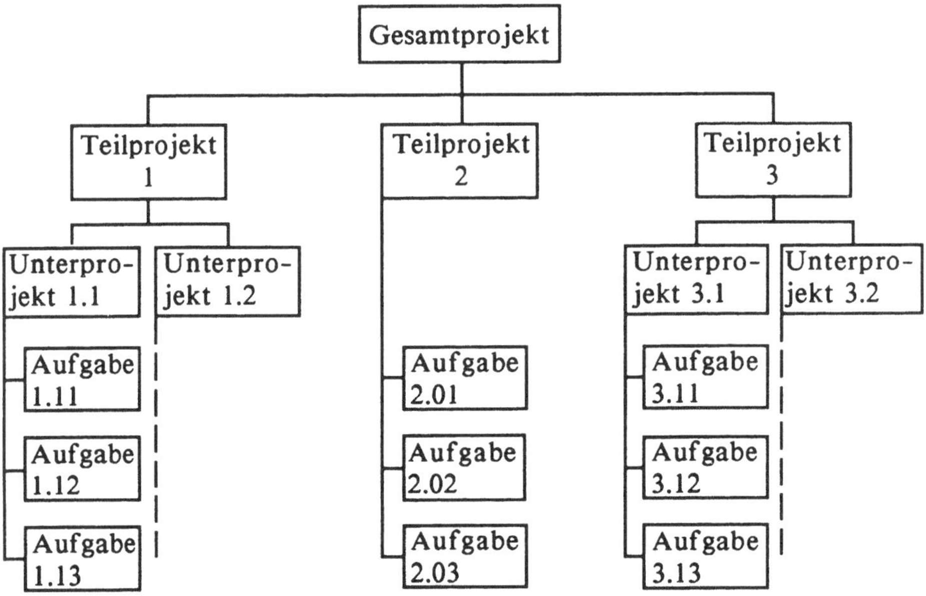

Abb. 85: Struktur von Projekten

Es dürfte in der Regel von der Größe und dem Aufwand abhängen, wie tief die jeweilige Gliederung durchgeführt wird. Aus technischen Projekten sind durchaus sechs- bis siebenstufige Gliederungskonzepte bekannt.

Unterstes Strukturinstrument stellt die sog. Tätigkeitsliste dar. In der Tätigkeitsliste werden die einzelnen Tätigkeiten den Aufgaben, Unterprojekten und Teilprojekten zugeordnet. Sie enthält darüber hinaus Kapazitäts- und Zeitschätzungen. Die Abbildung 86 gibt eine solche Tätigkeitsliste wieder und macht deutlich, wie weit eine Feingliederung gehen kann.

Tätigkeitsliste mit Kapazitäts- und Zeitschätzung				
Teilprojekt 1:	Istanalyse	Anz.	Mitarbeiter MT	Zeitd. AT
Unterprojekt 11:	Mitarbeiterbefragung			
Aufgabe 111:	Fragebogenentwicklung			
Tätigkeit 1111:	Probleme auflisten	2	2	1
1112:	Fragebogenstruktur festlegen	1	1	1
1113:	Fragenformulierung	2	2	1
1114:	Fragebogen in Testsystem aufnehmen, Ausdrucken	1	0,75	0,75
1115:	Überarbeiten, Ausdrucken, Kopieren	1	0,5	0,5
1116:	Fragebogentest	2	4	2
1117:	Überarbeitung	2	2	1
1118:	Textsystem berichtigen, Ausdrucken, Kopieren	1	0,5	0,5
Summen			12,75	7,75

Abb. 86: Tätigkeitsliste von Projekten (Beispiel)

Aus der Tätigkeitsliste geht darüber hinaus die Anzahl der beteiligten Mitarbeiter, der jeweils von ihnen zu leistende Zeitaufwand und die entsprechende Zeitdauer hervor. Diese Zeitschätzungen können zusätzlich noch in Form eines Zeitbalkendiagrammes (Gantt-Diagramm) dargestellt werden (s. Abbildung 87). Das Gantt-Diagramm bildet zusätzlich noch durch Einbringung zeitlicher Abhängigkeiten den Gesamtzeitverlauf ab. Es stellt damit für kleine und mittlere Projekte das geeignete Zeitplanungsinstrument dar, das bei Großprojekten durch den Netzplan gegeben ist. Tätigkeitslisten sind aber auch für Netzpläne mit den entsprechenden Zeitschätzungen und Abhängigkeiten den Input und die planerische Grundlage.

Auf der Basis der Tätigkeitslisten können Mittel- und Ressourcenzuordnungen vorgenommen werden, wobei speziell die Kostenzuordnung ggf. noch zusätzliche Rechnungen erforderlich macht: So können die Personalkosten aufgrund der Zeitschätzungen der Tätigkeitsliste, wie aus Abbildung 86 ersichtlich, berechnet werden. Falls jedoch Sachkosten in Form von Maschineneinsatz oder anderen Sachmitteln mitberechnet werden müssen, muß den jeweiligen Tätigkeiten das jeweilige Mittel zugeordnet und mit den entsprechenden Bewertungssätzen versehen werden. Nach erfolgter Bewertung kann dann die Gesamtprojektkostenschätzung vorgenommen werden.

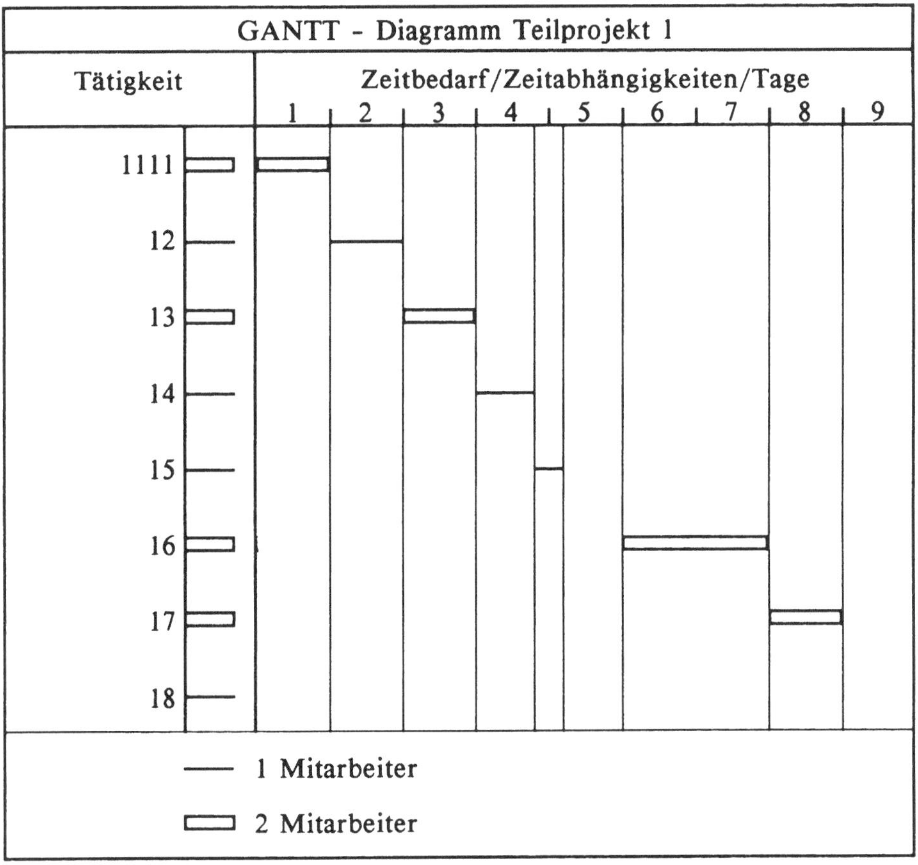

Abb. 87: Gantt-Diagramm in der Projektorganisation (Beispiel)

Es sei hier noch auf eine Eigentümlichkeit von BK-Projekten hingewiesen: Die konzeptionell-organisatorische Phase ist in den meisten Fällen durch vollständig andere Kostenstrukturen gekennzeichnet als die Realisationsphase. Während in der konzeptionell-organisatorischen Phase die Hauptressourcen die menschliche Arbeitskraft ist und damit die Personalkosten den Hauptkostenblock bilden, ist in der Realisationsphase in bezug auf die finanziellen Ressourcen zwischen anfallenden Kosten, Investitionen und Folgekosten dieser Investitionen zu unterscheiden. Bei den Kosten selbst erscheint die Unterteilung in interne und externe (z.B. für Berater) angebracht. Aus diesen Überlegungen ergeben sich bezüglich der Verkaufskurve der finanziellen Anforderungen durch ein BK-Projekt ggf. atypische Verläufe. Während normalerweise bei Projekten in der Anfangsphase eine hohe finanzielle Beanspruchung festzustellen ist, die dann im weiteren Projektfortschritt zu einer abflachenden Kurve führt, können bei BK-Projekten in den späteren Phasen der Realisierung die Hauptanforderungen auftreten. Diese, aber auch allgemeine Gründe der Projektorganisation, können dazu führen, daß eine Teilung des gesamten Projektes ggf. in zwei voneinander weitgehend unabhängige Projekte durchgeführt wird: Das erste Projekt betrifft die Organisations- und Projektierungsphase für das BK-System, das zweite Projekt die Realisierung und Umstellung der gesamten Organisation auf das neu zu installierende System. Dies scheint insbesondere auch deswegen sinnvoll, weil die Realisationsphase aufgrund der durchweg stufenweisen Umstellung der einzelnen Bereiche auf das BK-System mehrere Jahre in Anspruch nehmen wird.

1.3.3. Projektorganisation

Im allgemeinen gelten Teams als bevorzugte Organisationsform für die Durchführung von Projekten. Die Abbildung 88 gibt eine typische Personalstruktur für Projektteams wieder.

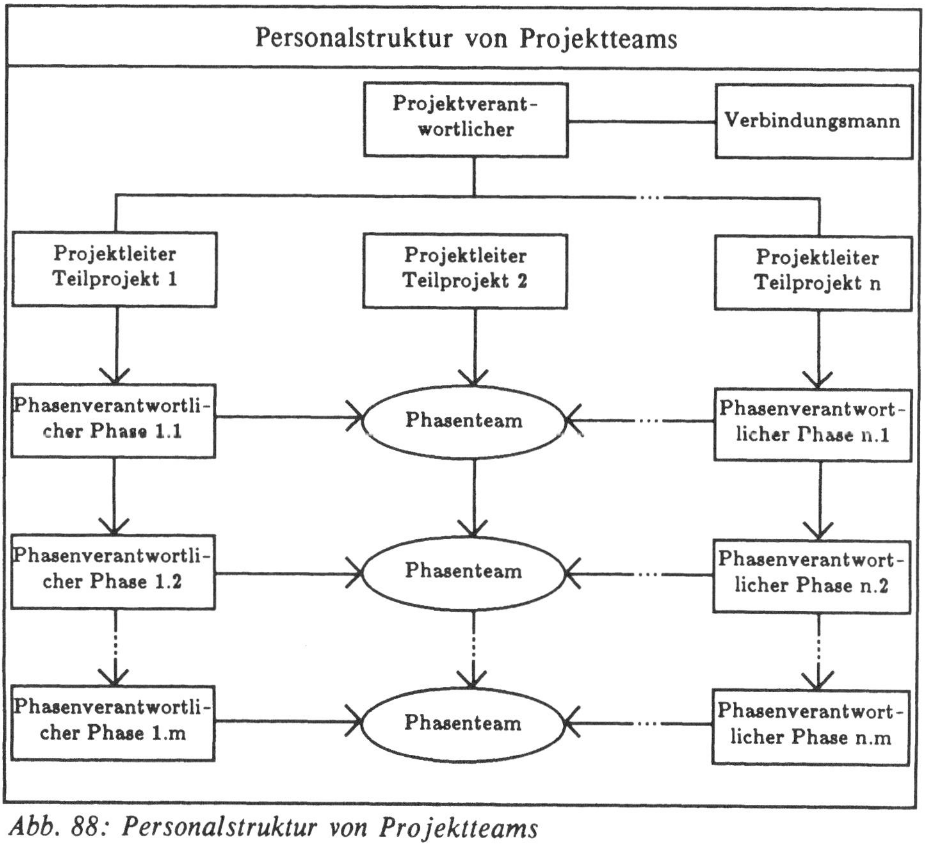

Abb. 88: Personalstruktur von Projektteams

Die organisatorische Gliederung des Projektes nach Teil- und Unterprojekten führt zu einer ähnlich gelagerten Teamstrukturierung. Allerdings spielt hier die Zuweisung auf Projektphasen eine große Rolle, da den einzelnen Phasen spezifische Phasenteams zugeordnet werden. Für die Funktionsfähigkeit von Projekten ist durchweg nicht nur der verantwortliche Projektleiter von Bedeutung, sondern auch der "Verbindungsmann" zur Geschäftsleitung oder zum Vorstand. Während von den eigentlichen Projektmitarbeitern erwartet wird, daß sie aktiv an der Projektarbeit teilnehmen und konkrete Aufgaben übernehmen, die von der Koordination in der Leistungsfunktion bis zur Übernahme einzelner Teiltätigkeiten reicht, wird vom Verbindungsmann lediglich erwartet, daß er dem Projektleiter jederzeit als Kontakt zu dem höchsten Leitungsgremium zur Verfügung steht. Er wird daher im Regelfall selbst Mitglied des Leistungsteams des Unternehmens sein, um diese Funktion entsprechend wahrnehmen zu können.

Bezüglich des Teams kann zwischen

- Mitarbeiterteams,
- gemischten Teams sowie
- ständigen/wechselnden Teams

differenziert werden.

Die Mitarbeiterteams bestehen lediglich aus Mitarbeitern des Unternehmens und sind je nach Aufgabe unterschiedlich zusammengesetzt. Bei den gemischten Teams treten externe Experten oder Berater hinzu. Ständige Teams werden sich nur dann sinnvoll strukturieren lassen, wenn die Aufgabe in sich relativ homogen ist, wie z.B. die Lösung des Auswahlproblems für ein BK-System auf der Basis einer Ausschreibung. Normalerweise wird es sich jedoch um welchselnde Teams handelt, insbesondere dann, wenn eine Vielzahl von Fachbereichen einbezogen ist und die Mitglieder jeweils nach der konkret zu lösenden, auf einen Fachbereich zuzuordnenden Aufgabe wechseln.

Von der Zusammensetzung her sind nahezu immer die Bereiche Datenverarbeitung, Organisation und - je nach Aufgabe - Mitglieder des entsprechenden Funktionsbereichs phasenspezifische Teammitglieder. Wenn externe Berater oder Experten eingesetzt werden, kommt diesen im allgemeinen die Aufgabe zu, entweder

- ein im Unternehmen nicht vorhandenes Wissen einzubringen oder
- als Ideengeneratoren und Innovatoren zu wirken.

Ein Problem gemischter Teams unter Einschluß von externen ist darin zu sehen, daß häufig diese lediglich während der konzeptionellen Phase beteiligt sind. Sie tragen daher während der Umsetzung oft keine Verantwortung mehr, da den betroffenen Unternehmen eine langdauernde Beschäftigung externer Berater zu teuer ist. Hierdurch können gelegentlich Probleme entstehend, da die Innovationsfunktion der Externen während der konzeptionellen Phase nicht mehr ohne Bewährung in der Realisation erfährt: Die Frage der Machbarkeit sowie die der Durchsetzung von Innovationen wird damit zum Problem der verbleibenden firmeninteren Mitarbeiter der Teams.

Auf die Notwendigkeit, verschiedene hierarchische Ebenen in das Team einzubinden, wurde bereits hingewiesen. Hierbei sollte die Rolle des Teamleiters nicht notwendigerweise dem hierarchisch Höchststehenden zugeordnet werden, sondern vielmehr demjenigen, der aufgrund von Fachkenntnis, hierarchischer Stellung und arbeitsmäßiger Belastbarkeit der geeignetste ist. Aus der Personalstrukturübersicht der Abbildung 73 geht hervor, daß es außer dem Gesamtprojektverantwortlichen im Rahmen einer stark gegliederten Hierarchie Projektleiter sowohl für die Teamprojekte als auch Phasenverantwortliche in den einzelnen Phasen geben sollte. Diese stark gegliederte Struktur scheint jedoch nur bei Großprojekten angebracht.

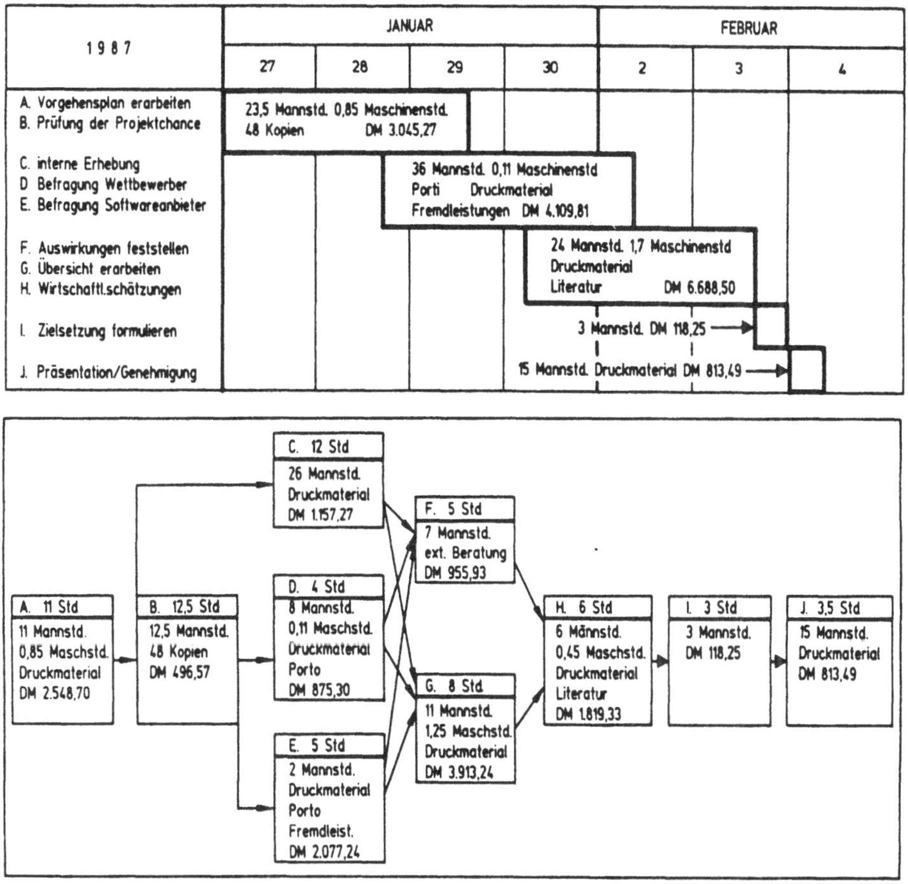

Abb. 89: Netzplan für Kosten und Kapazitäten auf Basis eines Balkendiagramms (Quelle: Gernet, 1987, S. 222)

Die Zeitorganisation von Projekten wird normalerweise mit Gantt-Diagrammen oder Netzplänen vorgenommen. Zum Entstehen und zum Aufbau von Gantt-Diagrammen wurden bereits Ausführungen gemacht.

Netzpläne gelten durchweg als das typische Mittel der Zeitorganisation von Projekten. Hierbei darf die Bedeutung von Netzplänen in der Zeitorganisation von BK-Projekten nicht überschätzt werden: Die strengen Abhängigkeiten, die in technischen Projekten zum Gelingen oder Mißlingen eines Projektes zum festgelegten Endzeitpunkt führen, sind bei BK-Projekten bestenfalls in Umstellungs- und Installationsprojekten gegeben. Solange es sich um Projekte auf der organisatorisch-konzeptionellen Ebene handelt, ist in den meisten Fällen das Zeitproblem weniger kritisch, wenn nicht besondere Bedingungen vorliegen. Auf die Methoden der Netzplantechnik sowie die verschiedenen Verfahren soll im folgenden nicht näher eingegangen werden. Es wird zu diesem Zweck auf die einschlägige Literatur verwiesen. Es sei jedoch nochmals betont, daß die in der Literatur vorzufindenden Betrachtungen über den Zusammenhang zwischen Projektdauer und Projektkosten bei BK-Projekten nur beschränkt Anwendung finden können, sofern nicht das "konzeptionelle Projekt" vom "Umstellungsprojekt" getrennt wird.

1.3.4. Projektkontrolle und -berichtswesen

Da Kontrolle üblicherweise als Soll-Ist-Vergleich aufgefaßt wird, kann auch im Rahmen der Projektkontrolle nur dasjenige effizient kontrolliert werden, was vorher geplant wurde. Aufgrund der gemachten Ausführungen soll angenommen werden, daß folgende Parameter einer Planung unterlegen haben (vgl. Abb. 90):

1. der Zeitbedarf in Personaleinheiten,
2. der Zeitbedarf in Zeiteinheiten,
3. die zur Verfügung stehenden Kapazitäten und ihre Abstimmung auf den Zeitbedarf,
4. die erforderlichen Sachmittel,
5. die erforderlichen finanziellen Ressourcen,
6. die Zuweisung der unter 1. bis 5. aufgeführten Planungseinheiten auf Teil- oder Unterprojekte.

Kontroll- und Berichtsmittel
1. Zeitbedarf in Personaleinheiten (Anzahl Mitarbeiter und Beanspruchung) 2. Zeitbedarf in Zeiteinheiten (Manntage, -monate, -jahre) 3. Kapazitätsabstimmung und -auslastung bei ständigen Projektmitarbeitern 4. Sachmitteleinsatz (Maschinen, Hilfsmittel) 5. Finanzielle Mittel für - anfallende Kosten (intern, extern) - erforderliche Investitionen 6. Phasenspezifische Zuordnung von 1. bis 5.

Abb. 90: Kontroll- und Berichtsmittel

Da bei Projekten immer eine Zeitabhängigkeit zu unterstellen ist, ist das Berichtswesen nach diesem Aspekt zu organisieren. Die Phasenstruktur von Projekten macht es möglich, sog. "Meilensteine" zu definieren, die für den gesamten Projektverlauf und insbesondere die Einhaltung der vorgegebenen Zeiteinheiten kennzeichnend sind. Wirkliche Meilensteine in diesem Sinne sind fast immer Teilprojekte und deren Fertigstellung.

Kontrollobjekt	Phase ...			Summe Phasen 1 bis ...			Summe abgel. Budgetperioden		
	Soll	Ist	Abw	Soll	Ist	Abw	Soll	Ist	Abw
Zeitverbrauch MT									
- Mitarbeiter Typ A									
- Mitarbeiter Typ B									
- ...									
Ressourcenverbrauch									
- Maschinenzeiten									
- ...									
Personalkosten									
- Mitarbeiter Typ A									
- Mitarbeiter Typ B									
- ...									
Personalkosten gesamt									
Sachkosten									
- Beratungskosten									
Maschinenmieten									
- ...									
Sachkosten gesamt									
Kosten gesamt									

Abb. 91: Projektbericht (Phasenstruktur)

Da die Zuweisung der einzelnen zu planenden Projekte grundsätzlich phasenspezifisch erfolgt, kann nach Erreichung eines Phasenendpunktes eine genaue Kontrolle der einzelnen Plangrößen vorgenommen werden. Da Projekte in ihrem Verlauf kaum sinnvoll Rechnungsjahren oder anderen aus dem Rechnungswesen hervorgehenden Zeiteinheiten angepaßt werden können, kann es gelegentlich erforderlich sein, die projektspezifisch bedingte Zuordnung von finanziellen Mitteln rechnungsperiodenspezifisch umzuordnen. Dies ist insbesondere dann von Bedeutung, wenn eine über den gesamten Projektverlauf gleichförmige Mittelbeanspruchung nicht vorausgesetzt werden kann. Das wird dazu führen, daß ein doppeltes Berichtswesen erforderlich ist, bei dem einmal die phasenspezifischen Projektverläufe zur Grundlage des Berichtswesens gemacht werden und zum anderen die Beanspruchung finanzieller Mittel nach der Periodizität des Rechnungswesens festgehalten wird. Die Abbildung 91 zeigt, wie ein solches Kontrollmittel aufgebaut werden kann.

Prinzipiell ist davon auszugehen, daß der Hauptprojektverantwortliche auch die volle Zeit- und Kostenverantwortung trägt. Da jedoch erfahrungsgemäß Zeit- und Kostenschätzungen bei einer Vielzahl von Projekten nicht eingehalten werden, stellt sich die Frage nach den Konsequenzen solcher Überschreitungen für den Projektverantwortlichen. Die Qualität des Projektmanagement wird im Zweifelsfall nicht nur an der Einhaltung der vorgegebenen Zeiten und finanziellen Ressourcen, sondern auch an der Fähigkeit der organisatorischen Steuerung des Gesamtprojektes gemessen werden. Der in periodischen Abständen zu erstellende Projektbericht hat insbesondere die Aufgabe, nicht nur über Projektfortschritte sachlicher Art zu berichten, sondern auch Abweichungen zu kommentieren.

Bei Großprojekten ist es häufig üblich, die Frage nach der Fortsetzung des Gesamtprojektes nach Ablauf einzelner Phasen jeweils erneut zu stellen. So werden gelegentlich Projektgenehmigungen nur für einzelne Phasen erteilt, was dem Genehmigungsgremium die Möglichkeit gibt, auf der Basis eines jeweils besseren Kenntnisstandes über Fortsetzung oder Einstellung zu entscheiden. Allerdings gibt es in jedem Projekt einen "Point of no return" bei dem die in das Projekt investierten Mittel es nicht mehr sinnvoll erscheinen lassen, das Gesamtprojekt abzubrechen, sofern die in der Zielsetzung formulierten Ziele nach wie vor als gültig angesehen werden. In solchen Fällen ist es ggf. nötig, alle noch nicht in Angriff genommenen Teilprojekte und Phasen neu zu planen und neu zu berechnen. Beispiele für solche Projektfehlplanungen, bei denen der "Point of no return" überschritten wurde, liegen in hinreichender Anzahl vor.

Literaturhinweise:

GERNET, E. (1987): S. 160-237 (Projektorganisation)

HEINRICH, L.J., BURGHOLZER, P. (1987): S. 41-49 (Bilden der Planungsgruppe); S. 50-61 (Projektplanung, -überwachung und -steuerung)

LOCKEMANN, P.C. u.a. (1983): S. 66-75 (Stufengliederung von DV-Projekten); S. 174-201 (Führung von DV-Projekten)

SCHMIDT, G. (1986): S. 44-53 (Projektmanagement)

SCHÖNECKER, H.G., NIPPA, M. (1987): S. 91-103 (Bewältigung komplexer Bürokommunikationsprojekte)

VOSSBEIN, R. (1989/III): S. 39 und S. 122-124 (Projektteams)

2. PLANUNGSMETHODEN DES EINSATZES VON BK-SYSTEMEN

Der Einsatz der Methoden für die Planung von BK-Systemen erfolgt auf der Basis des Planungssystems des Unternehmens.

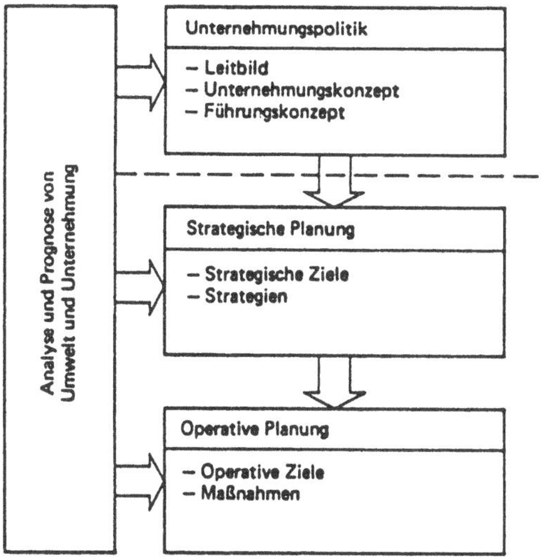

Abb. 92: Das Planungssystem des Unternehmens (Quelle: Hammer, 1988, S. 37)

Eine Übersicht über die Teilbereiche eines solchen Planungssystems gibt die Abbildung 92. Aus ihr geht hervor, daß das Planungssystem nicht isoliert gesehen werden darf, sondern daß es vielmehr aus einem in sich konsistenten Gesamtkonzept hervorgehen muß. Von beachtlicher Bedeutung hierbei sind für alle Stadien eines solchen Systems der Einfluß der Umweltgegebenheiten sowie diejenigen wesentlichen Informationsfelder, die vom Unternehmen berücksichtigt werden müssen. Das Planungssystem und sein Umfang bestimmt die eingesetzten Methoden. Die Abbildung 93 gibt einen Überblick über das Methodenarsenal, was im Rahmen einer umfassenden, integrierten Planung eingesetzt werden sollte.

Hierbei lassen sich die einzelnen Methoden nicht immer klar den Bereichen eines Planungssystems zuordnen. Im Teil II. und Kap.II.2. wurden unter dem Aspekt der Stellung einer strategischen und operativen Konzeption von BK-Systemen zu den wesentlichen inhaltlichen Fragen Ausführungen gemacht. Im folgenden wird die in den vorangegangenen Kapiteln eher pragmatische Betrachtung noch durch zusätzliche, methodische Komponenten ergänzt und vervollständigt. Die Abbildung 93 macht deutlich, daß sich den einzelnen Planungsaufgaben spezifische Methoden zuordnen lassen. Aus der Abbildung 94 geht hervor, daß sich darüber hinaus eine Zuordnung spezieller Planungsmethoden auf Aufgaben vornehmen läßt, wobei die Bedeutung der Methoden für die Aufgaben unterschiedlich ist. Anders ausgedrückt: Wenn sich das Unternehmen mit der Erstellung einer Planungskonzeption für BK-Systeme beschäftigt, sollte es das je nach der wahrzunehmenden Planungsaufgabe spezifische Instrumentarium einsetzen.

Methodische Komponente
Planungsmethoden des Einsatzes von BK-Systemen
- Strategische Planungsmethoden • Stärken-/Schwächenanalysen • Problemidentifikation • Strategieentwicklung - Operative Planungsmethoden - Planungsrechnungsmethoden • Kennzahlen • Investitionsrechnungsmethoden - Budgetierungsmethoden • Zentralbudgetierung • Bereichsbudgetierung • Projektbudgetierung - Organisationsplanung und -entwicklung - Projektplanung

Abb. 93: Planungsmethoden des Einsatzes von BK-Systemen

Außer den typischen, der strategischen Planung zuzuordnenden Methoden sind bei der strategischen Planung

- Investitionsrechnungsmethoden,
- Zentralbudgetierung,
- Projektbudgetierung sowie
- Organisationsplanungs- und -entwicklungsmethoden

von hoher Bedeutung,

- Kennzahlensysteme

von mittlerer und

- Bereichsbudgetierungen

von geringer Bedeutung.

Im Rahmen der operativen Planung sind

- Kennzahlensysteme

von hoher,

- Investitionsrechnungsmethoden und

- Projektbudgetierungen

von mittlerer sowie

- Organisationsplanungs- und -entwicklungsmethoden

von geringer Bedeutung.

Planungsmethode \ Planungsaufgabe		Strategische Planung	Operative Planung	Projektplanung
Planungsrechnungen	Kennzahlen	+ +	+ + +	+
	Investitionsrechnungsmethoden	+ + +	+ +	+ +
Budgetierungsmethoden	Zentralbudgetierung	+ + +	*	+ + +
	Bereichsbudgetierung	+	*	+ *
	Projektbudgetierung	+ + +	+ +	+ + +
Organisationsplanung und -entwicklung		+ + +	+	+ + +

Bedeutung hoch + + +

Bedeutung mittel + +

Bedeutung gering +

Bedeutung unternehmensspezifisch *

Abb. 94: Bedeutung der Planungsmethoden für BK-Projekte

Der Einsatz von Methoden der

- Zentralbudgetierung und/oder
- Bereichsbudgetierung

variiert unternehmensspezifisch, je nach der im Unternehmen üblichen Budgetierungspolitik.

Für die Projektplanung sind

- Zentralbudgetierung,
- Projektbudgetierung sowie
- Organisationsplanungs- und -entwicklungsmethoden

von hoher Bedeutung,

- Investitionsrechnungsmethoden

von mittlerer sowie

- Kennzahlensysteme und
- Bereichsbudgetierungen

von geringer Bedeutung.

Die Frage, wieweit Projekte bereichsspezifisch geplant und budgetiert werden, ist wiederum von den im Unternehmen eingesetzten spezifischen Projektplanungsmethoden abhängig.

2.1. Methoden der strategischen Planung von BK-Systemen

Der Charakter der strategischen Planung ist durch die Merkmale

- Problemorientierung sowie
- Schaffung/Erhaltung von (externen und) internen Erfolgspotentialen

bestimmt. Hierbei wurde die Problemorientierung im Teil II bereits behandelt. Das durchschnittliche Unternehmen wird nicht die Macht haben, die externen Erfolgspotentiale wesentlich zu beeinflussen, so daß eine Konzentration auf die internen sinnvoll erscheint. Die Schaffung und Erhaltung von internen Erfolgspotentialen setzt methodisch eine

- Risiken-/Chancenanalyse,
- Stärken-/Schwächenanalyse mit Potentialbewertung sowie
- eine Strategieentwicklung mit anschließender Zuweisung der Teilstrategien auf die Entscheidungseinheiten

voraus.

Die Risiken-/Chancenanalyse bezieht sich auf die Gebiete

- Gesamtorganisation (Aufbau und Ablauf),
- Informationssystem,
- Finanzpotential,
- Innovationspotential sowie
- Veränderungspotential.

Die im Teil III. angestellten Überlegungen haben die Bedeutung einer Analyse der Gesamtorganisation in Aufbau und Ablauf behandelt. Da das Informationssystem Objekt der strategischen Planung von Bürokommunikationssystemen ist, muß seine Analyse im Hinblick auf die hierin liegenden Risiken und Chancen als wesentlicher Aspekt angesehen werden. Auch auf die Analyse des Finanzpotentials sowie der Innovationspotentiale wurde bereits eingegangen. Bei der hier angestellten Betrachtung ist für die Planung von BK-Systemen eine Analyse der Veränderungspotentiale von besonderer Bedeutung, da die systematische Einführung von BK-Systemen - wie dargelegt - Veränderungen in allen Bereichen des Unternehmens hervorrufen wird.

Die Stärken-/Schwächenanalyse erfolgt auf der Basis der Risiken-/Chancenanalyse und nimmt vor allem eine Potentialsbewertung vor. Da es Aufgabe der Strategie ist, die Probleme eines Unternehmens zu lokalisieren sowie die Erfolgspotentiale zu verstärken, muß die Potentialsbewertung bei einem systematischen Vorgehen im Rahmen der strategischen Planung als Kernpunkt angesehen werden. Da sämtliche der genannten Analysebereiche für eine BK-System-Strategie von hoher Bedeutung sind, ist es nicht möglich, eine weitere Bedeutungsgewichtung vorzunehmen.

Die Entwicklung der Strategie besteht methodisch aus den Stufen

- Ableitung möglicher Strategiealternativen,
- Problemlösungszuordnung und Vorauswahl (Grobevaluierung),
- Bewertung der strategischen Alternativen (Feinevaluierung) sowie
- Auswahl und Entscheidung.

Die Ableitung der möglichen Strategiealternativen ergibt sich einerseits aus der Stärken- und Schwächenanalyse mit der Potentialsbewertung, andererseits aus der Beurteilung der Technologieentwicklung und -verfügbarkeit. Hierzu wurde bereits im konzeptionellen Teil Stellung genommen.

Die Grobevaluierung schließt diejenigen Lösungen vorab aus, die aufgrund der Risiken- und Schwächenanalyse mit dem hierzu gehörenden Bewertungsprozeß nicht verfolgt werden sollten und reduziert damit den Aufwand für die Bewertung der strategischen Alternativen. Diese werden vor allem nach den drei Kriterien:

- Lösungsbeitrag,
- Wirtschaftlichkeit sowie
- Machbarkeit

untersucht und führen zu entscheidungsreifen Lösungsvorschlägen. Das entsprechende Entscheidungsgremium - es wird sich hierbei meist um ein Team, bestehend aus Unternehmensspitze und zuzuordnenden Bereichsmitarbeitern, handeln - sollte auf dieser Basis in der Lage sein, die zu verfolgenden Teilstrategien auszuwählen.

Der letzte Schritt besteht darin, die Teilstrategien auf Entscheidungseinheiten, im Regelfall Inhaber von Leitungsfunktionen, zuzuweisen und ein Instrumentarium zur Fortschrittskontrolle zu installieren. In den meisten Fällen wird eine Personenidentität zwischen den Entscheidungs- und Kontrollgremien gegeben sein.

Vom Methodischen sei noch darauf hingewiesen, daß die Kriterien Lösungsbeitrag, Wirtschaftlichkeit und Machbarkeit als übliche Nutzenkategorien angesehen werden können, die - ggf. entsprechend nach bewertbaren Teilelementen aufgegliedert - mit den Methoden der im Teilkap. III. 3.2.5. dargestellten Nutzenanalyse angegangen werden können. Das Verfahren der Nutzwertanalyse mit den hierbei eingesetzten Bewertungsmethodiken und -instrumenten ist hierzu typisch geeignet, wobei allerdings der Hinweis auf die Grenzen der eingesetzten Verfahren nicht vergessen werden soll.

2.2. Methoden der operativen Planung von BK-Systemen

Die operative Planung hat im wesentlichen folgende fünf Grundprobleme zu lösen:

1. Beitrag der operativen Planung zur Zielerreichung der strategischen Planungsvorgabe,

2. Finden der jeweils "richtigen" Teilentscheidung,
3. Zuordnung der "richtigen" Zeitpunkte und Zeiträume,
4. Definition der Hauptprojekte sowie
5. Zuordnung der Ressourcen.

Die strategische Planung setzt die Vorgaben für die operative Planung. Diese ist daher mit ihren Teilplänen zeitlicher Art so auszurichten, daß sie - Gültigkeit der Vorgaben vorausgesetzt - die Mittel zur Zielerreichung bereitstellt. Die strategische Planung steht also zur operativen in einer sog. Ziel-Mittel-Relation und sichert die stufenweise Realisierung. Wenn z.B. das strategische Ziel besteht, in einem Zeitraum von fünf Jahren alle relevanten Büroarbeitsplätze technisch unterstützt umzustellen, hat die operative Planung den entsprechenden Stufenplan hierfür zu enthalten und zu garantieren, daß bei Beibehaltung des betreffenden Ziels die Vorgabe erreicht wird. Hierzu ist es notwendig, die jeweils richtigen Teilentscheidungen zu treffen. Hierzu bietet sich die Methode einer 9-Felder-Bewertungsmatrix an.

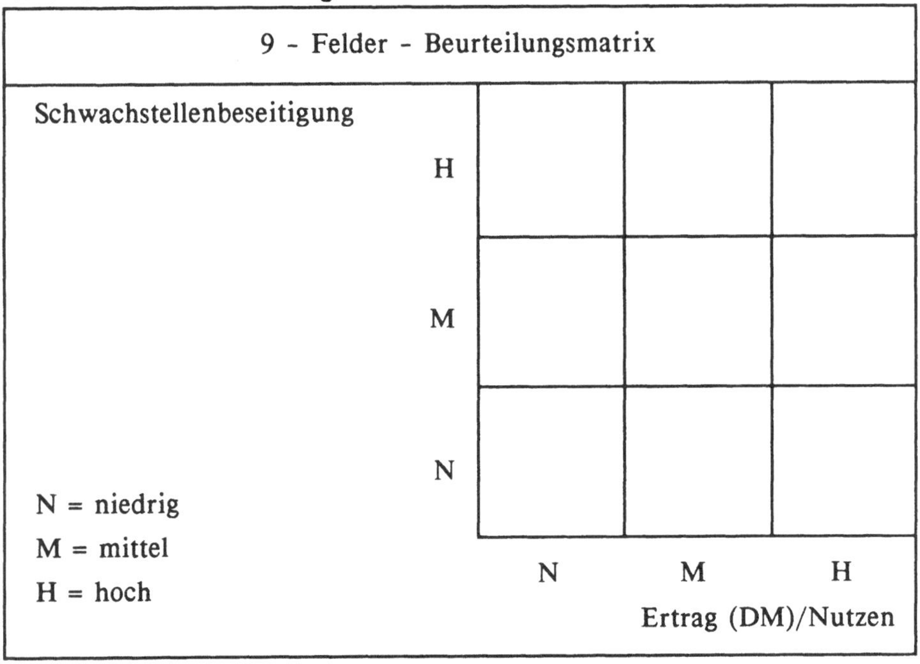

Abb. 95: Beurteilungsmatrix zur Prioritätenfestlegung

Hier wird vorgeschlagen, die Entscheidungen mit Hilfe der zwei Parameter "Schwachstellenbeseitigungspotential" sowie "Ertrag/Nutzen" zu untermauern durch Bewerten der jeweiligen Teilentscheidung mit den Kriterien niedrig, mittel und hoch. Wenn dies für die einzelnen Bereiche des Unternehmens durchgeführt wird, ergeben sich Plazierungen der Abteilungen innerhalb der Wertungsmatrix, so daß sich die Entscheidun-

Operative Planung von BK-Systemen als Input-/Output-System

Input

Intern:
- Hardware-Konfiguration
- Software-Lösungen
- Netware
- "Stand" der Computerisierung
- Zufriedenheitsgrad der Anwender
- ungelöste Anwenderprobleme(Anwenderstau)
- Organisatorische Forderungen
- Akzeptanzbereitschaft für neue Lösungen
- Mitarbeiterpotentiale
  - · DV-Bereich
  - · Anwendungsbereiche
- finanzielle Ressourcen
- strategische und operative Ziele
- Erwartungen bezüglich der Geschäftsentwicklung

Extern
- Stand der aktuellen Technologie
  - · Hardware
  - · Software
  - · Netware
- Erwartungen bezüglich der Wirtschaftsentwicklung
- gesellschaftspolitische Überlegungen
- arbeitsmarktpolitische Erkenntnisse

Output

Projektpläne/Teilprojekte
Zeitpläne
Realisierungs-Stufenpläne
Finanzpläne
Personalpläne
- · Freisetzung/Umsetzung
- · Beschaffung

Trainings- und Ausbildungspläne
Beschaffungpläne
- · Hardware
- · Software
- · Netware

Organisationspläne
Organisationsentwicklungspläne

Abb. 96: Input-/Outputbetrachtung von BK-System-Planungen

gen darauf konzentrieren können, ob Teilprojekte mit einem hohen Schwachstellenbeseitigungspotential oder mit einem hohen Ertrag/Nutzen Priorität haben sollen. Idealerweise würde denjenigen Projekten der Vorzug gegeben werden, bei denen beide Ausprägungen hoch sind.

Aus dieser Beurteilungsmatrix lassen sich dann auch Zeiträume dergestalt zuordnen, daß alle Projekte mit dem Beurteilungskriterium "hoch" die größte Priorität erhalten und damit die Zeitraumzuordnung aufgrund der Prioritäten vorgenommen werden kann. Die Definition der Hauptprojekte läßt sich mit Hilfe der im Teilkap. IV.1.3. dargestellten Methoden der Projektorganisation auf Basis der ABC-Analyse vornehmen. Die operative Planung ist jedoch keinesfalls ausschließlich projektbedingt, sondern enthält vor allem auch diejenigen Teilpläne, die aus der Abbildung 96 als Output hervorgehen. Aus der Definition der Teilpläne und Hauptprojekte ergibt sich der Ressourcenbedarf an Personal- und Finanzmitteln, der als letztes Grundproblem gelöst werden muß.

Die Abbildung 96 stellt die operative Planung von BK-Systemen als Input-/Output-System dar. Die wesentlichen Bestandteile des Inputbereichs wurden bei der Behandlung der Analysegebiete zur Erstellung der Konzeption diskutiert. Ein weiteres Eingehen darauf erübrigt sich demnach. Zusätzlich zu den bereits behandelten Gebieten sei noch darauf hingewiesen, daß auch Erwartungshaltungen in bezug auf die Geschäftsentwicklung und die allgemeine Wirtschaftsentwicklung mit Gegenstand des Inputs sein sollten. Ergänzend sollten weiterhin bestimmte gesellschaftspolitische Überlegungen, die die Akzeptanz und Förderung neuer Technologien betreffen, sowie arbeitsmarktpolitische Erkenntnisse, die für den betreffenden Sektor relevant sind, hinzutreten. Als Beispiel hierfür sei angeführt, daß z.Zt. ein intensiver Ausbau der Fortbildungseinrichtungen in Schulen und Hochschulen auf dem Datenverarbeitungssektor mit Richtung Bürokommunikation zu beobachten ist, der nach Ablauf der üblichen Anlaufzeiten bei den Institutionen und Ausbildungszeiten bei künftigen Mitarbeitern eine Beseitigung der derzeit noch vorhandenen Engpässe erwarten läßt.

Die Input-Output-Überlegungen führen zu einem integrierten Planungssystem, das alle notwendigen Teilpläne zur Realisierung des BK-Systems im Unternehmen beinhaltet. Hierbei sei darauf hingewiesen, daß die operative Planung von BK-Systemen zwar zu einem umfangreichen, integrierten Planungssystem führt, daß jedoch eine Vielzahl von Plänen mehr eine logische Integration in dem System erfährt, als daß sie sich geschlossen in einem zahlenmäßig fundierten, durch Zahlenflüsse gekennzeichneten System abbilden läßt. Die BK-Systemplanung ist einerseits durch ein Konglomerat von Projekt-/Teilprojektplänen sowie Managementplänen in Form von Organisations- und Organisationsentwicklungsplänen, Trainings- und Ausbildungs- sowie Personalplänen gekennzeichnet; andererseits enthält sie Finanzpläne, die sich aus eindeutigen Mittelbeanspruchungsplänen auf der Basis von Beschaffungsvorgängen sowie Zeitplänen ergeben.

Die Eigenart des Planungsobjektes läßt es sinnvoll erscheinen, nicht auf einem Planungsperfektionismus zu bestehen. Wesentlich ist vielmehr, ein so beschaffenes Planungssystem schrittweise aufzubauen und über einen unternehmensspezifischen Lernprozeß zu verfeinern. Dies ist auch deswegen anzuraten, weil allein die notwendigen Analyse-, Bewertungs-

und Entscheidungsprozesse in ihrer Gesamtheit mehrjährig angelegt werden müssen. Parallel hierzu kann das Planungssystem selbst entwickelt werden.

Als institutionelle Organisationsform für die Planung des operativen Teils von BK-Systemen wird sich als Basisstruktur zweifellos die Form des Planungsteams anbieten. Weil es sich bei Planungsvorhaben um projektähnliche Aufgaben handelt, kann auf die unter dem Stichwort "Projektorganisation" gemachten Ausführungen zurückgegriffen werden. Da aber jede Planung, auch die von BK-Systemen, nach einer gewissen Zeit einen Routinecharakter erhält, scheint es angebracht, eine Verantwortungs- und Ebenenzuweisung auch für diesen Teil der Planung vorzunehmen. Hierbei ist davon auszugehen, daß die operative Planung von BK-Systemen im wesentlichen der zweiten und dritten Organisationsebene im Unternehmen zuzuweisen ist. Es dürfte sinnvoll sein, nach Ablauf einer gewissen Lernphase, die ausschließlich teamspezifisch zu bewältigen ist, die dann folgende Planungsroutine in die Bereiche zu verlagern. Die Koordinationsprobleme sollten allerdings auf Dauer, wie in der Planungsorganisation üblich, in einem Team gelöst werden.

2.3. Investitionsrechnung und Budgetierung

Die traditionelle betriebswirtschaftliche Planungsrechnung kennt eine Vielzahl von Investitionsrechnungsverfahren sowie die Methoden der Budgetierung. Die Investitionsrechnungsverfahren wurden ursprünglich für das Gebiet der Investitionen in Produktivanlagen entwickelt. Dies ist traditionsgemäß insofern verständlich, als umfangreiche Investitionen für die Ausstattung im Verwaltungsbereich befindlicher Arbeitsplätze erst seit der Entwicklung der Datenverarbeitung und daran anschließend der Bürokommunikation festzustellen sind. Zwar hat es auch früher "Investitionen" für Büromöbel und Büromaschinen gegeben, jedoch waren diese gering im Vergleich zu den im Produktionsbereich zu tätigenden Investitionen. Diese Situation hat sich in den letzten Jahren grundlegend geändert. Wenn eine Investitionsplanung auf diesem Gebiet vorgenommen werden soll, werden im allgemeinen Versuche gemacht, diejenigen Methoden einzusetzen, die sich als Investitionsrechnungsmethoden im Produktionsbereich bewährt haben. Im Teilkap. III.2.4. wurden Verfahren der Wirtschaftlichkeitsrechnung und -kontrolle in Form von Kostenvergleichsrechnungen, Kosten-Nutzen-Rechnungen sowie Einsatz von Kennziffern dargestellt. Hierbei hat es sich jedoch durchweg um Verfahren gehandelt, bei denen insbesondere die Kostenüberlegungen im Rahmen der angestellten Rechnungen dominierten. Probleme der Nutzenberechnung mit der Möglichkeit, auf Nutzwertanalysen auszuweichen, wurden ebenfalls bereits diskutiert. Im folgenden sollen daher die typischen Investitionsrechnungsverfahren einerseits sowie die spezifischen Budgetierungsverfahren andererseits behandelt werden.

Die Bestimmungsparameter für den Einsatz von Investitionsrechnungsverfahren ergeben sich aus der Bindung der meisten Methoden an Kosten und Erlöse bzw. Aufwendungen und Erträge. Dies ist aus den o.g. Gründen historisch bedingt und damit verständlich. Wenn nun Investitionen in Gebiete getätigt werden, bei denen Erlöse nicht zu erwarten sind bzw. nicht schlüssig zurechenbar sind, bietet sich die Hilfsgröße der

Einsparungen an. Somit werden Erlöse überlegungsmäßig durch Einsparungen ersetzt. Das macht formal gesehen die entsprechenden Rechenverfahren anwendbar.

Die Fragwürdigkeit der Gleichsetzung von Erlösen und Einsparungen wird jedoch aus folgenden Überlegungen deutlich: Wenn z.B. vor einigen Jahren eine Schreib- oder Rechenmaschine angeschafft wurde, war ggf. ein Begründungszwang hierfür gegeben. Eine Nutzenrechnung, bei der die Einsparungen die Investitionen zumindest abdeckten, wenn auch nicht notwendigerweise überwiegen mußten, wurde aus guten Gründen nicht angestellt. Auch die Anschaffung eines Telefons wurde wohl kaum in ihrer Notwendigkeit damit begründet, daß eingesparte Reise- oder Schreibzeiten eine Amortisation dieser Investition herbeiführen würden. Der Verzicht auf diese Begründungen wurde implizit nur dadurch vertretbar, daß derartige "Pseudorechtfertigungen" für unsinnig gehalten wurden. Nachdem nun die Investitionen in Informations- und BK-Systeme eine Größenordnung erreichen, die durchaus mit denen im Produktionssektor verglichen werden kann, besinnt man sich auf den betriebswirtschaftlich vordergründig vernünftigen Gedanken, daß sich Investitionen "auszuzahlen" hätten. Es erscheint damit sinnvoll, sich über die Voraussetzungen klarzuwerden, die gegeben sein müssen, damit der Einsatz dieser Rechenverfahren sinnvoll erfolgen kann. Diese Voraussetzungen sind:

1. Die Investitionssumme muß bekannt sein.

2. Die Folgekosten/der Erhaltungs- und Instandsetzungsaufwand müssen abschätzbar sein, und zwar sowohl nach Kostenarten wie nach zeitlichem Anfall.

3. Die Einsatz-/Nutzungszeit muß bestimmbar sein.

4. "Versteckte" Kosten/Folgekosten dürfen nicht auftreten.

5. Die Einsparungen des neuen Verfahren müssen berechenbar sein, oder:

6. Die Einsparungen durch das neue Verfahren in anderen Kostenarten (Rationalisierung, Personal) müssen zutreffend berechenbar sein, oder:

7. Erlöse/Erträge müssen eintreten und berechenbar sein.

Eine kritische Betrachtung dieser Voraussetzungen führt zu folgenden Überlegungen: Die Investitionssumme in Bürokommunikationssysteme ist oft lediglich für eine erste Phase bekannt. Es ist in den meisten Fällen aber nicht auszuschließen, daß Folgeinvestitionen aufgrund von technischen Veränderungen und/oder Innovationen getätigt werden müssen. Aus diesem Grund sind oft die Folgekosten, insbesondere aber der Erhaltungs- und Instandsetzungsaufwand nicht voll abschätzbar. Wenn z.B. für ein Softwarepaket ein neues Release herauskommt, ist es meist unerläßlich, dieses zu kaufen, ohne daß der Zeitpunkt und der Aufwand für den Kauf bei der ursprünglichen Installation des Softwarepaketes abschätzbar sind. Des weiteren ist es oft nicht möglich, die Einsatz- und Nutzungszeiten exakt zu bestimmen, da diese stark durch den technischen Fortschritt bedingt werden. Nachträglich kann man zwar dem Faktum der frühzeitigen Obsoleszenz durch Sonderabschreibungen gerecht werden, im Planungszeitraum ist dieses Faktum aber nur schwer kalkulierbar.

Charakter der Investitionen in BK-Systeme					
Art der Investitionen	Ausprägungen bei BK-Systemen				
	niedrig				hoch
	1	2	3	4	5
Basis-/Erstinvestition				X	
Folgeinvestition					X
Ersatzinvestition				X	
Rationalisierungsinvestition			X		
Erweiterungsinvestition		X			
Verbesserungsinvestition				X	

Abb. 97: Charakter von Investitionen in BK-Systeme

Auf der Erlös-/Ertragsseite ist festzustellen, daß die dem neuen Verfahren unmittelbar zuzuschreibenden Einsparungen nur selten exakt berechenbar sind. Die Konsequenzen sind in den meisten Fällen nicht hinreichend planbar, noch weniger aber kalkulierbar. Auch Einsparungen in anderen Kostenarten in Form von Rationalisierung und Personaleinsparung sind zwar abschätzbar, kaum aber genau zu berechnen. Echte Erlöse/Erträge werden meist nur dann eintreten, wenn es sich um ein Service-Unternehmen handelt oder wenn die Weiterbelastung der im Informations- und BK-System entstehenden Kosten voll auf die sich dieser Dienste bedienenden Kostenstellen sichergestellt ist. Auch das dürfte schwierig durchzuführen und insbesondere in einer Anfangsphase kaum zu realisieren sein. Damit müssen sämtliche Voraussetzungen, die gegeben sein sollten, um die Investitionsrechnungsverfahren mit hinreichender Treffsicherheit einsetzen zu können, mit größter Vorsicht im Hinblick auf die Realisierungsmöglichkeiten angesehen werden. Da jedoch vor allem in Großunternehmen ein nicht wegzuargumentierendes Bedürfnis nach Rechenverfahren besteht, sollen im folgenden diese Rechenverfahren dargestellt und kritisch analysiert werden.

Zunächst ist es wesentlich, sich über den Charakter der Investitionen in BK-Systemen klarzuwerden. Nach der in der Betriebswirtschaftslehre üblichen Aufgliederung unterscheidet man zwischen

- Basis-/Erstinvestitionen,
- Folgeinvestitionen,
- Ersatzinvestitionen,

- Rationalisierungsinvestitionen,
- Erweiterungsinvestitionen sowie
- Verbesserungsinvestitionen.

Die Abbildung 97 verdeutlicht, daß Investitionen in BK-Systemen in den meisten Fällen keiner dieser genannten Kategorien eindeutig zuzuordnen sind. So ist das Merkmal Basis-/Erstinvestition sowie Folge- und Ersatzinvestition bei Bürokommunikationssystemen hoch ausgeprägt: Sie stellen als Innovation auf dem Technologiesektor Erstinvestitionen dar, die durch den stufenweisen Ausbau und die sich hieraus ergebenden Vernetzungsnotwendigkeiten Folgeinvestitionen hervorrufen, und schließlich sind sie in Verbindung mit der Veralterung installierter Geräte Ersatzinvestitionen. Der Rationalisierungsinvestitionscharakter ist zumindest mittelmäßig, wenn nicht sogar stark ausgeprägt und führt dazu, daß sie gleichzeitig als Verbesserungsinvestitionen anzusehen sind. (Hierbei soll nicht verkannt werden, daß der Verbesserungsinvestitionscharakter bei Investitionen im Produktionsbereich etwas anders gesehen wird.) Über den Erweiterungsinvestitionscharakter kann nur wenig gesagt werden, da diese Investitionsart eher atypisch bei BK-Systemen ist.

Auf dieser Basis soll in Form einer synoptischen Darstellung versucht werden, die typischen Methoden der Investitionsrechnung und ihrer Anwendung auf dem Sektor von Bürokommunikationssystemen darzustellen (Abb. 98).

Man unterscheidet zwischen statischen und dynamischen Verfahren. Die ersteren arbeiten ohne Berücksichtigung der sich aus der Zeitdynamik ergebenden Einflüsse, wie Zins- und Kostenveränderungen. Hierzu gehören die Kostenvergleichsrechnungen, Rentabilitätsvergleichsrechnungen sowie Amortisationsrechnungen. Die Kostenvergleichsrechnungen wurden bereits im Teilkap. III.2.4.2. behandelt und eignen sich für verschiedene Vergleichsprobleme, bei denen die Unterstellung eines weitgehend identischen Nutzens der zur Bewertung anstehenden Alternativen gemacht wird.

Die Rentabilitätsvergleichsrechnungen sind sog. erweiterte Gewinnvergleichsrechnungen und entsprechen im wesentlichen den im Teilkap. III.2.4.3. dargestellten Kostennutzenrechnungen. Gemäß den oben abgehandelten Voraussetzungen müssen "gewinnähnliche", quantitativ berechenbare Nutzen vorliegen. Die Anwendungsgebiete machen bereits die Grenzen des Einsatzes deutlich: So gilt ein positiver Rentabilitätswert als vorteilhaft sowie bei alternativen Investitionen eine Entscheidung für diejenige mit der höheren Rentabilität. Hierzu liefert die Fachliteratur durchaus gute Beispiele, aus dem die Fragwürdigkeit einer vergleichenden Rentabilitätsrechnung hervorgeht. Aus den unter "Voraussetzungen" geschilderten Gründen müssen diese Verfahren mit Skepsis betrachtet werden.

Die Amortisationsrechnungen versuchen den Zeitraum zu ermitteln, der zur Wiedergewinnung des eingesetzten Kapitals benötigt wird. Hierbei ist eine Investition dann günstig, wenn sie sich möglichst kurzfristig amortisiert, da die Annahme gilt, daß eine längere Kapitalbindung ein wachsendes Risiko beinhaltet. Auch bei diesem Verfahren ist kritisch, daß die

<table>
<tr><th colspan="5">Methoden der Investitionsrechnung und ihre Anwendung</th></tr>
<tr><th>Methode</th><th colspan="2">Charakteristik</th><th colspan="2">Anwendung</th></tr>
<tr><td colspan="5">Statische Verfahren: ohne Berücksichtigung der aus der Zeitdynamik sich ergebenden Einflüsse, wie Abzinsung, Kostenveränderung etc.</td></tr>
<tr><td>Kostenvergleichsrechnung</td><td colspan="2">s. Kapitel III.2.4.2.: Kostenvergleichsrechnungen
Unterstellung: weitgehend identischer Nutzen quantitativer und qualitativer Art der Alternativen</td><td colspan="2">Systemvergleiche
Herstellervergleiche
Verfahrensvergleiche
Zeitvergleiche</td></tr>
<tr><td>Rentabilitätsvergleichsrechnungen (erweiterte Gewinnvergleichsrechnung)</td><td>s. Kapitel III.2.4.3.: Kosten-Nutzen-Rechnung
Einsatzbedingung: es müssen "gewinnähnliche" quantitative Nutzen vorliegen
$Re = \frac{N}{Ka} \cdot 100\ (\%/ZE)$</td><td>Re = Rentabilität
N = durchschnittl. Nutzen
Ka = durchschnittl. geb. Kap.</td><td colspan="2">Einzelinvestitionen: Vorteihaft bei positivem Wert von Re
Altenative Investitionen: Auswahl nach höherem Re</td></tr>
<tr><td>Amortisationsrechnungen</td><td>Berechnung des Amortisationszeitraumes zwischen Kapitalbindung und -wiederfreisetzung
$A = \frac{K_E}{E_d + Afa_d}$</td><td>A = Amortisationszeitraum
K_E = Kapitaleinsatz
E_d = durchschnittl. Einsparung (quantitativer Nutzen)
Afa_d = durchschnittl. Abschreibung</td><td colspan="2">Ermittlung des Zeitraums zur Wiedergewinnung des eingesetzten Kapitals
Sinnvoll unter Annahme des wachsenden Risikos der Kapitalbindung über den Zeitverlauf</td></tr>
<tr><td colspan="5">Dynamische Verfahren: mit Berücksichtigung der Einflüsse aus der Zeitdynamik (Auf- und Abzinsung)</td></tr>
<tr><td>Kapitalwertmethode</td><td>$K_0 = -I_0 + \sum_{t=1}^{n} \frac{R_t + L_n}{(1+i)^t}$</td><td rowspan="3">$K_0$ = Kapitalwert
I_0 = Investitionsauszahlungen
R_t = Rückfluß in Periode t = Einzahlungen - Auszahlungen
L_n = Liquidationserlös
A_n = Annuität der Investition
i = Kalkulationszinssatz
r = interner Zinsfuß
t = Perioden 0 - n</td><td>Vorteilhaftigkeit ist gegeben, je höher bei gegebenem i der K_0 ist</td><td rowspan="3">Systemvergleiche
Verfahrensvergleiche
Herstellervergleiche bei Einzel- oder Alternativinvestitionen</td></tr>
<tr><td>Annuitätenmethode</td><td>$A_n = K_0 \frac{i(1+i)^t}{(1+i)^t - 1}$</td><td>Vorteilhaftigkeit ist bei positiver Annuität gegeben</td></tr>
<tr><td>Interne Zinssatzmethode</td><td>$K_0 = 0 = -I_0 + \sum_{t=1}^{n} \frac{R_t}{(1+i)^t}$</td><td>Vorteilhaftigkeit ist bei $r \geq i$ (gewünschte Mindestverzinsung) gegeben</td></tr>
</table>

Abb. 98: Anwendung von Methoden der Investitionsrechnung bei BK-Systemen

Notwendigkeit der Berechnung durchschnittlicher Einsparungen im Sinne quantitativer Nutzen gegeben sein muß. Weiterhin besteht die Möglichkeit, daß, bedingt durch technischen Fortschritt und Innovation, Sonderabschreibungen erforderlich werden, die im Planungszeitraum weder bekannt noch kalkulierbar sind.

Die dynamischen Verfahren als zweite Gruppe der Investitionsrechnungsverfahren berücksichtigen die Einflüsse, die aus der Zeitdynamik resultieren. Sie basieren auf den sog. finanzmathematischen Methoden und nehmen Auf- oder Abzinsungen der jeweiligen Werte vor. Die Kapitalwertmethode als die wohl wichtigste, beurteilt von mehreren Investitionen diejenige als die vorteilhafteste, die bei gegebener Verzinsung den höchsten Kapitalwert erbringt. Er wird im wesentlichen durch die Summe der abzuzinsenden Rückflüsse und den Liquidationserlös (Verkaufsrestwert einer Investitionsanlage) bedingt.

Die Methode des internen Zinssatzes arbeitet ähnlich, wobei hierbei der Kapitalwert gleich null gesetzt wird und diejenige Investition als die vorteilhafteste betrachtet wird, die den höchsten internen Zinssatz erbringt. Hier gilt als Maßstab der von der Unternehmensleitung gewünschte Renditesatz (Kalkulationszinsfuß). Auch diese beiden Methoden arbeiten mit Rückflüssen, die gemäß den oben angestellten Überlegungen Einsparungen gleichgesetzt werden müssen. Die Kritikpunkte hierzu wurden bereits festgehalten, so daß sich eine Wiederholung erübrigt.

Die Annuitätenmethode betrachtet eine Investition dann als sinnvoll, wenn eine positive Annuität gegeben ist. Dies ist dann gesichert, wenn der über den Zeitverlauf abgezinste Kapitalwert gleich der Annuität - der Rückzahlungsquote (Einsparungsquote) - ist.

Formal gesehen eignen sich die dynamischen Verfahren sämtlich für die typischen Problemstellungen bei der Beurteilung von Investitionen in BK-Systemen. Sie ermöglichen System-, Verfahrens- und Herstellervergleiche und sind für Einzel- oder Alternativ-Investitionen geeignet. Die Begrenzungen, die aus den in die jeweiligen Algorithmen einzusetzenden Parametern hervorgehen, brauchen hier nicht weiter erörtert zu werden. Bei der Vielzahl der Imponderabilien, die im Planungszeitpunkt Bestandteil der Investitionsentscheidung sind, verspricht ein mathematisch noch so exaktes Verfahren kaum grundsätzliche Hilfe.

Die Methoden der Budgetierung wurden bereits an verschiedenen Stellen im Hauptkapitel III. behandelt. So wurden Fragen des

- Investitionsbudgets im Teilkap. III.2.2.,
- Kostenbudgets im Teilkap. III.2.3. sowie
- Projektbudgets im Teilkap. III.2.3. und IV.1.3.

dargestellt.

Von den Budgetierungsmethoden her unterscheidet man zwischen

- flexibel/starr,
- zielorientiert/auf Basis von Relationsziffern bzw.
- zentralisiert/dezentralisiert.

Starre Budgets sind dadurch gekennzeichnet, daß sie nicht im Verlaufe der Budgetperiode eine Überarbeitung und ggf. Anpassung erfahren. Grundsätzlich besteht zwischen Budgetflexibilität und Zielflexibilität eine enge Beziehung: Wenn z.B. ein Budget überschritten wird, muß die Frage gestellt werden, ob dies durch

- Fehlschätzungen,
- Verlagerungen oder
- Zieländerungen

zustande gekommen ist. Bei Fehlschätzungen ist zu überprüfen, ob die ursprüngliche Zielsetzung beibehalten werden soll und damit ein "Nachschlag" zum Budget gegeben werden muß. Bei einer falschen Zeitschätzung ist es denkbar, daß z.B. ein Budget gleichmäßig auf die Periodenanteile verteilt wurde, obwohl ein ungleichmäßiger Abruf eingetreten ist. Budgets können - und das sollte die Regel sein - zielorientiert aufgestellt werden. Gelegentlich findet sich jedoch auch die Regel, ein Budget auf der Basis von Relationsziffern zuzuordnen, wie z.B. in Prozent vom Umsatz. In einigen Unternehmen wird z.B. das Gesamtbudget für das Informationssystem in seiner Veränderung zum Umsatz berechnet, wobei häufig eine willkürlich gesetzte Relation nicht überschritten werden darf. Auch Betriebsvergleiche basieren gelegentlich auf dieser Kennziffer.

Kriterien für Zentralisierung/Dezentralisierung von BK-Budgets	
1.	Bildung von klar abgegrenzten Kostenstellen
2.	Definition eindeutiger Kostenarten
3.	Eindeutige Kostenartenerfassung und -zurechnung
4.	Plausible Zurechenbarkeit zentral anfallender Kosten
5.	Steuerungsmöglichkeiten zentral anfallender Kosten
6.	Einflußnahme dezentraler Einheiten auf zentrale Einheiten
7.	Freiheit der Investitionsentscheidung nach Art und Höhe
8.	Klar strukturierte Abweichungsanalysen
9.	Freiheit des internen Budgetausgleiches
10.	Trennung der Kosten in fixe, proportionale, beeinflußbare und nicht beeinflußbare

Abb. 99: Kriterien für Zentralisierung/Dezentralisierung von BK-Budgets

Von den Budgetierungsmethoden ist die Frage der Zentralisierung/Dezentralisierung von wesentlicher Bedeutung. Die Kriterien hierfür in bezug auf BK-Budgets werden in der Abbildung 99 abgehandelt. In Unternehmen ist meist die Praxis vorzufinden, zentralisierte Informationssystem- oder BK-Budgets aufzustellen. Die Voraussetzungen dafür werden jedoch nur selten untersucht, was dazu führt, daß sowohl über Fragen der Weiterbelastung von zentral anfallenden Kosten als auch insbesondere über die aus dieser Problematik hervorgehenden Einzelfragen Meinungsverschiedenheiten zwischen zentraler Informationsabteilung und Fachabteilung entstehen. Dies soll - ohne die zehn Kriterien der Abbildung 99 im einzelnen zu diskutieren - exemplarisch an einigen Punkten erläutert werden.

Beispiel 1: Wenn die dezentralen Einheiten (Fachbereiche) einen Einfluß auf die zentralen Einheiten dadurch ausüben, daß sie Forderungen nach bestimmten Anwendungsprogrammen und deren Erstellung erheben und durchsetzen, ist unabhängig von allen anderen Wertungsparametern insbesondere die Frage zu prüfen, wie weit sich hieraus Nutzen für andere dezentrale Einheiten ergeben, bevor eine undifferenzierte Belastung der beantragenden Organisationseinheit erfolgt.

Beispiel 2: Wenn eine dezentrale Einheit selbst zu budgetieren verpflichtet ist, müßte ihr die Freiheit der Investitionsentscheidung nach Art und Höhe zugebilligt werden: Dies ist jedoch bei einem integrierten System, was auf einem abgestimmten Vernetzungsplan und arbeitsplatzspezifischen Zusammenhängen beruht, nicht möglich.

Da die Kosten für das BK-System immer "zu hoch" sind, müßte sinnvollerweise eine Trennung der Kosten in fixe, proportionale sowie beeinflußbare und nicht beeinflußbare vorgenommen werden. Hierbei wird sich erweisen, daß ein beachtlicher Anteil fix und damit nicht beeinflußbar ist, so daß die Probleme einer sinnvollen Weiterbelastung nach plausiblen Zurechnungsverfahren kaum zu lösen sein werden. Vor allem durch die in BK-Systemen begründete Notwendigkeit einer unternehmensübergreifenden Einheitlichkeit und Integration wird es kaum sinnvoll sein, bei einem geplanten Ausbau des BK-Systems in kommenden Jahren eine einigermaßen schlüssige Budgetdezentralisierung oder budgetmäßige Kostenweiterbelastung auf die Fachbereiche vorzunehmen. Es sollte nicht ausgeschlossen werden, daß neben einem umfangreichen Zentralbudget für Sonderwünsche oder Spezialbereiche dezentrale Budgets geplant und zugeteilt werden können. Auch in diesem Zusammenhang scheint die Vermutung nicht von der Hand zu weisen zu sein, daß aus dem Produktionsbereich bekannte und bewährte Verfahren der Gemeinkostenumlage Eingang in den Verwaltungsbereich gefunden haben, ohne dessen spezifische Belange und insbesondere die unmittelbaren Abhängigkeiten der einzelnen Teilbereiche untereinander hinreichend zu berücksichtigen.

2.4. Planung des organisatorischen Wandels

Der organisatorische Wandel ist eines der Hauptplanungsgebiete beim Einsatz von BK-Systemen und deren Ausbau. Wie im Teilkap. III.3. ausgeführt, umfaßt die organisatorische Konzeption sämtliche Bereiche des Unternehmens in Aufbau, Ablauf und Menschenführung. Methodisch gesehen ist die Planung des organisatorischen Wandels daher die Zusammenfassung aller Planungen, die die Organisation des Unternehmens auf die Technikunterstützung durch Bürokommunikation vorbereiten und umgestalten sollen.

Die Abbildung 100 gibt einen Überblick über die hiermit zusammenhängenden Problemkreise. Als generelles Ziel von Wandlungsprozessen wird eine Verbesserung der bestehenden Organisationen angestrebt. Da "Verbesserung" eine relative Wertung ist, muß eine Maßgröße vorhanden sein, an der die Verbesserung zu messen ist. Dies kann einerseits der bestehende Ist-Zustand sein, andererseits aber eine auf Fremderfahrungen beruhende Norm. Vor allem die zweite Möglichkeit verdient in dem hier betrachteten Zusammenhang besondere Beachtung: So ist aus Computerisierungsprozessen bekannt, daß sich bei den führenden Herstellern ein beachtliches Know-how angesammelt hat, welches sich sowohl in der Qualität der vorhandenen Standardsoftware als auch insbesondere im Ausbildungs- und Wissensstand der höher qualifizierten Mitarbeiter ausdrückt. Wenn hierauf beruhend Veränderungen vorgenommen werden, wird diese Organisationsgestaltung auch als deduktives Konzept bezeichnet. Scheer (Scheer, 1985, S. 127ff.) weist darauf hin, daß sich durch hochqualifizierte Standardsoftware und deren Einsatz eine Anhebung des "betriebswirtschaftlichen Niveaus" erzielen läßt, was im Prinzip mit Verbesserungen gleichzusetzen ist. Diese Norm kann jedoch nur dann entwickelt werden, wenn vorher in einer großen Anzahl von Fällen - auf Ist-Analysen basierend - Verbesserungsvorschläge in Form von Soll-Konzeptionen erstellt wurden. Insofern bedeutet dieses Konzept eine generalisierende Übertragung von Erfahrungswerten auf Organisationen, die den betreffenden technologischen Ausstattungsstand mit den hierauf beruhenden Veränderungen noch nicht erreicht haben.

Planung des organisatorischen Wandels
Generelle Zielsetzung: Verbesserung/Veränderung
Gebiete - Organisationsplanung - Organisationsentwicklung
Methoden - Organisationsplanung • systematische Analyse • Zielsetzung/Sollkonzeption • Realisation/Umstellung • Kontrolle und Revision - Organisationsentwicklung • Auftauen • Entwickeln neuer Interaktionsformen • Stabilisierung
Strategien - Top down - Bottom up

Abb. 100: Planung des organisatorischen Wandels

Nach Gebieten wird zwischen Organisationsplanung und Organisationsentwicklung unterschieden. Die Organisationsplanung hat zum

Ziel, den "richtigen" Aufbau und die entsprechenden Abläufe in einem Unternehmen zu entwickeln. Organisationsplanung ist damit möglich für

- Erstorganisationsvorhaben und
- Reorganisation,

wobei eines der Hauptprobleme darin zu sehen ist, den bestmöglichen Zeitpunkt für das Organisationsplanungsprojekt vor allem bei Reorganisationsaufgaben zu finden. Bei Organisationsplanungsprojekten für Bürokommunikationssysteme wird in den meisten Fällen der Reorganisationsaspekt vorherrschen. Das Finden des bestmöglichen Zeitpunktes ist dann eine Frage der Strategie und ihrer Realisierung.

Die Organisationsentwicklung befaßt sich mit der Erhöhung der gesamten Effizienz der Organisation sowie einer Verbesserung der Bedürfnisbefriedigung der Mitarbeiter. In dem hier interessierenden Zusammenhang wird die Erhöhung der Effizienz durch den Einsatz der Technologie angestrebt, während die Verbesserung der Bedürfnisbefriedigung der Mitarbeiter auf Humanisierungsaspekten bei der Arbeitsplatzgestaltung beruht. Zur Problematik des Effizienzbegriffes und seiner Operationalisierung soll in diesem Zusammenhang keine Stellung genommen werden. Wie eine Vielzahl von empirischen Studien belegt, wird in nahezu allen Fällen eine Erhöhung des Zufriedenheitsgrades der Mitarbeiter nach erfolgtem Technologieeinsatz und Überwindung der Akzeptanzhemmschwelle erreicht. Der Arbeitsplatz wird durchweg als von der Aufgabe her befriedigender - da eine Reduzierung der Routine- und monotonen Massenarbeiten erreicht wird -, interessanter und von den Arbeitsmöglichkeiten her freizügiger empfunden.

Die Organisationsplanung arbeitet mit den bereits abgehandelten Methoden der systematischen Analyse, Zielsetzung/Sollkonzeption, Realisation/Umstellung sowie Kontrolle und Revision. Die Organisationsentwicklung, die sich vor allem auf soziologisch-sozialpsychologische Problemstellungen bezieht, arbeitet mit den Methoden des

- Auftauens,
- Entwickelns neuer Interaktionsformen sowie
- deren Stabilisierung.

Unter Auftauen wird der Vorgang verstanden, bei dem Formen, die sich im Verlaufe der Jahre verhärtetet haben, einer kritischen Betrachtung und Bewertung unterzogen werden. Hier sollen Einsichtsprozesse gefördert werden, die die Erkenntnis von Veränderungsnotwendigkeiten zum Ergebnis haben sollen. Im zweiten Schritt sind neue Interaktionsformen zu entwickeln, die gewünschte Formen und Verhaltensweisen beinhalten müssen. Dieser Prozeß enthält die Problematik des Transfers von den in Seminaren, dynamischen Gruppenprozessen und Laborsituationen gelernten Verhaltensweisen in die praktische Alltagsarbeit. Wenn dies gelingt, kann der Vorgang der Stabilisierung dieser neuen Interaktionsformen einsetzen, der dann gelingt, wenn insbesondere die Inhaber von Schlüsselpositionen die neuen, veränderten Verhaltensweisen internalisieren.

Als generelle Strategien zur Durchsetzung des organisatorischen Wandels, vor allem aber bei Prozessen der Organisationsentwicklung, sind Top-down- und Bottom-up-Strategien möglich. Bei den Top-down-Strategien wird vorausgesetzt, daß die Veränderungsprozesse von der Führung initialisiert werden und auch dort von der Realisierung her beginnen. Hier wird angenommen, daß die Führungsebenen ihre Funktion auch bei der Durchsetzung dieser Veränderungsprozesse wahrnehmen. Bottom-up-Strategien versuchen, die Lernpotentiale der Organisationsmitglieder zu aktivieren, um so die Veränderungsprozesse von der Basis in die höheren Ebenen der Organisation zu tragen. Aufgrund der Machtpositionen, die in der Hierarchie Höherstehende innehaben, ist anzunehmen, daß eine reine Bottom-up-Strategie schwer zu realisieren sein dürfte. Der erfolgversprechende Weg wird vermutlich darauf beruhen, daß auch hier eine Verbindung beider Strategien stattfindet, bei der die Führung die Initialzündung für die Auslösung dieser Prozesse gibt, die Lernprozesse der Organisationsmitglieder aktiviert werden und die Entwicklung der neuen Interaktionsformen schließlich auf sämtlichen Ebenen stabilisiert wird.

Die Anwendung der hier beschriebenen Methoden des organisatorischen Wandels - vor allem aber die der Organisationsentwicklung - auf Problemstellungen, die mit der Einführung von Bürokommunikationssystemen zusammenhängen, ist durch eine spezielle, fast ironisch anmutende Perspektive gekennzeichnet: Die Methoden der Organisationsentwicklung, die wesentlich auf dem Wachsen und Werden neuer Interaktionsformen beruhen, werden vom Konzept her auf diejenigen Prozesse angewendet, die im zwischenmenschlichen Bereich ablaufen. Die Methoden des Auftauens, Entwickelns neuer Interaktionsformen und der Stabilisierung können aber gleichermaßen auch auf die Veränderung der Interaktions- und Verhaltensformen im Mensch-Maschine-Verhältnis angewendet werden. Wie die Darstellung der sozialorganisatorischen Problemstellungen im Teilkap. III.3.2. gezeigt hat, werden neue Verhaltensweisen im Mensch-Maschine-System realisiert, die bisher noch nicht vorhanden sind sowie mit Sicherheit veränderte Verhaltensweisen im zwischenmenschlichen Bereich. Der durch den Technologieeinsatz induzierte Lernprozeß muß also zweifach sein und Verhaltensänderungen in beiden Gebieten sichern.

Literaturhinweise:

BERENDES, S. (1988): S. 42-83 (Vorgehensweise bei der Bürosystemplanung und -einführung)

HAMMER, R.M. (1988): (Stichwort: Strategische Unternehmensplanung)

HEINRICH, L.J., BURGHOLZER, P. (1986): (Stichwort: Planung)

SCHÖNECKER, H.G., NIPPA, M. (1987): S. 39-52 (ADU/ORGA-Methode zur Gesamtplanung der BK); S. 53-70 (COMplan-Methode zur Planung und Gestaltung der BK); S. 71-90 (CORAN-Planungs- und Entscheidungshilfen für den Einsatz von Kommunikationstechniken); S. 165-182 (Basis zur Planung eines Informations- und Kommunikationssystems); S. 243-255 (SOPHO-PLAN-Planungsverfahren für die BK)

SERFLING, K. (1983): S. 222-227 (Strukturwandel, Krisen und strategisches Management)

3. KONTROLLMETHODEN

Das Gesamtgebiet der Kontrollen wurde bei den spezifischen Teilmethoden der Plan-, Budget- und Projektkontrollen angesprochen bzw. abgehandelt. Die Abbildung 101 gibt noch einmal einen Überblick über das Gesamtgebiet der Kontrolle nach Kontrollarten, -methoden sowie der Kontrollbasis. Kontrolle wird durchweg verstanden als Soll-Ist-Vergleich und setzt daher zur effizienten Durchführung eine Norm voraus. Von den in der Abbildung 101 aufgeführten Kontrollarten sollen nur auf die Eigen-/Fremdkontrolle sowie die persönliche/automatische Kontrolle eingegangen werden. Normalerweise sind Kontrollen als Fremdkontrollen aufgebaut, da nach einem bewährten Organisationsprinzip "keiner sich selbst kontrollieren soll". Bestimmte Formen und Instrumente der Führung ermöglichen jedoch ein hohes Maß an Eigenkontrollen, die ihre Hauptunterstützung durch

- Budgets sowie
- MbO- (Management by Objectives) ähnliche Systeme

erhalten müssen. Diese zwei Instrumente sind unter Führungsaspekten die Voraussetzung, um den Druck der Fremdkontrolle abbauen zu können. Die Ausführungen, vor allem des Hauptkapitels III., sind grundsätzlich von der Schaffung von Instrumenten in Form der BK-Systemkonzeption, einschließlich hierzu gehöriger Zielsetzungen und Budgets ausgegangen, so daß bei einem Befolgen dieser Vorgehensweise weitgehende Eigenkontrollen in den betreffenden Gebieten möglich werden.

Methodische Komponente
Kontrolle
Kontrollarten - Eigen-/Fremdkontrolle - Partial-/Totalkontrolle - zeitweise/Dauerkontrolle - persönliche/automatische Kontrolle Kontrollmethoden - Ziel-Plankontrollen - Plan-Istkontrollen Kontrollbasis - Budgetkontrollen - Projektkontrollen - System-(MBO-)Kontrollen

Abb: 101: Kontrolle

Einen weiteren Aspekt stellt die Frage des Verhältnisses zwischen persönlichen und automatisierten Kontrollen dar. Persönliche Kontrollen werden nahezu immer vom Vorgesetzten, ergänzt durch sog. institutionelle Kontrollträger wie Revisionsabteilung o.ä., ausgeübt. Auf die Möglichkeit, vor allem Datenschutz- und Sicherungsprobleme durch institutionalisierte Kontrollmechanismen lösen zu lassen, wurde im Kapitel III.4. hingewiesen. Hier finden sich auch Ansätze für eine automatisierte Kontrolle, die einerseits in der Vergabe von Zugriffs- oder Veränderungsberechtigungen, andererseits in der Kontrolle dieser Berechtigungen durch das Führen von Logbüchern zu sehen ist. Speziell die letzte Methode, also das automatische Registrieren von Zugriffen, Veränderungen und wieder Abspeichern bei Daten und Programmen in Großsystemen, stellt die hauptsächlich praktizierte Form der automatisierten Kontrolle dar. Aufgrund des großen Umfangs der so entstehenden Kontrollinformationen kann jedoch die Effizienz dieser speziellen Kontrollart im Einzelfall angezweifelt werden.

Von den Kontrollmethoden her wurde weiterhin die Plan-Ist-Kontrolle behandelt. Ziel-Plankontrolle findet im Vorfeld der Erstellung einer Konzeption statt, wenn in Form eines Rückkopplungsprozesses geprüft wird, wieweit in das System eingebrachte Zielvorstellungen, vor allem solche der Führungsebenen, in der Soll-Konzeption ihre planerische Realisierung gefunden haben. Hier wird der Plan als die gedankliche Vorwegrealisierung in den Kontrollprozeß eingeführt.

Von der Kontrollbasis her sind Budgetkontrollen, Projektkontrollen und solche, die auf einem MbO-System beruhen, zu unterscheiden. Die beiden ersteren wurden bereits abgehandelt. Die in den Hauptkapiteln II. und III. dargestellten Methoden zur Entwicklung einer strategischen und operativen Konzeption bilden ein System, welches - dem MbO ähnlich - gestattet, die Verfolgung von Zielen auch dann wirksam vorzunehmen, wenn sie nicht rein quantitativer Natur sind. So gelten bei Zielsystemen die sog. Operationalisierungskriterien als Ansatzpunkte für eine Verfolgung der Zielerreichung im Sinne einer Kontrolle. Als typische Operationalitätskriterien gelten

- eine eindeutige, unmißverständliche Formulierung des Ziels,
- sofern eben möglich, eine Quantifizierung,
- die Terminierung des Zielerreichungszeitpunktes oder wesentlicher Meilensteine sowie
- ein realisationsfähiges Ziel-Anspruchsniveau, das zwar fordernd, nicht aber überfordernd sein soll.

Wenn bei der Konstruktion von Zielsystemen diese Operationalisierungskriterien beachtet werden, ermöglichen sie im Hinblick auf die hierin enthaltenen Kriterien Zielinhalt, Zielhöhe und Zieltermin eine effiziente Kontrolle. Ein Ziel gilt als um so operationaler, je mehr diese Kriterien verwirklicht sind. Die Bedeutung vor allem nicht quantitativer Ziele bei der Gestaltung von Organisationssystemen ist hoch. Viele sog. "Verbesserungsziele", die den Hauptinhalt von Zielen des organisatorischen Wandels darstellen, sind nur auf dem Weg eines möglichst operationalisierten Zielsystems in ihrer Erreichung zu kontrollieren.

Literaturhinweise:

HANNAN, J. (1986): S. 72 (Leistungskontrolle durch das Management)
SERFLING, K. (1983): (Stichwort: Kontrollmethoden)
SZYPERSKI, N., GROCHLA, E., HOMBERGER, H.-J. (1982): (Stichwort: Kontrolle)
VOSSBEIN, R. (1989/III): S. 116-118 (Methoden der Kontrolle)
WEYER, H., PÜTTER, P.S. (1983): S. 17-138 (Erfahrungen aus der Kontrollpraxis)

V. VORGEHENSWEISE DER ERSTELLUNG EINER BK-SYSTEM-KONZEPTION

1. ZIELSETZUNG UND PROBLEMATIK

In diesem abschließenden Teil sollen umsetzbare praktische Hinweise für die Erstellung einer BK-System-Konzeption gegeben werden. Aus den bisherigen Ausführungen geht hervor, wie umfangreich die Aufgabe der Erarbeitung einer Gesamtkonzeption ist. Hierzu gibt es eine Anzahl von unterschiedlich umfassend aufgebauten Hilfsinstrumenten, die - z.T. von Herstellern, z.T. von Softwarehäusern entwickelt - als einfache Analysesysteme oder computerunterstützt auswertbar den Prozeß der Erarbeitung einer Konzeption erleichtern. Einen Überblick über die im Jahre 1987 auf dem Markt befindlichen Unterstützungsinstrumente geben Schönecker/Nippa (Schönecker/Nippa, 1987), wobei auch hier die neuere Entwicklung auf diesem Sektor sowohl zu einer tendenziellen Veralterung dieser an sich sehr wertvollen Unterlage geführt hat und andererseits eine weitere Zahl von ähnlich gelagerten Systemen erarbeitet wurde. Es kann daher nur die Zielsetzung dieses Teils V. sein, die in den Teilen I. bis IV. gemachten Ausführungen abzurunden. Die in Schönecker/Nippa veröffentlichten Beiträge machen klar, daß auch die z.Zt. auf dem Markt befindlichen Unterstützungsinstrumente z.T. deutlich unterschiedliche Ausrichtungen haben: Einige dieser Werkzeuge sind auf die strategisch-konzeptionelle Phase konzentriert, andere haben ihre Hauptqualitäten in den analytischen Bereichen, wieder andere sind mehr auf die Konfiguration entsprechender Hardware- und Softwarelösungen ausgerichtet.

Die Problematik einer generellen Lösung ergibt sich daraus, daß

- unternehmensspezifische,
- größenspezifische,
- branchenspezifische sowie
- entwicklungsspezifische

Parameter zu berücksichtigen sind, die die Erarbeitung einer generellen Lösung schwierig, wenn nicht sogar unmöglich machen.

Die unternehmensspezifischen Parameter müssen allgemeine Managementgegebenheiten berücksichtigen und auf Fragen wie Innovationsbereitschaft, Dynamik und Veränderungsspielraum eingehen.

Die größenspezifischen Parameter müssen sich mit denjenigen Problemen in Analyse und Konzeption auseinandersetzen, die aus der Größenstruktur hervorgehen: So ist z.B. eine flächendeckende Analyse in Großunternehmen kaum möglich, andererseits sind aber die Notwendigkeiten einer konzeptionellen Lösung für Großunternehmen besonders deutlich.

Die branchenspezifischen Parameter ergeben sich aus den unterschiedlichen Bedürfnissen, die z.B. bei Produktionsunternehmen die Berücksichtigung von CIM-Entwicklungen notwendig erscheinen lassen, bei Dienstleistungsunternehmen dem Umstand Rechnung tragen müssen, daß hier das eigentliche Produkt die Serviceleistung - die Information - darstellt.

Die Entwicklung der spezifischen Parameter schließlich charakterisiert den Stand, den Daten- und Informationsverarbeitung in einem Unternehmen in der Vergangenheit erreicht haben und damit als Ausgangspunkt der weiteren Entwicklung im Positiven wie im Negativen angesehen werden müssen.

Diese Punkte machen es notwendig, ein jeweils unternehmensindividuelles Konzept zu erarbeiten, bei dem diese spezifischen Belange berücksichtigt werden müssen. Es ist weiterhin darauf hinzuweisen, daß die auf dem Markt befindlichen Instrumente zum Teil computerisiert auswertbar sind. Dies bedeutet einerseits, daß eine größere Anzahl von Untersuchungsfeldern kostengünstig analysiert werden kann, andererseits aber aufgrund der schlechten Strukturierbarkeit sich für viele Untersuchungsfelder hierdurch Begrenzungen ergeben. Die z.Zt. beste Möglichkeit würde daher in einem Methodenmix liegen, bei dem die schlecht strukturierten Bestandteile der Analyse und Konzeptionserstellung nicht standardisiert und ohne Computerauswertung erfolgen, während die standardisierbaren Untersuchungsbestandteile in Analyse und Auswertung computerunterstützt vorgenommen werden. Dieser Methodenmix ist aber wiederum etwas, was die Geschlossenheit der meisten Systeme nicht ohne weiteres gestattet.

2. KONKRETE PROBLEME DER KONZEPTIONSERSTELLUNG

2.1. Phasen der Konzeptionserstellung

Das Grobphasenschema der Abbildung 102 greift die Ausführungen der vorangegangenen Teile in einer zusammenfassenden Übersicht auf und strukturiert den gesamten Prozeß in eine

- vorkonzeptionelle,
- konzeptionelle und
- nachkonzeptionelle

Phase. Diese Phasen müssen im Prinzip durchlaufen werden, wobei das Schema dazu dient, die Verlaufslogik offenzulegen. Andererseits aber ist es möglich, je nach dem Entwicklungsstand des Unternehmens auf dem strategischen, organisatorischen und DV-spezifischen Sektor "Sprünge" einzubauen und verschiedene Phasen zu übergehen.

Grobphasenschema
Vorkonzeptionelle Phase - Hauptaufgabenstellung - Untersuchungsdesign - organisatorische Lösung (Team) - Zeitrahmen - Mittel für die Konzeptionserarbeitung
Konzeptionelle Phase - Strategieerarbeitungsphase - Zielerarbeitungsphase - Analysephase - Bewertungs-/Auswertungsphase - Sollkonzeptionserarbeitungsphase
Nachkonzeptionelle Phase - Realisation - Abweichungsanalyse und -kontrolle - Revision

Abb. 102: Grobphasenschema

Dies kann jedoch dann zu Problemen führen, wenn zu einem späteren Zeitpunkt erkannt wird, daß die Annahmen über das Vorhandensein von z.B. bestimmten Teilkonzeptionen unrealistisch waren und hierdurch im weiteren Verlauf konzeptionelle Lücken gefüllt werden müssen.

Die Abbildung 103 gliedert den wichtigsten Bestandteil - die Konzeptionsphase - weiter auf und geht auf die hierbei zu durchlaufenden Teilprozesse detaillierter ein. Die Phasen und Teilprozesse wurden in den Hauptkapiteln I. bis IV. ausführlich behandelt, so daß sich an dieser Stelle ein Eingehen auf sämtliche Teilgebiete erübrigt. Es sollen daher im folgenden nur noch diejenigen herausgegriffen werden, die durch spezifische Problemstellungen gekennzeichnet sind.

Konzeptionelle Phase
Strategieerarbeitungsphase - Unternehmensstrategie - DV-/Organisations-Strategie - BK-Systemstrategie
Zielerarbeitungsphase - Bestimmung der Ziele - Untersuchung der Zielinterdependenzen
Analysephase - Bestimmung des Analyseumfangs - Bestimmung der Analyseeinheiten - Festlegung der Analysemethoden - Durchführung der Analyse
Bewertungs-/Auswertungsphase - Schwachstellenauswertung - Verbesserungs-/Veränderungsmöglichkeiten - Bewertung
Sollkonzeptionserarbeitungsphase - Konzeptentwurf - Konzeptanalyse - Konzeptentscheidung

Abb. 103: Konzeptionsphase

2.2. Probleme der vorkonzeptionellen Phase

Einen Überblick über die Probleme, die in der vorkonzeptionellen Phase auftreten können, gibt die Abbildung 104. Die dort dargestellten Probleme lassen sich gruppieren nach solchen, die

- sich auf die Aufgabenstellung beziehen,
- durch die Führungs- und Mitarbeiterkompetenz des Unternehmens hervorgerufen werden,

- das Verhältnis des Unternehmens zu externen Beratern und Kompetenzträgern betreffen und
- sich auf die Zielvorstellungen und Kosten beziehen.

Probleme der vorkonzeptionellen Phase
1. Es gibt keine verabschiedete oder generell anerkannte Aufgabenstellung 2. Eine offizielle Aufgabenstellung wird nicht allgemein positiv beurteilt 3. Mitarbeiter, die ein Untersuchungsdesign entwickeln könnten, sind nicht vorhanden 4. Ein internes, kompetentes Team kann nicht aufgestellt werden 5. Die Kompetenz der Bereitschaft zur Beurteilung eines extern erstellten Untersuchungsdesigns fehlt 6. Ein extern eingekauftes Team findet keine kompetente interne Unterstützung 7. Es liegen unpräzise oder unrealistische Zeitvorstellungen vor 8. Die Kosten der Konzeptionserarbeitung werden unterschätzt oder Mittel nicht bereitgestellt

Abb. 104: Probleme der vorkonzeptionellen Phase

Probleme aus der Aufgabenstellung sind vor allem dann kritisch, wenn die Führungsschicht des Unternehmens nicht geschlossen und positiv dem gesamten Projekt gegenübersteht. Wieweit dieses Ursache oder Folge eines Kompetenzproblems ist, wird sich nicht immer eindeutig beantworten lassen. Besonders negativ ist aber, wenn interne Mitarbeiter, die Kompetenz und Bereitschaft in ein Team einbringen könnten, nicht oder nur in zu geringem Umfang vorhanden sind. Dies führt dazu, daß meist dann auch extern eingekaufte Kompetenz nicht die benötigte Unterstützung findet, so daß die Produktivität der Externen sinkt.

Mangels Kenntnis wird darüber hinaus oft die Zeit, die zur Erarbeitung und Verabschiedung einer solchen Konzeption benötigt wird, unterschätzt. Hier ist es in Großunternehmen durchaus notwendig, in Jahreszeiträumen zu denken, ohne daß bereits nennenswerte Schritte zur Realisierung im Verlauf dieses Zeitraums getan werden können. Auch die Kosten der Konzeptionserarbeitung werden häufig unterschätzt, was zu mangelnder Effizienz des gesamten Projektes führen kann.

2.3. Probleme der konzeptionellen Phase

Die Probleme der konzeptionellen Phase beziehen sich auf
- die Ziele,
- die Durchführung der Analyse,
- die erreichbaren Resultate sowie

- die Veränderungsmöglichkeiten und den Veränderungswillen im Management.

Probleme der konzeptionellen Phase
1. Verabschiedete Ziele (ein Zielsystem) liegen nicht vor 2. Das Topmanagement ist nicht willens oder unfähig, Ziele zu erarbeiten/erarbeiten zu lassen und zu verabschieden 3. Eine flächendeckende Analyse ist nicht durchführbar 4. Eindeutige Bestimmungsparameter für eine selektiv durchzuführende Analyse liegen nicht vor 5. Aufgrund unzureichender Unterstützung durch Teile des Topmanagements sind bei einzelnen/einer größeren Zahl von Analyseeinheiten Schwierigkeiten zu erwarten 6. Die Vorstellungen über Schwachstellen und ihre Beseitigung sind unrealistisch 7. Die Spielräume für Verbesserungen/Veränderungen sind gering 8. Es bestehen bei den Entscheidern falsche/unrealistische Vorstellungen über das Rationalisierungspotential 9. Es bestehen falsche/keine Vorstellungen in bezug auf die technischen Möglichkeiten 10. Die Bereitschaft, sich mit der entwickelten Konzeption auseinanderzusetzen, ist gering

Abb. 105: Probleme der konzeptionellen Phase

Es zeigt sich in vielen Unternehmen, daß das Top-Management häufig weder bereit noch fähig ist, an einem Zielerarbeitungsprozeß produktiv mitzuwirken. Dies führt dazu, daß das betreffende Team bei der Zielerarbeitung zum Teil Kompetenzen übernehmen muß, die ihm de facto nicht zustehen.

Ein weiteres Problem liegt in der Bestimmung der Analyseeinheiten, wenn eine flächendeckende Analyse nicht durchgeführt werden kann. Hierbei besteht das Problem, repräsentative Teilbereiche auszuwählen und die Analyseergebnisse extrapolieren zu müssen. Vor allem aber ist es notwendig, daß das Analyseteam eine hinreichende organisatorische und motivationale Unterstützung durch die Führungsschicht erfährt.

Es zeigt sich oft, daß die Vorstellungen über die Möglichkeiten der neuen Technologie, Schwachstellen beseitigen zu können und positive Resultate in einer weitgehend unveränderten Organisation zu erreichen, unrealistisch sind. Dies liegt häufig an zu geringen Spielräumen für Verbesserungen und Veränderungen.

Da Veränderungen immer Unruhe und Störungen im gewohnten Unternehmensalltag mit sich bringen, besteht auch im Top-Management häufig nur eine geringe Bereitschaft, sich mit der entwickelten Konzeption positiv-kritisch auseinanderzusetzen. Wenn dies nicht geschieht, ist es denkbar, daß wesentliche Verbesserungspotentiale nicht genutzt werden und die entsprechenden Maßnahmen "im Sand" verlaufen. Die Binsenweisheit, daß viele Unternehmensschwächen eigentlich Managementschwächen sind, findet auf dem Sektor der Beschäftigung mit Datenverarbeitung und Bürokommunikation eine breite Bestätigung, zumal hier häufig noch eine mangelnde Kenntnis der zugrunde liegenden Technologie gegeben ist.

Oft treten Probleme auch dadurch auf, daß die Diskussion der Analyseergebnisse und ihre Bewertung im Hinblick auf die hieraus für die Konzeption zu ziehenden Schlußfolgerungen aufgrund der schlechten Strukturierung der Probleme im Team und/oder im Management stark unterschiedlich sind. Die Klärung dieser Frage ist vor der Verabschiedung der Analyseberichte unumgänglich notwendig.

2.4. Probleme der nachkonzeptionellen Phase

Die Probleme der nachkonzeptionellen Phase, d.h. die der Realisierung, Kontrolle und Revision, lassen sich in ihrer Vielfalt kaum alle darstellen. Die Abbildung 106 gibt einen Überblick über einige der Hauptprobleme. So ist es möglich, daß die Realisation auf unvorhergesehene Schwierigkeiten verschiedener Art stößt. Die Ursache hierfür liegt meist in einer falschen Realisationsplanung, in dem verwendeten Umsetzungsverfahren oder in falscher Terminierung. Auch ist es denkbar, daß Akzeptanzprobleme auftauchen, die vorher aufgrund allgemeiner Erfahrungen mit Veränderungen so nicht gesehen wurden.

Probleme der nachkonzeptionellen Phase
1. Die Realisation stößt auf unvorhergesehene organisatorische, personelle, finanzielle oder terminliche Schwierigkeiten 2. Es gibt technische, funktionale oder Akzeptanzprobleme 3. Die geplanten Auswirkungen auf den Sektoren - Rationalisierung personeller Art - Kosteneinsparungen oder - Nutzenerwartungen treten nicht ein 4. Änderungen im Zielsystem lassen geplante Veränderungen unerwünscht/unmöglich werden

Abb. 106: Probleme der nachkonzeptionellen Phase

Eines der bedeutendsten Probleme dürfte darin liegen, daß die geplanten und erwarteten Auswirkungen auf den verschiedensten Sektoren nicht eintreten. Allerdings ist darauf hinzuweisen, daß in nur wenigen Unternehmen eine wirklich ernst zu nehmende Kontrolle im Sinne einer Plan-Ist-Gegenüberstellung erfolgt. So zeigt sich immer wieder, daß z.B. Kosten-Nutzen-Rechnungen im Unternehmen angestellt werden, bei denen die erwarteten Nutzen mangels Kontrollinstrument nicht nachvollzogen werden und die geschätzten Kosten aufgrund veränderter Kostenstrukturen einer Realisierungsprüfung nicht unterzogen werden. Auch bezüglich der Realisierung von Nutzenerwartungen zeigt sich, daß ihre Kontrolle häufig am Problem der Zurechenbarkeit von bestimmten Bedingungen scheitert: So ist es meist nicht möglich, das gesamte Bedingungsumfeld hinreichend konstant zu halten, um eingetretene Veränderungen in den Nutzenkategorien den ergriffenen Maßnahmen zuordnen zu können. Auch treten im Verlaufe der Zeit häufig Änderungen im Zielsystem ein, die dazu führen, daß ursprünglich vorgesehene oder geplante Veränderungen unerwünscht bzw. unmöglich werden.

3. VORGEHENSWEISE (PROZESSVERLAUF)

Der im folgenden dargestellte Prozeßverlauf ist modular aufgebaut. Die einzelnen, aus dem Phasenkonzept hervorgehenden Module M0 bis M7 sind so strukturiert, daß zunächst der jeweilige Modulblock vorgestellt wird, der dann durch weitere Ablaufdiagramme, Checklisten, Analyseformulare oder Kontrollisten ergänzt wird. Hierbei ist in den einzelnen Teilen keine Vollständigkeit vorgesehen: Diese wird im Prinzip nur in der Struktur der Module gegeben; die beigefügten Hilfsmittel haben weitgehend exemplarischen Charakter und sollen unternehmensspezifisch sowie problemadäquat ergänzt und ausgebaut werden. Zur Ergänzung und zum Ausbau sei insbesondere auf die Teile I. bis IV. verwiesen.

M0: Vorgehensweise	
Erarbeiten der BK-System-Strategie	M1
Ableiten der Zielsetzungen auf Basis der BK-System-Strategie	M2
Durchführung der Analyse	M3
Auswertung/Bewertung der Analyse-Ergebnisse	M4
Erarbeitung der Konzeption	M5
Erstellung des Realisationskonzeptes	M6
Durchführung von Kontrolle und Revision	M7

M1: Erarbeiten der BK-System-Strategie
Auswerten / hilfsweise Erstellen der DV-/Organisations-Strategie der Unternehmung Ableiten / Erstellen der Bereichsstrategie BK-Systeme Diskutieren /Verabschieden der BK-System-Strategie

Checkliste C1: Strategie-Erarbeitung

1. **Besteht eine verabschiedete Unternehmensstrategie?**
   - Ja → **anfordern und auswerten**
   - Nein ↓

2. **Welche Ziele (maximal 5) können als Unternehmensstrategie angesehen werden?**

3. **Welche dieser Strategieziele dürften allgemein anerkannt sein, welche sind nicht generell akzeptiert (mit Begründung)?**

4. **Welche Ziele (maximal 5) können als**
   - DV-Strategieziele
   - Organisations-Strategieziele
   angesehen werden?

5. **Welche dieser Ziele dürften generell nicht akzeptiert sein (mit Begründung)?**

6. **Gibt es zwischen diesen Zielen negative (Zielkonflikte, Widersprüche) oder positive Zusammenhänge?**
   Bitte Zusammenhänge mit Begründung offenlegen.

7. **Welche BK-Systemstrategie läßt sich**
   - aus der Unternehmensstrategie
   - unter Berücksichtigung der DV-/Organisations- Strategieziele
   ableiten? (Charakteristik und maximal 5 Strategien)

8. **Welche dieser Strategiebestandteile stoßen innerhalb des Teams auf Widerstände (mit Begründung)?**

9. **Welche Position ist von den Mitgliedern des Führungsgremiums hinsichtlich der Strategieziele zu erwarten?**

10. **Sind zwischen dem Führungsgremium und dem Team unterschiedliche Positionen bezüglich der Ziele zu erwarten?**

M2: Ableiten der Zielsetzungen auf der Basis der BK-System-Strategie
Erarbeiten der Grobziele Ableiten der Teilziele - Rationalisierungsziele - Verbesserungsziele - Wirtschaftlichkeitsziele - Technologieziele - Sicherheitsziele Prüfung der Zielinterdependenzen Gruppierung der Ziele nach - Analysezielen - Konzeptionszielen - Realisationszielen Diskussion / Verabschiedung des BK-System-Zielsystems
Vorgehen mit einer modifizierten M1-Checkliste unter besonderer Berücksichtigung der Bereiche Organisation und DV/Informationssysteme.

M3: Durchführung der Analyse
Festlegung der Analyseeinheiten - Organisationsebenen - Bereiche / Arbeitsplätze - Prozesse Festlegung der Analysemethoden durch Koppelung von - Analysezielen und - Analyseeinheiten Durchführung der Analyse - generelle und spezielle Schwachstellenanalyse - Aufgaben-/Funktionsanalyse - Ablauf-/Prozeßanalyse - Kommunikationsanalyse - Sicherheitsanalyse Darstellung der Analyseergebnisse

Checkliste C3: Durchführung der Analyse

1. Kann auf festgelegte Untersuchungseinheiten zurückgegriffen werden?

   Ja → Analyse vornehmen

   ↓ Nein

2. Welche möglichen Untersuchungseinheiten (s. Entscheidungsparameter)
   - sind von großer Bedeutung für das Unternehmen
   - haben einen relativ hohen Personalaufwand
   - haben einen hohen Expansionsgrad (Arbeitsumfang)
   - zeigen hohe Kostensteigerungsraten
   - haben große Bedeutung für die Zukunftssicherung
   - weisen eine hohe DV- und PC-Unterstützung auf?

   ↓

3. Welche Rangordnung der möglichen Untersuchungseinheiten ergibt sich aus der Zuordnung der Parameter zu 2.?
   Sind bei diesen Einheiten
   - der Kommunikationsgrad hoch
   - die Aufgaben formalisierbar

   Auswahl der Untersuchungseinheiten auf Basis möglichst vieler dieser Parameter

   ↓

4. Speziell für Sachbearbeiter und nachgeordnete Organisationsebenen:
   Welche möglichen Untersuchungseinheiten
   - haben intensive Kommunikationsbeziehungen
   - weisen hohe Fehlerquoten in standardisierbaren Bereichen auf
   - zeigen lange Bearbeitungszeiten/Liegezeiten
   - haben hohen Anteil an repetitiven Vorgängen?

   ↓

5. Welche Analysemethoden/-methodenkombination
   - Befragung
   - Beobachtung
   - Selbstaufschreibung
   - Dokumentenanalyse

   sind im Hinblick auf die festgelegten Untersuchungseinheiten (Arbeitsplätze/Arbeitsplatzgruppen) und die Zielsetzungen anzuwenden?

   ↓

6. Welche Darstellung der Analyseergebnisse ist im Hinblick auf
   - die gewählten Analysemethoden
   - die Analyseergebnisse
   - den Leser-/Empfängerkreis
   - den gewünschten Zweck/die Zielsetzung
   - die Darstellungsmittel/-hilfsmittel

   zu wählen?

Entscheidungsparameter zur Checkliste C3 (Fragen 1-8)

1. Die Untersuchungseinheiten sind klar von der UL vorgegeben/werden mit ihr festgelegt.

2. Die Entscheidung erfolgt auf der Basis einer ABC-Aufgabenanalyse. Die Aufgaben (Untersuchungseinheiten) werden eingeteilt in die Kategorien
   - herausragende Bedeutung
   - zweitrangige Bedeutung
   - kaum von Bedeutung

   für das Unternehmen.
   Als Beurteilungskriterien lassen sich z.B. Umsatz, Gewinn und Deckungsbeitrag heranziehen.

3. Der Kommunikationsgrad kann erfaßt werden durch das Kommunikationsvolumen und die Kommunikationsrichtung.
   Folgende Parameter können festgelegt werden:
   - Anzahl der übertragenen Bits, Textseiten, Graphiken etc.
   - Häufigkeit (pro Tag, Woche, Monat, etc.)
   - zeitliche Dauer der Kommunikationsvorgänge
   - Anteil der Kommunikationskanäle.

4. Zur Feststellung der Formalisierbarkeit einer Aufgabe muß erhoben werden, wie hoch die Anteile repetitiver Vorgänge innerhalb der Aufgabe (Untersuchungseinheit) sind.
   Dazu zählen
   - Suchen von Informationen
   - Bearbeiten von Dokumenten
   - Textverarbeitung etc.

5. Im Bürobereich stellen die Personalkosten den höchsten Anteil an den Gesamtkosten dar. Zielsetzung ist, durch Verbesserungen des Arbeitsablaufs zu spürbaren Senkungen der Personalkosten zu kommen.

6. Expandierende Einheiten neigen zum Aufbau eines organisatorischen Chaos. Organisatorische Maßnahmen sollen möglichst frühzeitig festgelegt werden, um mögliche Fehlentwicklungen rechtzeitig zu unterbinden.
   Die Auswahl der Untersuchungseinheiten kann nur von der UL vorgenommen werden.

7. Untersuchungseinheiten mit hohen Kostensteigerungen sind eine latente Gefahr für das Betriebsergebnis. Deshalb sollten solche Untersuchungseinheiten auf Verbesserungen untersucht werden. Die Auswahl einer Untersuchungseinheit nach diesem Kriterium kann anhand der Kostenträgerrechnung oder Kostenstellenrechnung vorgenommen werden. Dabei wird jedoch ein funktionierendes Rechnungswesen vorausgesetzt.

8. Die Mitarbeiter in Bereichen mit hoher DV- und PC-Unterstützung sind den Umgang mit moderner Technologie gewöhnt und haben eine geringere Akzeptanzschwelle.
   Als Beurteilungskriterien können
   - die Anzahl der verfügbaren Geräte,
   - die Art der Geräte,
   - die Nutzungshäufigkeit der Maschinen,
   - die Netzstruktur des Systems etc.

   herangezogen werden.

M4: Auswertung/Bewertung der Analyseergebnisse
Herausarbeiten im Analyseteam von - Verbesserungsnotwendigkeiten - Rationalisierungsmöglichkeiten - Verbesserungsmöglichkeiten durch • organisatorische und • technikunterstützte Maßnahmen Diskussion der Ergebnisse mit - Unternehmensführung - betroffenen Bereichen - betroffenen Mitarbeitern Klärung von - offenen Fragen - Dissens in der Beurteilung Anpassung der Analyseergebnisse und deren Bewertung Verabschiedung des Analyseberichtes

Checkliste C4: Auswertung/Bewertung der Analyseergebnisse

1. Welche Verbesserungsnotwendigkeiten (Schwachstellenbeseitigungen) ergeben sich? Welche Maßnahmen führen zu diesen Verbesserungen?

↓

2. Welche Verbesserungs- und Rationalisierungsmöglichkeiten sind bei Einsatz welcher Maßnahmen gegeben?

↓

3. Welche der unter 1. und 2. aufgeführten Notwendigkeiten oder Möglichkeiten
   - sind stark kontrovers in der Beurteilung
   - bedürfen der Zustimmung spezieller Institutionen (Kapitalgeber, Arbeitnehmervertreter, Geschäftspartner)?

↓

4. Welche Maßnahmen sind stark kontrovers
   - in ihrer Wirksamkeit/ihrem Sinn
   - in ihrer Durchsetzbarkeit?

↓

5. Lassen sich die Dissense unter 3. und 4. beseitigen oder müssen sie in die Ergebnisdarstellung eingearbeitet werden?

↓

6. Ist es möglich, einen einheitlichen, "akzeptierten" Ergebnisbericht zu verabschieden?

M5: Erarbeitung der Konzeption
Erarbeitung der Teilkonzeptionen (TK) - technische TK - wirtschaftlich-finanzielle TK - organisatorische TK - personelle TK - sicherheitsspezifische TK - terminliche TK Diskussion mit - Unternehmensleitung - betroffenen Bereichen - betroffenen Mitarbeitern Revision der Teilkonzeption Erstellung und Verabschiedung der Gesamtkonzeption Realisation

Checkliste C5: Erarbeitung der Konzeption

1. Nimmt die technische Konzeption zu allen
   - Lösungsmöglichkeiten (Medien, ...) aktueller Art
   - Technikprojektionen/-erwartungen
   - Technikproblemen (Kompatibilität, Zukunftssicherheit)

   Stellung? Geht sie auch auf die Ablehnungen technischer Lösungen (mit deren Begründung) ein?

2. Werden die Lösungen
   - wirtschaftlich (Kosten, Ergebnisse) analysiert
   - finanziell (Mittelbedarf, -verteilung, Risiken) begründet?

3. Werden die Verbindungen zwischen technischer Lösung, wirtschaftlich-finanzieller Begründung und organisatorischen Konsequenzen aufgezeigt? (Was passiert, wenn die Mittelbewilligungen zu Teillösungen oder Zeitverschiebungen führen?)

4. Werden die organisatorischen und personellen Auswirkungen einschließlich der Maßnahmenkataloge und ggf. Mitwirkungs-/Absprachenotwendigkeiten aufgezeigt?

5. Werden Sicherheitsprobleme nach
   - Gefährnisgebieten
   - Sicherheitskonsequenzen
   - finanziellen Auswirkungen
   - Lösungsmöglichkeiten

   offengelegt?

6. Ist der Terminplan stimmig, hinreichend flexibel, aber exakt durchgeplant?

7. Wurden die Teilkonzeptionen mit den betroffenen Bereichen abgestimmt?

8. Welche Bestandteile der Konzeption werden zu Problemen
   - bei der Durchführung
   - im Entscheidungsgremium

   führen und warum? Lassen sich die Probleme ohne Einbuße an Qualität vermeiden?

9. Ist klar festgelegt, wer
   - Entscheider
   - Umsetzer/Mitwirkender
   - aktiv und passiv Betroffener

   sein muß/ist? Werden Hilfen benötigt?

10. Wurde die Konzeption so verabschiedet, daß Revisionen überflüssig sind?
    Wenn nein, wurden die Entscheider über die Folgen der vorzunehmenden Revisionen aufgeklärt?

M6: Realisation/Umsetzung
Verantwortlichkeitszuordnung Herausstellung von Kontrollmeilensteinen Durchführung von - Maßnahmenplan gemäß - Terminplan

Checkliste C6: Realisation/Umsetzung
1. Sind die Verantwortungszuweisungen klar, eindeutig und sachlich richtig?
↓
2. Benötigen die Verantwortlichen (unvorhergesehene) Unterstützung?
↓
3. Erweisen sich die Verantwortlichen als kompetent?
↓
4. Sind die Kontrollmeilensteine - sachlich - zeitlich richtig gewählt?
↓
5. Greifen die vorgesehenen Maßnahmen gemäß Zielsetzung?
↓
6. Sind die vorgesehenen Kontroll- und Revisionstermine ausreichend/richtig?

M7: Durchführung von Kontrolle und Revision
Feststellung der Abweichungen vom Plan nach - Zielniveau - Terminen - Kosten/Mittel Untersuchung der Abweichungsursachen Beurteilung der Schädlichkeit/Unschädlichkeit für den Restplan Vornahme der Revisionsmaßnahmen - Zielrevision - Mittelrevision - Maßnahmenrevision Diskussion und Verabschiedung des revidierten Konzeptes

Checkliste C7: Kontrolle und Revision

1. Welche Abweichungen in bezug auf
- **Zielinhalte/Zielniveaus in Zusammenhang mit**
- **Zielterminen**

sind festzustellen?

↓

2. Welche Kostenabweichungen/Mittelbeanspruchungen sind eingetreten?

↓

3. Bestehen bezüglich der Ziele, Termine und Kosten/Mittel nachweisbare Zusammenhänge in bezug auf die Abweichung (z.B. spätere Zielerreichung, geringerer Mittelabfluß)?

↓

4. Wo liegen die Ursachen der festgestellten Abweichungen?

Handelt es sich um
- **Fehlplanungen/Planungsschwächen**
- **unvorhergesehene Störfaktoren**
- **unzureichende (personelle oder sachliche) Ressourcen**
- **Ursachenkausalketten (außerhalb des Projektes liegende Ursachen) mit Auswirkungen auf das Projekt?**

↓

5. Sind die festgestellten Abweichungen und Abweichungsursachen im weiteren Verlauf
- **kompensierbar/unschädlich**
- **Notwendigkeiten für Revisionsmaßnahmen in Form von**
  - **Zielrevisionen**
  - **Mittelrevisionen (Ressourcen)**
  - **Maßnahmenrevisionen?**

↓

6. Wie wirken sich diese Revisionen auf den weiteren Verlauf aus?

↓

7. Können die Auswirkungen vom Projektteam vertreten/verantwortet werden oder wird eine erneute Diskussion im Entscheidungsgremium notwendig?

↓

8. Lassen sich aus dem bisherigen Projektverlauf grundsätzliche, projektübergreifende Schlußfolgerungen ziehen/Handlungsnotwendigkeiten ableiten?

Hiermit ist der Überblick über die praktischen Hilfen abgeschlossen. Es ist bei dem Umfang des Gebietes kaum möglich, im Rahmen einer Übersicht Vollständigkeit beanspruchen zu wollen. So sind die hier dargestellten Hilfen als Anregungen gedacht. Falls die Erstellung einer Systemkonzeption vorgenommen werden soll, sei zusätzlich zu den in diesem Buch gegebenen systematischen und praxisorientierten Anregungen auf den Markt verwiesen: Außer einer Vielzahl von Herstellern haben auch eine beachtliche Anzahl von Softwarehäusern und Beratungsunternehmen analytische und konzeptionelle Instrumente entwickelt, die sowohl herstellerneutral als auch -spezifisch teils lediglich BK-Analysen teils aber auch BK-Konfigurationsvorschläge erstellen (vgl. hierzu auch Teilkap. IV.1.). Neuere Gesamtübersichten zu diesem Thema (Schönecker/Nippa, 1987) liegen nicht vor, obwohl sich inzwischen weitere Systeme auf dem Markt befinden, die z.T. expertensystemähnlich aufgebaut sind. Erwähnenswert ist in diesem Zusammenhang, daß auch auf die spezifischen Belange von Mittelunternehmen abgestellte Modelle verfügbar sind. Falls in einem Umternehmen nicht eindeutig das betreffende Know-how und die Personal-Ressourcen vorhanden sind, um derartige umfangreiche Analyse- und Planungsvorhaben durchzuführen, ist der Einkauf von Kompetenz dem reinen Do-it-yourself vorzuziehen.

ABBILDUNGSVERZEICHNIS

Abb. 1: Charakteristik der Büroarbeit ... 2
Abb. 2: Aufgaben- und Arbeitskräftetypologie in der Büroarbeit ... 6
Abb. 3.1: Variable Aufgabentypologie für Führungskräfte ... 7
Abb. 3.2: Variable Aufgabentypologie für Fachkräfte/Spezialisten ... 7
Abb. 3.3: Variable Aufgabentypologie für Sachbearbeiter ... 8
Abb. 3.4: Variable Aufgabentypologie für Unterstützungskräfte ... 8
Abb. 4: Einsatzprinzipien ... 11
Abb. 5: Entwicklung von Bürokommunikationssystemen ... 17
Abb. 6: Kommunikationsschema (einfaches und komplexes) ... 19
Abb. 7: Netzstrukturen ... 21
Abb. 8: Bestandteile einfacher Netze ... 22
Abb. 9: Systemstruktur-Varianten in der BK ... 23
Abb. 10: Kommunikations-Infrastruktur ... 24
Abb. 11: Strukturbeispiel einer Netzkonzeption ... 25
Abb. 12: Bürokommunikationskonzept ... 30
Abb. 13.1: Strategische Komponente ... 30
Abb. 13.2: Technologie-Komponente ... 31
Abb. 13.3: Betriebswirtschaftliche Komponente ... 31
Abb. 13.4: Organisatorische Komponente ... 31
Abb. 13.5: Datensicherheitskomponente ... 32
Abb. 13.6: Methodische Komponente ... 32
Abb. 14: Komponenten des BK-Strategie-Konzeptes ... 35
Abb. 15: Prozeßablauf der Entwicklung von BK-Strategien ... 41
Abb. 16: Bürobasistätigkeiten und Technologieunterstützungen ... 49
Abb. 17: Technologie-Komponente (Hardware) ... 51
Abb. 18: Hardwarestruktur eines DV-Systems ... 55
Abb. 19: Hardware im Wandel ... 56
Abb. 20: Hardware im Wandel (Peripherie-Geräte) ... 57
Abb. 21: ISO-Referenzmodell ... 59
Abb. 22: Das ISO-Referenzmodell ... 60
Abb. 23: Software-Arten-Konzeption ... 63
Abb. 24: Bestimmungsgründe für Software ... 66
Abb. 25: Anwendungen und Lösungen der Groß-DV ... 69
Abb. 26: Charakteristika der IDV-Lösung ... 71
Abb. 27: Kommunikationsware-Konzeption ... 73

Abb. 28: CSMA/CD- und Token-Verfahren ... 76
Abb. 29: Topologien, Übertragungsmedien und Zugriffsverfahren ... 77
Abb. 30: Bestandteile von Kommunikationssystemen (Beispiele) ... 79
Abb. 31: Datenbanksystem-Konzeption ... 82
Abb. 32: Struktur von Datenbanksystemen ... 85
Abb. 33: Modelle der Datenorganisation ... 86
Abb. 34: Verwaltung von lokalen Datenbeständen ... 87
Abb. 35: Betriebswirtschaftliche Konzeption ... 90
Abb. 36: Kennzahlen der BK (Beispiele) ... 92
Abb. 37: Investitionsplan ... 94
Abb. 38: Investitionsplan (Phasen und Jahre) ... 96
Abb. 39: Budgetplan ... 99
Abb. 40: Wirtschaftlichkeitsrechnungen und Nutzenanalysen ... 101
Abb. 41: Kosten des Systems ... 102
Abb. 42: Kostenvergleichsrechnung (Beispiel) ... 103
Abb. 43: Produktivitätsverbesserungen ... 104
Abb. 44: Rechenbeispiel ... 105
Abb. 45: Gesamtentwicklung Kosten/Nutzen ... 106
Abb. 46: Nutzen von BK-Systemen ... 108
Abb. 47: Verfahren der Nutzwertanalyse (Ablaufschema) ... 110
Abb. 48: Qualitative Nutzenkomponenten ... 111
Abb. 49: Skalierung der Nutzenkomponenten ... 112
Abb. 50: Beispiel Alternativenbewertung ... 112
Abb. 51: Organisatorische Komponente ... 117
Abb. 52: Computerunterstützung von Führungsaufgaben ... 119
Abb. 53: Tätigkeiten ... 122
Abb. 54: Produktivitätsverbesserung durch BK-Einsatz ... 124
Abb. 55: Produktivitätsverbesserung durch BK-Einsatz ... 126
Abb. 56: Stellentypisierung nach Aufgaben ... 129
Abb. 57: Ausprägung von Stellenaufgaben ... 130
Abb. 58: Stellentypischer Arbeitsablauf (Beispiel) ... 131
Abb. 59: Einfaches Durchlaufzeitenmodell ... 134
Abb. 60: Durchlaufzeitenminimierung ... 135
Abb. 61: Vorgangs-/Prozeßbearbeitungsanalyse ... 136
Abb. 62: Vorgangsanalyse nach Tätigkeiten (Beispiel) ... 139
Abb. 63: Prozeßablauf ohne BK/IST ... 141
Abb. 64: Prozeßablauf mit BK/Soll ... 142

Abb. 65: Beispiel für eine Auftragsabwicklung 143
Abb. 66: Alternativen zur Erstellung eines Sitzungsprotokolls 144
Abb. 67: Akzeptanzprobleme 150
Abb. 68: Struktur des Informationsverhaltens 155
Abb. 69: Qualifikationsveränderungen durch Technikeinsatz 158
Abb. 70: Datensicherheitskonzeption 161
Abb. 71: Struktur des Sicherheitsproblems in der BK 162
Abb. 72: Analyse der Gefährdungsursachen 164
Abb. 73: Datensicherheit nach dem Prinzip des MbE 168
Abb. 74: Definition der Sicherheitsstufen 169
Abb. 75: Sicherheitsszenario für Arbeitsplätze (Beispiele) 170
Abb. 76: Sicherheitsumgebung für AP-Rechner 171
Abb. 77: Anwendung von Methoden der Informationsgewinnung 174
Abb. 78: Methoden der Istanalyse (Beispiele) 177
Abb. 79: REFA-Standardprogramm Multimomentaufnahme 180
Abb. 80: Methoden der Informationsdarstellung 186
Abb. 81: Zusammenhang Organisationssynthese - Sollkonzeption 189
Abb. 82: Phasen der Sollkonzeption 193
Abb. 83: Morphologischer Kasten 194
Abb. 84: Phasen der Organisation von Projekten 197
Abb. 85: Struktur von Projekten 198
Abb. 86: Tätigkeitsliste von Projekten (Beispiel) 199
Abb. 87: Gantt-Diagramm in der Projektorganisation (Beispiel) 200
Abb. 88: Personalstruktur von Projektteams 201
Abb. 89: Netzplan für Kosten und Kapazitäten auf Basis eines Balkendiagramms 203
Abb. 90: Kontroll- und Berichtsmittel 204
Abb. 91: Projektbericht (Phasenstruktur) 205
Abb. 92: Das Planungssystem des Unternehmens 207
Abb. 93: Planungsmethoden des Einsatzes von BK-Systemen 208
Abb. 94: Bedeutung der Planungsmethoden für BK-Projekte 209
Abb. 95: Beurteilungsmatrix zur Prioritätenfestlegung 212
Abb. 96: Input-/Outputbetrachtung von BK-System-Planungen 213
Abb. 97: Charakter von Investitionen in BK-Systeme 217
Abb. 98: Anwendung von Methoden der Investitionsrechnung bei BK-Systemen 219
Abb. 99: Kriterien für Zentralisierung/Dezentralisierung von BK-Budgets 221

Abb. 100: Planung des organisatorischen Wandels 223
Abb: 101: Kontrolle 226
Abb. 102: Grobphasenschema 231
Abb. 103: Konzeptionsphase 232
Abb. 104: Probleme der vorkonzeptionellen Phase 233
Abb. 105: Probleme der konzeptionellen Phase 234
Abb. 106: Probleme der nachkonzeptionellen Phase 235

LITERATURVERZEICHNIS

ACKER, H.B. (1978): Organisationsanalyse: Verfahren und Techniken praktischer Organisationsarbeit, 9. Aufl., Baden-Baden und Bad Homburg vor der Höhe 1978

ANDERS, W. (1983): Kommunikationstechnik und Organisation, Forschungsprojekt Bürokommunikation, Bd. 3, München 1983

BAUER, W. (1986): Kosten-/Nutzenaspekte als Grundlage für die Einführung von Personal-Computer-Lösungen, in: Heilmann, H. (Hrsg.) 1986, S. 84-92

BECKER, M.; HABERFELLNER, R.; LIEBETRAU, G. (1988): EDV-Wissen für Anwender, 8. Aufl., Zürich 1988

BENZ, C. (1982): Ergonomische Gestaltung der Mensch-Maschine-Schnittstellen bei Systemen der Bürokommunikation, in: Reichwald, R. (1982), S. 71-92

BERENDES, S. (1988): Konzipierung und Einführung von Bürosystemen in Non-Profit-Organisationen, Bergisch-Gladbach, Köln 1988

BESSAI, B. (1986): Auswirkungen der verteilten/dezentralisierten DV auf die Wirtschaftlichkeit des EDV-Einsatzes, in: Heilmann, H. (Hrsg.) 1986, S. 16-29

BIETHAHN, J. (1988): Einführung in die EDV für Wirtschaftswissenschaftler, 5. Aufl., München 1988

BODEM, H. u.a. (1985): Kommunikationstechnik und Wirtschaftlichkeit, Forschungsprojekt Bürokommunikation, Bd. 5, München 1985

BOLLINGER, H. (1987): Einsatz neuer Techniken im Büro, Baden-Baden 1987

BORNHEIM, W.; VOSSBEIN, R. (1986): Entscheidungshilfen beim Bürocomputereinsatz, Schriftenreihe: Bürokommunikation, Manager-Info, 5. Heft, 2. Aufl., Köln 1986

BÜCH, E. (1986): Integration der Bürotechnik zur Produktivitäts- und Wirtschaftlichkeitssteigerung, in: Heilmann, H. (Hrsg.) 1986, S. 44-53

CURTH, M.; WEISS, B. (1987): PC-gestützte Managementtechniken, München 1987

DARAZS, G. (1987): Einführung in die Bürolandschaft von heute und morgen, Schriftenreihe: Manager-Info, 1/2. Heft, Bürokommunikation, 3. Aufl., Köln 1987

DIETERLE, G. (1985): Local Area Networks (LAN), Schriftenreihe: Bürokommunikation, Manager-Info, 3. Heft, 2. Aufl., Köln 1985

DOSTAL, W. (1986): Beschäftigungspolitische Bedingungen des Einsatzes moderner Technik, in: Ulrich, E., Bogdahn, J. (Hrsg.) 1986, S. 161-183

DWORATSCHEK; BÜLLESBACH; KOCH u.a. (1985): Personalcomputer und Datenschutz, Schriftenreihe Bürokommunikation, Manager-Info, 6. Heft, Köln 1985

ENDERLEIN, H. (1989): Kommunikation als Hilfsmittel der Organisation, in: Voßbein, R.; Leschke, H. (Hrsg.) 1989, S. 155-188

FORNFEIST, M. (1985): Kommunikationstechnik und Aufgabe, Forschungsprojekt Bürokommunikation, Bd. 7, München 1985

FORST, H.-J. (Hrsg.) (1988): Bürokommunikation in Unternehmen und Verwaltung, Stand und Entwicklungen; Arbeitsgemeinschaft vom 18.1.-8.2.1988, VDE-Bezirksverein, Frankfurt, Berlin 1988

FRESE, E. (1987): Grundlagen der Organisation, 3. Aufl., Wiesbaden 1987

GERKEN, W. (1988): Systemanalyse, Bonn 1988

GERNET, E. (1987): Das Informationswesen in der Unternehmung, München, Wien 1987

GROCHLA, E.; SCHACHERT, H.R. (1982): Datenschutz im Betrieb, Braunschweig 1982

HAMMER, R.M. (1988): Unternehmungsplanung, 3. Aufl., München 1988

HANNAN, J. (1986): Management in der Datenverarbeitung, Braunschweig 1986

HANSEN, H.R. (1987): Wirtschaftsinformatik I, 5. Aufl., Stuttgart 1987

HARTMANN, B. (1979): Betriebswirtschaftliche Grundlagen der automatisierten Datenverarbeitung, Band 1, 4. Aufl., Freiburg i. Br. 1979

HEIDINGER, J.; ANDRICH, R. (1986): Datensicherung im Unternehmen, Landsberg/Lech 1986

HEILMANN, H. (Hrsg.) (1986): Handbuch der modernen DV, Wiesbaden 1986

HEINRICH, L.J.; BURGHOLZER, P. (1986): Systemplanung II: Die Planung von Informations- und Kommunikationssystemen, Bd. 2: Der Prozeß der Großprojektierung, der Feinprojektierung und der Implementierung, 2. Aufl., München, Wien 1986

HEINRICH, L.J.; BURGHOLZER, P. (1987): Systemplanung I, Die Planung von Informations- und Kommunikationssystemen, Bd 1: Der Prozeß der Systemplanung der Vorstudie und der Feinstudie, 3. Aufl., München, Wien 1987

HEINRICH, L.J.; BURGHOLZER, P. (1988): Informationsmanagement, 2. Aufl., München, Wien 1988

HEINRICH, L.J.; LEHNER, F.; ROITHMAYR, F. (1988): Informations- und Kommunikationstechnik, München 1988

HEINRICH, L.J.; ROITHMAYR, F. (1989): Wirtschaftsinformatik-Lexikon, München 1989

HENTSCHEL, B. u.a. (1989): Jahrbuch der Bürokommunikation, Bd. 5, Baden-Baden 1989

HILLEMANN, K. (1986): Probleme der Wirtschaftlichkeit beim Einsatz von Bürokommunikationssystemen, in: Heilmann, H. (Hrsg.) 1986, S. 93-100

HÖRING, K.; SPENGLER-RAST, Ch. (1983): Elektronische Bürokommunikation im praktischen Einsatz, Baden-Baden 1983

HUCH, B.; STAHLKNECHT, P. (1987): EDV-Anwendungen im Unternehmen, Frankfurt 1987

JANSON, A. (1987): Datenbanksysteme-Auswahl und Einsatz: Wege zur individuellen Datenverarbeitung, München 1987

KARCHER, H.B. (1985): Büro der Zukunft - Mikrocomputer und Telekommunikation - eine Gesamtschau zur Technik, 7. Aufl., Baden-Baden 1985

KAUFFELS, F.-J. (1987): Rechnernetzwerksystemarchitekturen und Datenkommunikation, Mannheim u.a. 1987

KAUFFELS, F.-J. (1988): Personal Computer und lokale Netzwerke, 2. Aufl., München 1988

KEGEL, A. (1989): Textverarbeitung in Informations- und Kommunikationssystemen - Von der Insellösung zur integrierten Informationsverarbeitung, in: Voßbein, R.; Leschke, H. (Hrsg.) 1989, S. 189-224

KLINGENBERG, H.; KRÄNZLE H.P. (1983): Kommunikationstechnik und Nutzerverhalten, Forschungsprojekt Bürokommunikation, Bd. 2, München 1983

KOCH, F.A. (1987): Datenschutz-Handbuch für die betriebliche Praxis, Freiburg i.B. 1987

KÖNIG, H. (1987): Neue Methoden zur Gestaltung der Büroarbeit, Baden-Baden 1987

LASS, G. (1982): Organisatorische Bedürfnisse und Voraussetzungen der Nutzung neuer Systeme der Bürokommunikation im mittelständischen Bürobereich, in: Reichwald, R (1982), S. 227-234

LESCHKE, H. (1989/I): Analyse und Entwicklung von Informations- und Kommunikationssystemen, in: Voßbein, R.; Leschke, H. (Hrsg.) 1989, S. 23-72

LESCHKE, H. (1989/II): Kommunikation in öffentlichen Netzen - Struktur- und Wirtschaftlichkeitsaspekte, in: Voßbein, R.; Leschke, H. (Hrsg.) 1989, S. 145-154

LOCKEMANN, P.C. u.a. (1983): Systemanalyse, DV-Einsatzplanung, Berlin, Heidelberg, New York 1983

LULLIES, V. u.a. (1988): Einsatz neuer Technik im Büro: Arbeitswissenschaftliche Erkenntnisse für die Praxis, Gestaltungsempfehlungen, Beispiele, Baden-Baden 1988

MECACCI, L. (1986): Das einzigartige Gehirn, Frankfurt/Main, New York 1986

MEISSNER, E. (1982): Organisatorische Bedürfnisse und Voraussetzungen der Nutzung neuer Systeme der Bürokommunikation im Versicherungsbereich, in: Reichwald, R (1982), S. 211-226

MERTENS, P. (1984): Industrielle Datenverarbeitung, Bd. 2: Informations- und Planungssysteme, 4. Aufl., Wiesbaden 1984

MERTENS, P. (1986): Industrielle Datenverarbeitung, Bd. 1: Administrations- und Dispositionssysteme, 6. Aufl., Wiesbaden 1986

MERTENS, P. (Hrsg.) (1987): Lexikon der Wirtschaftsinformatik, Berlin u.a. 1987

MUNTER, H. (1982): Überlegungen zur Wirtschaftlichkeit und zur Rationalisierung der Textverarbeitung - Ökonomische Bedingungen für die Nutzung neuer Systeme der Bürokommunikation, in: Reichwald, R (1982), S. 347-364

MÜLLER, P.; LÖBEL, G.; SCHMID, H. (1984): EDV Taschenlexikon, 12. Aufl., Landsberg/Lech 1984.

MÜLLER-BÖLING, D. (1986): Akzeptanzfaktoren der Bürokommunikation, München, Wien 1986

NIPPA, M. (1988): Gestaltungsgrundsätze für die Büroorganisation, Berlin 1988

NOWAK, J. (1989): Formen der Kopplung zwischen Großrechnern und PC, in: Voßbein, R.; Leschke, H. (Hrsg.) 1989, S. 107-144

O.V. (1988): Bürokommunikation 1988, Tagung Köln, 10/1988, Düsseldorf 1988

ODEMER, W. (1982): Computergestützte Bürosysteme im Sekretariat - Einsatzmöglichkeiten und Auswirkungen, in: Reichwald, R (1982), S. 275-302

PETERS, G. (1988): Ablauforganisation und Informationstechnologie im Büro, Köln 1988

PICOT, A. (1982): Zur Steuerung der Verwaltung in Unternehmen - Notwendigkeit, Probleme, Ansätze, in: Reichwald, R (1982), S. 365-396

PICOT, A.; REICHWALD, R. (1985): Zur Effektivierung der Büroarbeit mit neuer Kommunikationstechnik, in: Jahrbuch der Bürokommunikation, Baden-Baden 1985, S. 8-13

PICOT, A.; REICHWALD. R. (1987): Bürokommunikation, Leitsätze für die Anwender, 3. Aufl., München 1987

REFA (1976): Methodenlehre des Arbeitsstudiums Teil 2, Datenermittlung, 5. Aufl., München 1976.

REICHWALD, R. (1982): Neue Systeme der Bürotechnik und Büroarbeitsgestaltung - Problemzusammenhänge, in: Reichwald, R (1982), S. 11-48

REICHWALD, R. u.a. (1982): Neue Systeme der Bürotechnik, Berlin 1982

RIEMANN, W.O. (1988): Betriebsinformatik, München 1988

ROITHMAYR, F. (1988): Controlling von Informations- und Kommunikationssystemen, München 1988

SCHÄFER, G.; WOLFRAM, G. (1986): FAOR-Methode zur Analyse und Bewertung von Kosten- und Nutzenfaktoren von Bürosystemen, in: Heilmann, H. (Hrsg.) 1986, S. 54-65

SCHEER, A.-W. (1988): Wirtschaftsinformatik, Informationssysteme im Industriebetrieb, 2. Aufl., Berlin u.a. 1988

SCHELLHAAS H.; SCHÖNECKER H. G. (1983): Kommunikationstechnik und Anwender, Forschungsprojekt Bürokommunikation, Bd. 1, München 1983

SCHENK, H.-J (Hrsg.) (1982): Datenbanksysteme in Büro, Technik und Wissenschaft: GI-Fachtagung, Darmstadt 1.-3. April 1987, Berlin u.a. 1987

SCHERIFF, J. (1986): Ermittlung der Wirtschaftlichkeit moderner Informations- und Kommunikationssysteme, in: Heilmann, H. (Hrsg.) 1986, S. 3-15

SCHIRMACHER, A. (1982): Organisatorische Bedürfnisse und Voraussetzungen der Nutzung neuer Systeme der Bürokommunikation in der öffentlichen Verwaltung, in: Reichwald, R (1982), S. 197-210

SCHMIDT, G. (1986): Methode und Techniken der Organisation, Bd. 1, 6. Aufl., Gießen 1986

SCHMITZ, P.; SEIBT, D. (1982): Einführung in die anwendungsorientierte Informatik, 2. Aufl., München 1982

SCHÖNECKER, H.G. (1982): Akzeptanzforschung als Regulativ bei Entwicklung, Verbreitung und Anwendung technischer Innovationen, in: Reichwald, R (1982), S. 49-70

SCHÖNECKER, H.G. (1985): Kommunikationstechnik und Bedienerakzeptanz, Forschungsprojekt Bürokommunikation, Bd. 6, München 1985

SCHÖNECKER, H.G.; NIPPA, M. (Hrsg.) (1987): Neue Methoden zur Gestaltung der Büroarbeit, Computergestützte Organisationshilfen für die Praxis, Baden-Baden 1987

SEIBT, D. (1978): Zielbildung für Sollkonzepte, in: Entwicklungstendenzen der Systemanalyse, München, Wien 1978, S. 223-259

SEIBT, D. (1982): DV-Controlling - Externes und Internes Auditing der DV-Abteilung, Bd. 24 der CSMI-Schriftenreihe, München 1982

SEIBT, D.; SZYPERSKI, N.; HASENKAMP, U. (Hrsg.) (1985): Angewandte Informatik, Braunschweig, Wiesbaden 1985

SERFLING, K. (1983): Controlling, Stuttgart u.a. 1983

SIEMENS (o.J.a): Mit MOSAIK die Büro-Arbeit wirtschaftlich gestalten, München o.J.

SIEMENS (o.J.b): PLAKOM, München o.J.

SORG, S. (1982): Computergestützte Bürokommunikation - Chancen für eine neue Management-Technologie?, in: Reichwald, R (1982), S. 303-346

SZYPERSKI, N. u.a. (1982): Bürosysteme in der Entwicklung, Studien zur Typologie und Gestaltung von Büroarbeitsplätzen, Braunschweig 1982

SZYPERSKI, N.; GROCHLA, E.; HOMBERGER, H.-J. (1982): Datensicherung für die betriebliche Praxis - Ein Unternehmenskatalog von der Zugangs- bis zur Organisationskontrolle, Köln 1982

TÖPFER, A.; LECHELT, F. (1987): Bürokommunikation, Landsberg/Lech 1987

ULRICH, E.; BOGDAHN, J. (Hrsg.) (1986): Auswirkungen neuer Technologien. Ergebnisse eines IAB-Seminars, Nürnberg 1986

VOLLMER, B. (1989): EDV und Kommunikation, in: Voßbein, R.; Leschke, H. (Hrsg.) 1989, S. 73-88

VOSSBEIN, R. (1986): Personal-Computer und Datensicherheit, in: Labor 2000, 1986, S. 126-134

VOSSBEIN, R. (1987): Datenschutz und Datensicherung bei PCs, in: RDV, Heft 1/1987, S. 10ff.

VOSSBEIN, R. (1988): Management by exception - tragbare Grundlage für Datenschutz und -sicherung, in: RDV, 3/1988, S. 127-132

VOSSBEIN, R. (1989): Sicherheit in Informationssystemen - eine unternehmerische Aufgabe, in: RDV, 2/1989, S. 60-64

VOSSBEIN, R. (1989/I): Organisation der Einführung und Umstellung von DV-Systemen, Schriftenreihe: Bürokommunikation, Manager-Info, 9. Heft Köln 1989

VOSSBEIN, R. (1989/II): Der PC im Kommunikationssystem, in: Voßbein, R.; Leschke, H. (Hrsg.) 1989, S. 89-106

VOSSBEIN, R. (1989/III): Organisation, 3. Aufl. München 1989

VOSSBEIN, R. (1989/IV): Organisatorische Anforderungen an Kommunikationssysteme, in: Voßbein, R.; Leschke, H. (Hrsg.) 1989, S. 1-22

VOSSBEIN, R. (1989/V): Datensicherheit beim PC, in: Office Management, 7-8/1989, S. 6-13

VOSSBEIN, R.; LESCHKE, H. (Hrsg.) (1989): Unternehmensorganisation mit Kommunikationssystemen, Braunschweig, Wiesbaden 1989

WAHRMANN, H. (1987): Managemant der individuellen Informationsverarbeitung, in: Instrumente der Bürosystemplanung (Fachseminar), 3./4. November 1987, Köln 1987, o.S.

WEISSHUHN, G. (1986): Technischer Wandel, Beschäftigung und Qualifikation, in: Ulrich, E., Bogdahn, J. (Hrsg.) 1986, S. 20-42

WEYER, H.; PÜTTER, P.S. (1983): Organisation und Technik der Datensicherung - Empfehlungen aus der Kontrollpraxis, Köln 1983

WIEDEMANN, H. (1982): Organisationspsychologische Fragen der Akzeptanz bei der Implementierung neuer Bürotechnik am Beispiel eines EDV-Kommunikations- und Entscheidungssystems, in: Reichwald, R (1982), S. 133-142

WISSKIRCHEN, P. (1983): Bürokommunikation im Überblick, in: Wisskirchen, P. u.a. (Hrsg.): Informationstechnik und Bürosysteme, Stuttgart 1983, S. 9-43

WITTE, E. (Hrsg.) (1984): Bürokommunikation, Ein Beitrag zur Produktivitätssteigerung, Berlin u.a. 1984

WITTLAGE, H. (1980): Methoden und Techniken praktischer Organisationsarbeit, Herne, Berlin 1980

ZANGL, H. (1985): Durchlaufzeiten im Büro, Berlin 1985

ZANGL, H. (1987): Durchlaufzeiten im Büro, 2. Aufl., Berlin 1987

ZEHNDER, C.A. (1987): Informationssysteme und Datenbanken, 4. Aufl., Stuttgart 1987

ZILAHI-SZABO, M.G. (1988): Informatik, München 1988

INDEX

Abgangskontrollen 165
Abläufe
Analyse der 127
Prozeßspezifische 128, 133
Stellenspezifische 127
Vorgangsspezifische 127
Akzeptanz 147, 149
Akzeptanzbeeinflussung
Grenzen der 152
Anwendungsprogramme 65
Anwendungssoftware 62
Arbeitsplatzperipherie 57
Aufgabentypologie 5
Aufgabenzusammensetzung 9

Basisbürotätigkeiten 48
BDSG 160
Befragung 175
Beobachtung 179
Betriebsorganisationskonzeption 117
Bewertungsverfahren 195
Bridges 74
Budgetierung 215
Budgetierungsmethoden 221
Budgetkontrolle 97
Büroarbeit,
Charakteristik der 2
Bürofunktionen 1
Bürokommunikation
Begriff der 15
Bürokommunikationskonzept 30
Bürokommunikationsnetze 26
Bürokommunikationsstrategie 34, 36
Reichweite der 38

Darstellungsmethoden 185
Datenbank
formatierte 87
relationale 85
unformatierte 87
Datenbanksystem 84
Datenbanksystemkonzeption 81
Datenbestände
lokale 87
Datenerfassung
automatische 184
Datenmanagement 84
Datenschutz 160
Datenschutzbedürfnis 163
Datenschutzgesetz s. BDSG
Datensicherheit 160
Datensicherheitskonzeption 161
Datensicherung 160
Mehr-Generationen 167
Datensicherungsbedürfnis 163
Disfunktionalität 147
Dokumentenanalyse 182
Durchlaufzeitenmodell 134

Einsatzprinzipien 11
Entwicklung eines BK-Konzeptes
Phasen der 42
Ergebnisinterpretation 187

Führungsaufgabe
Computerunterstützung der 119
Führungsaufgabe und BK 118

Gateways 74
Gefährdungsgebiete 163
Gefährdungsursachen 164
Gerätesharing 80

Hacking ... 163
Hardware-Zielsetzung ... 53
Hardwarekonzeption ... 50
    Hauptinhalte der ... 52
Hardwaresystem
    Struktur eines ... 54

Individuelle Datenverarbeitung ... 71
Individuelle Informationsverarbeitung ... 71
Informationsdarstellung
    Methoden der ... 186
Informationsgewinnung
    Methoden der ... 174
Informationsverhalten
    Struktur des ... 155
Investitionsbedarf
    Planung des ... 93
Investitionsbudgets ... 95
Investitionsplan ... 94
Investitionsrechnung ... 215
    dynamische Verfahren ... 220
    Methoden der ... 219
ISO-Norm ... 59
ISO-Referenzmodell ... 60

Kennzahlen ... 91
    Budget- ... 93
    externe ... 91
    innerbetriebliche ... 91
    organisatorische ... 91
    vergangenheitsorientierte ... 91
Kommunikation
    Grundmodell der ... 18
Kommunikationsmodell ... 20
Kommunikationsprozesse ... 19
Kommunikationssystem ... 78
Kommunikationswarekonzeption ... 73

Kompatibilität 58
Kontrollarten 226
Kontrollmethoden 226
Konzeption
  Betriebswirtschaftliche 90
Konzeptionserstellung 231
Kosten-Nutzen-Rechnungen 103
Kostenvergleichsrechnungen 100

LAN 75

MAP 60
Modelldenken
  Probleme des 152
Multimomentaufnahme 181
Multitasking 69
Multitaskingfähigkeit 64

Netzformen 26
Netzplan 203
Netzstrukturen 20
Nichtwissen 150
Nichtwollen 150
Nutzenanalyse 101, 107
Nutzenkataloge 107
Nutzwertanalyse 109

Offene Netze 61
Organisationsanalyse 173
Organisationsentwicklung 223
Organisationskonzeption 116
Organisationsplanung 223
OSI-Modell 60

Peripherie 54
Peripheriegeräte
  Multi-User 56
  Zentrale 55

Planung
operative ... 211
Planungsmethoden ... 208
Planungsrechnung ... 215
Portabilität ... 68
Produktivitätsverbesserung ... 124
Produktivitätsverbesserungen ... 105
Projekt ... 196
Zeitorganisation von ... 203
Projektbericht ... 205
Projektkontrolle ... 204
Projektorganisation ... 201
Projektplanung ... 198

Qualifikationsveränderung ... 157

Rationalisierungspotential ... 143

Selbstaufschreibung ... 175, 178
Server ... 74
Shell ... 65
Sicherheitskonzeption ... 166
Sicherheitsstufen ... 169
Sicherheitsszenario ... 170
Sicherheitsumgebung ... 171
Softwarekonzeption ... 62, 67
Soll-Konzeption ... 189
Sollkonzeption
Phasen der ... 193
Sozialorganisationskonzeption ... 117
Standardsoftware ... 68
Stellentypischer Arbeitsablauf ... 131
Stellentypisierung ... 129
Strategieorientierung ... 36
Synthese ... 189
funktionale ... 191
personale ... 190
zeitliche ... 191

Systemsoftware ... 62

Tätigkeitskatalog ... 121
Tätigkeitsliste ... 199
Teilstrategien ... 37

Vorgangsanalyse ... 139
Vorgangsarten ... 135
Vorgangsartengruppe ... 137
Vorgangskette ... 139

WAN ... 76
Wandel
organisatorischer ... 222
Wirtschaftlichkeitsbeurteilung
Grenzen der ... 113
Wirtschaftlichkeitsrechnung ... 100

Zugangskontrollen ... 165
Zugriffsberechtigung ... 148
Zugriffskontrollen ... 165

FSC
www.fsc.org
MIX
Papier | Fördert
gute Waldnutzung
FSC® C083411

Kolibri 360 GmbH
Ferdinand-Jühlke-Straße 7
99095 Erfurt, Deutschland
produktsicherheit@kolibri360.de